高等学校计算机应用规划教材

U0322003

ASP.NET 4.0 动态网站开发
基础教程(C# 2010 篇)

唐植华 陈建伟 宋 武 编著

清华大学出版社

北 京

内 容 简 介

本书系统地介绍了使用 ASP.NET 4.0 开发动态网站的方法，共分 12 章，具体内容包括 ASP.NET 4.0 概述、C# 4.0 程序设计基础、ASP.NET 中的常用对象、ASP.NET 服务器控件、验证控件和用户控件、ADO.NET 数据库编程、数据源控件与数据绑定、LINQ 技术、站点导航和母版页、ASP.NET Web 服务、配置 ASP.NET 应用程序以及博客网页设计。其中，博客网页设计展示了使用 ASP.NET 4.0 技术开发动态网站的思路和流程。

本书理论与实践相结合，结构清晰，实例丰富，可操作性强，既可作为高等学校计算机相关专业的教材，又可供广大网站开发技术人员学习参考。

图书在版编目(CIP)数据

ASP.NET 4.0 动态网站开发基础教程(C# 2010 篇)/唐植华，陈建伟，宋武　编著.
—北京：清华大学出版社，2012.5（2019.8重印）
(高等学校计算机应用规划教材)

ISBN 978-7-302-28670-7

I. ①A…　Ⅱ. ①唐…　②陈…　③宋…　Ⅲ. ①网页制作工具—程序设计—高等学校—教材
②C 语言—程序设计—高等学校—教材　Ⅳ. ①TP393.092 ②TP312

中国版本图书馆 CIP 数据核字(2012)第 077618 号

责任编辑：刘金喜　胡雁翎
装帧设计：康　博
责任校对：蔡　娟
责任印制：刘祎淼

出版发行：清华大学出版社
　　　　　网　　　址：http://www.tup.com.cn，http://www.wqbook.com
　　　　　地　　　址：北京清华大学学研大厦 A 座　　　　邮　　编：100084
　　　　　社 总 机：010-62770175　　　　　　　　　　邮　　购：010-62786544
　　　　　投稿与读者服务：010-62776969，c-service@tup.tsinghua.edu.cn
　　　　　质量反馈：010-62772015，zhiliang@tup.tsinghua.edu.cn
　　　　　课件下载：http://www.tup.com.cn，010-62794504
印 装 者：三河市金元印装有限公司
经　　销：全国新华书店
开　　本：185mm×260mm　　　　印　　张：19.25　　　字　　数：480 千字
版　　次：2012 年 5 月第 1 版　　　印　　次：2019 年 8 月第 5 次印刷
定　　价：59.00 元

产品编号：045551–02

前　言

ASP.NET 4.0 是微软公司推出的一款基于服务器的功能强大的软件开发系统，用于为互联网或企业的内部网络创建动态的、交互式的 HTML 网页。它构成了.NET Framework 的核心元素，为异常强大的.NET 开发环境提供基于 Web 的访问。

本书共分为 12 章，由浅入深、层层深入地讲解了使用 ASP.NET 开发网站的技术，结构清晰，案例丰富。各章内容如下。

第 1 章讲解 ASP.NET 的基础知识。首先对 ASP.NET 技术进行概括的介绍，然后对 ASP.NET 4.0 的新特性加以说明，接着介绍如何构建 ASP.NET 的运行环境以及如何设置 Visual Studio 2010 开发环境，最后通过一个实例介绍如何使用 ASP.NET 创建 Web 站点。

第 2 章讲解 C# 4.0 程序设计基础，详细介绍 C#的数据类型、变量和常量、运算符、流程控制、类和对象、委托和事件以及 C# 4.0 的新增功能。

第 3 章讲解 ASP.NET 中的常用对象。首先介绍 Page 类，然后介绍 ASP.NET 核心对象，主要包括 Response 对象、Request 对象及 Server 对象，接着介绍用于记录 ASP.NET 程序运行状态处理的 Session 对象和 Cookie 对象，最后对 Application 对象进行了介绍。

第 4 章讲解 ASP.NET 服务器控件，包括 ASP.NET 控件的共有属性、Web 基本服务器控件和高级控件的相关知识。

第 5 章讲解 ASP.NET 4.0 验证控件和用户控件，主要包括数据验证的两种方法、ASP.NET 验证控件以及用户控件并进行了详细的介绍。

第 6 章讲解 ADO.NET 数据库编程。首先介绍如何创建数据库，接着介绍 ADO.NET 的概念，以及如何使用 DataSet 对象，最后讲解 XML。

第 7 章介绍数据源控件与数据绑定，首先介绍数据源控件，接着介绍数据绑定控件，主要包括 GridView 控件、ListView 控件和 Chart 控件的使用技术。

第 8 章介绍 LINQ 技术。首先对 LINQ 技术进行基本介绍，然后介绍如何在 C#中使用 LINQ，最后介绍 LINQ to ADO.NET 和两个实现 LINQ 的控件。

第 9 章介绍网站导航与母版页，这些技术有利于统一并强化页面的布局与外观。

第 10 章介绍 ASP.NET Web 服务。包括 Web 服务的基本概念、在 ASP.NET 中创建 Web 服务以及如何在 Web 服务中传递数据。

第 11 章主要介绍如何配置 ASP.NET 应用程序。这部分的内容主要包括使用 web.config 进行配置和使用 global.asax 进行配置。

第 12 章介绍如何使用 ASP.NET 4.0 框架结合 C# 4.0、LINQ 技术以及 MVC 技术来开发博客网页。本章除了介绍网站的开发流程外，更主要的是展示了如何使用 ASP.NET 4.0 框架开发网站。

本课程总学时为 72 学时，各章学时分配见下表(供参考)。

学时分配建议表

课程内容	学时数			
	合计	讲授	实验	机动
第1章 ASP.NET 4.0 概述	3	2	1	
第2章 C# 4.0 程序设计基础	9	5	2	2
第3章 ASP.NET 中的常用对象	6	4	2	
第4章 ASP.NET 服务器控件	9	5	2	2
第5章 验证控件和用户控件	4	3	1	
第6章 ADO.NET 数据库编程	9	5	2	2
第7章 数据源控件与数据绑定	7	4	2	1
第8章 LINQ 技术	7	4	2	1
第9章 站点导航与母版页	3	2	1	
第10章 ASP.NET Web 服务	3	2	1	
第11章 配置 ASP.NET 应用程序	4	3	1	
第12章 博客网页设计	8	4	2	2
合　计	72	43	19	10

本书理论与实践相结合，通俗易懂，结构清晰，实例丰富，可操作性强，可作为高等学校计算机相关专业的教材，也可供广大网站开发技术人员学习参考。

本书除封面署名作者外，参与编写的人员还有林丹、李辉、田芳、王建国、赵海峰、刘勇、徐超、周建军、徐兵、黄飞、林海、马建华、孙明、高峰、郑勇、刘建、李彬、彭丽和许小荣等。

由于本书涉及的范围比较广泛，作者的水平有限，加之时间仓促，书中难免有不足之处，敬请广大读者、专家提出宝贵意见。

本书教学课件下载地址为 http://www.tupwk.com.cn/downpage，服务邮箱为 wkservice@vip.163.com。

编　者

2012 年 1 月

目 录

第1章   ASP.NET 4.0概述

ASP.NET 是 Microsoft.NET Framework 中用于生成 Web 应用程序和 XML Web Services 的开发平台。ASP.NET 页面在服务器上执行并生成发送到桌面或移动浏览器的标记(如 HTML、WML 或 XML)。该页面使用一种已编译的、由事件驱动的编程模型，这种模型可以提高性能并支持将应用程序逻辑同用户界面相隔离。

本章重点：

- Web 和 ASP.NET 的基本概念
- ASP.NET 4.0 的新特性
- ASP.NET 的运行环境

1.1   ASP.NET 简 介

1.1.1   .NET 简介

ASP.NET 是微软公司为了迎接网络时代的来临，提出的一个统一的 Web 开发模型。 ASP.NET 是建立在公共语言运行库之上的编程框架，可用于在服务器上生成功能强大的 Web 应用程序。

.NET 是微软公司发布的新一代的系统、服务和编程平台，主要由.NET Framework 和 Microsoft Visual Studio .NET 开发工具组成。

.NET Framework 是一种新的计算平台，它包含了操作系统上软件开发的所有层，简化了在高度分布式 Internet 环境中的应用程序开发。.NET Framework 主要包括两个最基本的内核，即公共语言运行库(Common Language Runtime，CLR)和.NET Framework 基本类库，它们为.NET 平台的实现提供了底层技术支持。下面将分别做详细的介绍。

1. 公共语言运行库

公共语言运行库是.NET Framework 的基础，也是.NET Framework 的运行时环境。公共语言运行库是一个在执行时管理代码的代理，以跨语言集成、自描述组件、简单配置和版本化及集成安全服务为特点，提供核心服务(如内存管理、线程管理和远程处理)。公共语言运行库还强制实施严格的类型安全，以及可确保安全性和可靠性的其他形式的代码准确性。公共语言运行库遵循公共语言架构(简称 CLI)标准，可以使 C++、C#、Visual Basic 以及 JScript 等多种语言能够深度集成。在.NET Framework 中，用一种语言所写的代码能继承用另一种语言所写的类的实现，用一种语言所写的代码抛出的异常能被另一种语言写的代码捕获。

2. .NET 基本类库

.NET Framework 的另一个主要组件是类库，它是一个综合性的面向对象的可重用类型集合，如 ADO.NET 和 ASP.NET 等。.NET 基本类库位于公共语言运行库的上层，与.NET Framework 紧密集成在一起，可被.NET 支持的任何语言所使用。这也就是为什么在 ASP.NET 中可以使用 C#、VB.NET 和 VC.NET 等语言进行开发的原因。.NET 类库非常丰富，它可提供数据库访问、XML、网络通信、线程、图形图像、安全及加密等多种功能服务。类库中的基类提供了标准的功能，如输入/输出、字符串操作、安全管理、网络通信、线程管理、文本管理和用户界面设计功能。这些类库使得开发人员更容易地开发应用程序和网络服务，从而提高开发效率。

1.1.2　ASP.NET 页面与 Web 服务器的交互过程

ASP.NET 是一个统一的 Web 开发模型，它包括使用尽可能少的代码生成企业级 Web 应用程序所需的各种服务。ASP.NET 作为.NET Framework 的一部分提供。

ASP.NET 网页在任何浏览器或客户端设备中向用户提供信息，并使用服务器端代码来实现应用程序逻辑。使用 ASP.NET 网页可以为网站创建动态内容。通过使用静态 HTML 页(.htm 或.html 文件)，让服务器读取文件并将该文件按原样发送到浏览器，以此来满足 Web 请求。相比之下，当用户请求 ASP.NET 网页(.aspx 文件)时，该页则作为程序在 Web 服务器上运行。该页运行时，可以执行网站要求的任何任务，包括计算值、读写数据库信息或者调用其他程序。该页动态地生成标记(HTML 或另一种标记语言中的元素)，并将该标记作为动态输出发送到浏览器。

ASP.NET 页面作为代码在服务器上运行。因此，要得到处理，页面必须在用户单击按钮(或者当用户选中复选框或与页面中的其他控件交互)时提交到服务器。每次页面都会提交回自身，以便它可以再次运行其服务器代码，然后向用户呈现其自身的新版本。传递 Web 页面的过程如下：

(1) 用户请求页面。使用 HTTP GET 方法请求页面，页面第一次运行，执行初步处理(如已通过编程让它执行初步处理)。

(2) 页面将标记动态呈现到浏览器，用户看到的网页类似于其他任何网页。

(3) 用户输入信息或从可用选项中进行选择，然后单击按钮。如果用户单击链接而不是按钮，页面可能仅仅定位到另一页，而第一页不会被进一步处理。

(4) 页面发送到 Web 服务器。浏览器执行 HTTP POST 方法，该方法在 ASP.NET 中称为"回发"。更明确地说，页面发送回其自身。例如，如果用户正在使用 Default.aspx 页面，则单击该页上的某个按钮可以将该页发送回服务器，发送的目标则是 Default.aspx。

(5) 在 Web 服务器上，该页再次运行时可在页上使用用户输入或选择的信息。

(6) 页面执行通过编程所要实行的操作。

(7) 页面将其自身呈现回浏览器。

只要用户在该页面中进行工作，此循环就会继续。用户每次单击按钮时，页面中的信息会发送到 Web 服务器，然后该页面再次运行。每个循环称为一次"往返行程"。由于页面处理发生在 Web 服务器上，因此页面可以执行的每个操作都需要一次到服务器的往返行程。

此外，ASP.NET 网页是完全面向对象的。在 ASP.NET 网页中，可以使用属性、方法和事件来处理 HTML 元素。ASP.NET 页框架为响应在服务器上运行的代码中的客户端事件提供统一的模型，从而不必考虑基于 Web 的应用程序中固有的客户端和服务器隔离的实现细节。该框架还会在页面处理生命周期中自动维护页及该页上控件的状态。

使用 ASP.NET 页和控件框架还可以将常用的 UI 功能封装成易于使用且可重用的控件。控件只需编写一次，即可用于许多页面并集成到 ASP.NET 网页中。这些控件在呈现期间放入 ASP.NET 网页中。

1.2　ASP.NET 4.0 新特性

要涵盖 ASP.NET 4.0 的所有新功能，本节讲述的篇幅还远远不够，因为整个 ASP.NET 中的改进数不胜数。所以，下面就 ASP.NET 4.0 与之前的 ASP.NET 3.5 比较而言，增加的重要特性做简要的介绍。

1.2.1　ASP.NET MVC 2.0

微软公司在 2007 年 12 月发布了第一个 ASP.NET 3.5 MVC 预览版后，接着就分别发布了 8 个后续的测试版本，终于在 2009 年 3 月正式发布了 ASP.NET 3.5 MVC 1.0 版，但是并没有来得及集成到 Visual Studio 2008 开发环境中。而这次的 ASP.NET MVC 2.0 版本被集成到了 Visual Studio 2010 开发环境中作为一个项目模板出现。

ASP.NET MVC 2.0 框架具有以下优点：

- 通过将应用程序分为模型、视图和控制器，化繁为简，使编程工作更加轻松。
- 它不使用视图状态或基于服务器的窗体。这使得 MVC 框架特别适合想要完全控制应用程序行为的开发人员。
- 它使用一种通过单一控制器处理 Web 应用程序请求的前端控制器模式。这使你可以设计一个支持丰富路由基础结构的应用程序。它为测试驱动的开发 (TDD) 提供了更好的支持。
- 它非常适合大型开发团队支持的 Web 应用程序，以及需要对应用程序进行高度控制的 Web 设计人员。

1.2.2　ASP.NET AJAX 4.0

在 ASP.NET 4.0 中，ASP.NET AJAX 4.0 的出现让 ASP.NET 在 AJAX 的运用上得到了很大的提高。使用 ASP.NET AJAX 4.0 功能，可以快速创建既能提供丰富的用户体验又能提供响应迅速的常见用户界面 UI 元素的网页。ASP.NET AJAX 4.0 包含客户端脚本库(Microsoft Ajax Library)，这些库融合了跨浏览器的 ECMAScript (JavaScript) 技术和动态 HTML (DHTML)技术。可以将客户端脚本库用作生成 AJAX 的应用程序框架。但是使用前必须下载并安装客户端脚本库，该库是独立于.NET Framework 4.0 和 Visual Studio 2010 发行的，可以通过访问 Microsoft Ajax 网站来下载最新版本。使用客户端脚本库，可以生成一个完全在浏览器中运行的、数据库驱动的 Web 应用程序。该库中包括可完成下列任务的功能：

- 通过与 Web 服务交互、检索和编辑数据库记录。
- 创建客户端主窗体和详细信息窗体。
- 使用 Microsoft AJAX 客户端控件来创建交互功能丰富的网页。
- 使用 JSONP 从其他域中检索数据。

1.2.3　新增控件

在 ASP.NET 4.0 中增加了两个服务器控件：Chart 和 QueryExtend。

1. Chart 控件

Chart 控件是 Visual Studio 2010 中新增的一个图表型控件。该控件在 Visual Studio 2008 就已经出现，但是需要通过下载然后将它注册配置到 Visual Studio 2008 的工具箱中才能使用，而 Chart 控件现在已经内置于 Visual Studio 2010 中了。

Chart 控件功能非常强大，可实现柱状直方图、曲线走势图及饼状比例图等，甚至可以是混合图表，以及二维或三维图表，可以带或不带坐标系，可以自由配置各条目的颜色及字体等。

2. QueryExtender 控件

QueryExtender 控件是 Visual Studio 2010 中的新增查询扩展控件，它是为了简化 LinqDataSource 控件或 EntityDataSource 控件返回的数据过滤而设计的，主要是将过滤数据的逻辑从数据控件中分离出来。

QueryExtender 控件使用筛选器从数据源中检索数据，并且在数据源中不使用显式的 Where 子句。利用该控件，能够通过声明性语法从数据源中筛选出数据。QueryExtender 控件的使用非常简单，只需要在页面上增加一个该控件，指定其数据源是哪个控件并设置过滤条件就可以了。

1.3　Visual Studio.NET 2010 开发环境

每一个正式版本的.NET Framework 都会有一个与之对应的高度集成的开发环境，微软称之为 Visual Studio，也就是可视化工作室。目前最新版本是 Visual Studio 2010。它是一个功能强大的集成开发环境，在该开发环境中可以创建 Windows 应用程序、ASP.NET 应用程序、ASP.NET 服务和控制台程序等。

1.3.1　Visual Studio 2010 集成开发环境

打开 Visual Studio 2010 集成开发环境，如图 1-1 所示，可以看到界面主要由几个不同的部分组成。

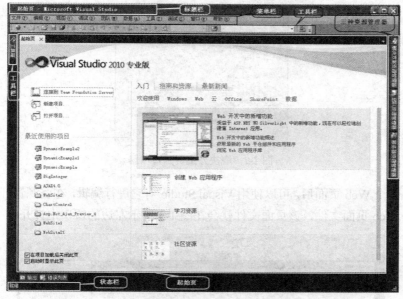

图 1-1　Visual Studio 2010 界面

Visual Studio 2010 的主界面各组成部分如下。

- 标题栏：位于主界面的顶部，用于显示页面的标题。
- 菜单栏：位于标题栏的下方，包含了实现软件所有功能的选项。
- 工具栏：位于菜单栏的下方，包含了软件常用功能的快捷按钮。
- 状态栏：位于主界面的底部，用于显示软件的状态信息。
- 起始页：主界面中工具栏和状态栏之间的显示部分，占据了主界面的绝大部分位置。显示的内容包括连接到团队服务器、新建项目和打开项目的快捷按钮以及最近使用的项目列表和 Visual Studio 2010 入门、指南和新闻列表的选项卡等。
- 工具箱：位于主界面的左侧，提供了设计页面时常用的各种控件，只要简单地将控件拖动到设计页面即可方便地使用。
- 解决方案资源管理器：位于主界面的右侧，用于对解决方案和项目进行统一的管理，它主要是各种类型的文件目录。
- 团队资源管理器：位于解决方案资源管理器的下方，它是一个简化的 Visual Studio Team System 2010 环境，专用于访问 Team Foundation Server 服务。
- 服务器资源管理器：位于团队资源管理器下方，它用于打开数据连接，登录服务器，浏览数据库和系统服务。

1. 解决方案资源管理器

在 Visual Studio 2010 中，选择"视图"|"解决方案资源管理器"命令，就可以利用资源管理器对网站项目进行管理，通过资源管理器，可以浏览当前项目所包含的所有的资源(.aspx 文件、.aspx.cs 文件和图片等)，也可以向项目中添加新的资源，并且可以修改、复制和删除已经存在的资源。解决方案资源管理器如图 1-2 所示。

图 1-2　解决方案资源管理器

在添加一个 Web 页面后，可以使用 Visual Studio 对它进行编辑，在资源管理器中双击某个要编辑的 Web 页面文件，该页面文件就会在图 1-3 所示左边的窗口中打开。

图 1-3　视图设计器

在图 1-3 中可以通过底部的 "设计"、"拆分"和"源"3 个按钮来进行 3 种视图的编辑。其中，"设计视图"用来显示设计的效果；"拆分视图"同时显示设计视图和"源视图"；"源视图"显示设计源码，可以在该视图中直接通过编写代码来设计页面。

在 Web 页面的设计视图下，双击页面的任何地方即可打开隐藏的后台代码文件。在此界面中，开发者可以编写与页面对应的后台逻辑代码。或者通过双击网站目录下的文件名，也可以打开图 1-4 所示的后台隐藏的代码文件。

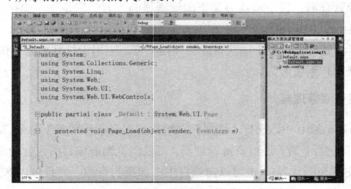

图 1-4　后台隐藏的代码文件

2. "属性"窗口

在进行页面设计时需要使用到"属性"窗口。在此对话框中，用户可以对页面的一些属性值进行设置，这些设置的属性值会自动添加到源代码中，属性值会随着标签值的改变而改变。"属性"窗口如图 1-5 所示。

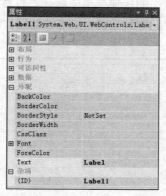

图 1-5 "属性"窗口

3. 工具箱

在 Visual Studio.NET 的窗口左侧有一个隐藏的工具箱，当用户将鼠标放置在"工具箱"按钮上时会弹出一个"工具箱"列表框，如图 1-6 所示。在此列表框中列出了开发 ASP.NET Web 窗体的多种控件，用户可以直接使用这些控件，节省了编辑代码的时间，加快了程序开发的进度。

图 1-6 工具箱

1.3.2 Visual Studio 2010 新增功能

与 Visual Studio 2008 相比，Visual Studio 2010 集成开发环境新增的主要功能如下。

1. 窗口移动

文档窗口不再受限于集成开发环境(IDE)的编辑框架。现在可以将文档窗口停靠在 IDE 的边缘，或者将它们移动到桌面(包括辅助监视器)上的任意位置。如果打开并显示两个相关的文档窗口，则在一个窗口中所做的更改将立即反映在另一个窗口中。

工具窗口也可以进行自由移动，使它们停靠在 IDE 的边缘、浮动在 IDE 的外部或者填充部分或全部文档框架。这些窗口始终保持可停靠的状态。

2. 调用层次结构

调用层次结构可以帮助我们分析代码,并实现导航定位功能。在方法、属性、字段、索引器或者构造函数上右击,从弹出的快捷菜单中选择"查看调用层次结构"命令。在图 1-7 所示的"调用层次结构"窗口中能看到被调用的方法的层次结构,双击方法名称,立即可以定位到方法定义的位置。

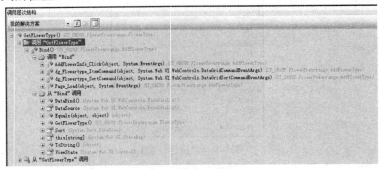

图 1-7　"调用层次结构"窗口

3. 定位搜索

这是一个使用字符进行快速搜索定位的工具。它可以快速搜索源代码中的类型、成员、符号和文件。选择"编辑"|"定位到"命令,打开如图 1-8 所示的"定位到"对话框。在搜索栏中输入查询内容(支持模糊查询功能)后,将列出相关搜索结果。双击搜索结果可以直接转到代码所在的位置。

图 1-8　"定位到"对话框

4. 突出显示引用

用鼠标选中任何一个符号如方法、属性和变量等,在图 1-9 所示的代码编辑器中将自动突出显示此符号的所有实例。还可以通过快捷键"Ctrl+Shift+↑(或↓)键"来从一个加亮的符号跳转到下一个加亮的符号。

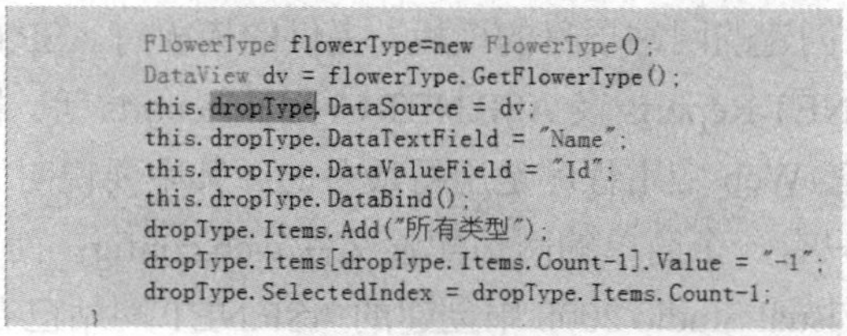

FlowerType flowerType=new FlowerType();
DataView dv = flowerType.GetFlowerType();
this.dropType.DataSource = dv;
this.dropType.DataTextField = "Name";
this.dropType.DataValueField = "Id";
this.dropType.DataBind();
dropType.Items.Add("所有类型");
dropType.Items[dropType.Items.Count-1].Value = "-1";
dropType.SelectedIndex = dropType.Items.Count-1;

图 1-9　突出显示引用

5. 智能感知

在 Visual Studio 2010 中智能感知(IntelliSense)功能又进行了完善和加强，在输入一些关键字时，其搜索过滤功能并不只是将关键字作为查询项的开始，而是包含查询项所有位置。有时需要使用 switch、foreach 及 for 等类似语法结构，只需加入语法关键字，并按两下 Tab 键，Visual Studio 2010 就会自动完成相应的语法结构。这一功能大大地提高了开发人员的编程效率。

1.4　创建 ASP.NET 4.0 应用程序

下面通过本书的第 1 个 Web 应用程序来介绍创建 ASP.NET 4.0 应用程序的过程，本练习将实现在运行程序后，在浏览器中显示“欢迎进入 ASP.NET 的世界”语句，具体操作步骤如下。

1.4.1　创建 Web 站点

选择“开始”|“所有程序”| Microsoft Visual Studio 2010 | Microsoft Visual Studio 2010 命令，打开 Visual Studio 2010。

在启动 Visual Studio 2010 之后，有两种方式来创建一个 Web 项目。第 1 种创建 Web 网站的方式步骤如下。

(1) 选择“文件”|“新建网站”命令，打开如图 1-10 所示的“新建网站”对话框。

新建网站
最近的模板
已安装的模板
Visual Basic
Visual C#
联机模板
.NET Framework
排序依据：默认值
ASP.NET 网站　Visual C#
ASP.NET 空网站　Visual C#
ASP.NET Dynamic D···　Visual C#
ASP.NET Dynamic D···　Visual C#
WCF 服务　Visual C#
ASP.NET Reports···　Visual C#
ASP.NET Crystal R···　Visual C#
类型：Visual C#
空网站
Web 位置(L)：
文件系统
E:\我的文稿\Web程序设计
浏览(B)...
确定
取消

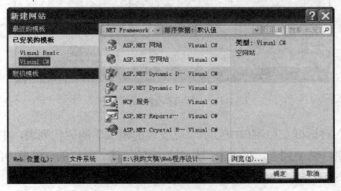

图 1-10　“新建网站”对话框

图 1-10 显示了可以创建的网站项目的模板，提供的模板有 ASP.NET 网站、ASP.NET 空网站、WCF 服务、ASP.NET Reports 及 ASP.NET Crystal Reports 等。模板中的 ASP.NET Web 应用程序和 ASP.NET 空 Web 应用程序是用得最多的。其中要说明的是 ASP.NET 空网站模板创建后的网站目录下只有一个简单的网站配置文件 web.config；而 Visual Studio 2010 中创建的 ASP.NET 网站和 Visual Studio 2008 中创建的 ASP.NET 网站已有了很大的不同，它提供许多新增的内容，包括基础的身份验证功能、默认的网站项目母版页、默认的 css 样式文件 site.css，以及精简后的 web.config 配置文件，它只存放站点设置的数据信息，把大部分不需要在网站应用程序中使用的配置设置信息放在了 machine.config 文件中，并包括 JQuery 的自动智能提示。

(2) 选择 ASP.NET 网站，并选择存储位置，然后单击“确定”按钮，如图 1-11 所示的新网站就被创建了。

图 1-11　创建的网站

第 2 种创建网站的方式的具体步骤如下。

(1) 单击主界面起始页中的“新建项目”快捷按钮或选择“文件”|“新建项目”命令，打开如图 1-12 所示的“新建项目”对话框。

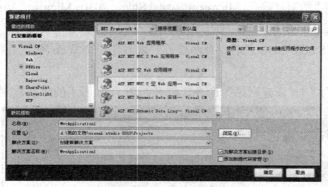

图 1-12　“新建项目”对话框

“新建项目”对话框左边窗口中显示“已安装的模板”的树状列表，中间窗口显示与选定模板相对应的项目类型列表，右边窗口是对模板的描述。同样的，模板中的 ASP.NET Web 应用程序和 ASP.NET 空 Web 应用程序是用得最多的。

(2) 打开“Visual C#”类型节点，选择 Web 子节点这个模板，同时在右边窗口显示了可以创建的 Web 项目类型列表。选择“ASP.NET 空 Web 应用程序”，在“名称”文本框中输入项目名称，并在"位置"文本框中输入相应的存储路径，在"解决方案名称"文本框中输入解决方案名称。最后，单击"确定"按钮即可创建如图 1-13 所示的新 Web 项目。

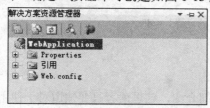

图 1-13　生成新的 Web 项目

(3) 右击项目名称，在弹出的快捷菜单中选择"添加" | "新建项"命令。

(4) 在弹出的"添加新项"对话框中，选择"已安装的模板"下的 Web 模板，并在模板文件列表中选中"Web 窗体"，然后在"名称"文本框输入该文件的名称 Default.aspx，最后单击"添加"按钮。

(5) 此时，解决方案管理器的目录下面会生成如图 1-14 所示的 Default.aspx 页面，它包括两个文件，一个是 Default.aspx.cs 文件，用于编写程序的后台代码；另一个是 Default.aspx.designer.cs 文件，它存放的是一些页面控件中控件的配置信息。

图 1-14　生成 Default.aspx 页面

1.4.2　编写 ASP.NET 4.0 应用程序

现在来演示如何在该页面中添加文本，操作步骤如下：

(1) 单击"设计"选项卡切换到"设计"视图。

(2) 将插入点放在第 1 行，输入"欢迎进入 ASP.NET 的世界"。

(3) 在屏幕右下角的"属性窗体"中可以设置所输入文本的字体、颜色和字号大小等属性。这里设置该网页的 title 属性为"你好"，其余采用默认属性。

此时该网页的代码如下所示：

```
1.  <%@ Page Language="C#" AutoEventWireup="true"    CodeFile="Default.aspx.cs"
    Inherits="_Default" %>
2.  <!DOCTYPE html PUBLIC "−//W3C//DTD XHTML 1.0 Transitional//EN"
    "http://www.w3.org/TR/xhtml1/DTD/xhtml1−transitional.dtd">
3.  <html xmlns="http://www.w3.org/1999/xhtml">
4.  <head runat="server">
5.  <title>你好</title>
6.  </head>
```

7. <body>
8. <form id="form1" runat="server">
9. <div>
10. 欢迎进入 ASP.NET 的世界！</div>
11. </form>
12. </body>
13. </html>

第 1 行代码会在后面详细介绍，这里读者只要知道对于使用 ASP.NET 技术生成的网页都需要这一行就可以了。这里重点关注第 5 行和第 10 行。第 5 行就是设置的标题，第 10 行就是在网页上显示的内容。

至此，就得到了一个显示欢迎信息的网页。接下来介绍如何编译和运行该程序。

1.4.3 编译和运行应用程序

选择"生成"|"生成网站"命令，如果生成成功，则屏幕下方的"输出"窗口中的内容如图 1-15 所示。

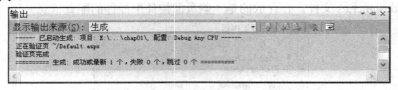

图 1-15 "输出"窗口

单击工具栏上的"启动调试"按钮 或直接按快捷键 F5，运行效果如图 1-16 所示。

图 1-16 运行效果

1.5 思考与练习

一、填空题

1. ASP.NET 是 Microsoft .NET Framework 中用于生成＿＿＿＿＿应用程序和＿＿＿＿＿的平台。

2. .NET Framework 具有两个主要组件，它们是_____和 _____。

3. ASP.NET 网页是完全面向对象的。在 ASP.NET 网页中，可以使用_____、____
和_____来处理 HTML 元素。

4. ASP.NET 页面文件的后缀是_____。

5. 基于 C#的 ASP.NET 程序文件的后缀是_____。

二、选择题

1. AJAX 服务器控件包括(　　)。

　A. ScriptManager　　　　B. UpdatePanel　　　　C. UpdateProgress　　　D. Timer

2. .NET Framework 旨在实现的目标包括(　　)。

　A. 提供一个一致的面向对象的编程环境，而不论对象代码是在本地存储和执行，还
　　　是在本地执行但在 Internet 上分布，或者是在远程执行的。

　B. 提供一个将软件部署和版本控制冲突最小化的代码执行环境。

　C. 提供一个可提高代码(包括由未知的或不完全受信任的第三方创建的代码)执行安
　　　全性的代码执行环境。

　D. 提供一个可消除脚本环境或解释环境的性能问题的代码执行环境。

3. 开发 ASP.NET Web 应用程序，必须具有的工具包括(　　)。

　A. .NET Framework　　　　　B. Internet 信息服务　　　　C. Visual Studio.NET

4. 不属于 ASP.NET 开发和运行环境的是(　　)。

　A. 安装 IIS　　　　　　　　　　　　　B. SQL Server 数据库

　C. 安装.NET Framework SDK　　　　　D. Visual Studio.NET

5. 如果要创建用于查询过滤数据的网页，并且希望使用 LINQ(语言集成查询)所提供的
编程模型，则应使用(　　)控件。

　A. ListView　　　　　B. LinqDataSource　　　　C. DataPager　　　D. QueryExtender

三、上机操作题

1. 安装并配置 Visual Studio.NET 2010 的集成开发环境。

2. 用 C#创建一个 Web 应用程序，显示单击"提交"按钮次数，如图 1-17 所示。

图 1-17　单击两次"提交"按钮的运行效果

第2章　C# 4.0程序设计基础

C#语言是微软为.NET 框架设计的一门全新的编程语言，它由 C 和 C++发展而来，具有简单、现代、面向对象和类型安全的特点，其设计目标是要把 Visual Basic 的高速开发应用程序的能力和 C++本身的强大功能结合起来。C#代码的外观和操作方式与 C++和 Java 等高级语句非常类似。

Microsoft Visual C# 2010 提供了高级代码编辑器、方便的用户界面设计器、集成调试器和许多其他工具，以便在C# 语言版本4.0 和.NET Framework 的基础上加快应用程序的开发。

本章重点：

- C#的数据类型和基本语句
- 类和对象的概念
- 委托与事件
- C# 4.0 的新特性

2.1　数　据　类　型

C#中的数据类型可以分为值类型和引用类型，如图 2-1 所示。值类型又可以称为数值类型，其中包含结构类型(Struct Types)和枚举类型(Enum Types)；引用类型包含类类型(Class Types)、对象类型(Object Types)、字符串类型(String Types)、数组类型(Array Types)、接口类型(Interface Types)和代理类型(Delegate Types)。

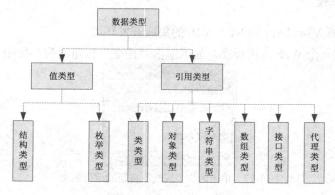

图 2-1　C#中的数据类型

2.1.1　值类型

值类型主要由结构类型和枚举类型组成，其中结构类型又可以分为数值类型、bool 类型和用户自定义的结构类型。基于值类型的变量直接包含值(这句话在学习完引用类型后会有更深的理解)。将一个值类型变量赋给另一个值类型变量时,将复制包含的值。下面具体来介绍值类型。

1. 数值类型

数值类型主要包括整数类型、浮点数类型和小数类型,这些均属于简单类型。简单类型都是.NET Framework 中定义的标准类的别名,它们都隐式地从类 object 继承而来。所有类型都隐含地声明了一个公共的无参数的构造函数,它们被称为默认构造函数。默认构造函数返回一个初始值为 0 的实例。

(1) 整数类型

整数类型可以分为无符号型、有符号型和 char 型,其中无符号型包括 byte、ushort、uint 和 ulong;有符号型包括 sbyte、short、int 和 long。Char 型在 C#中表示 16 位 Unicode 字符。

byte 类型对应于.NET Framework 中定义的 System.Byte 类,其大小为 1 个字节,取值范围为 0~255。sbyte 类型对应于.NET Framework 中定义的 System.SByte 类,其大小为 1 个字节,取值范围为-128~127。

ushort 类型对应于.NET Framework 中定义的 System.Uint16 类,其大小为两个字节,取值范围为 0~65 535。short 类型对应于.NET Framework 中定义的 System.Int16 类,其大小为两个字节,取值范围为-32 768~32 767。

uint 类型对应于.NET Framework 中定义的 System.Uint32 类,其大小为 4 个字节,取值范围为 0~4 294 967 295。int 类型对应于.NET Framework 中定义的 System.Int32 类,其大小为 4 个字节,取值范围为-2 147 483 648~2 147 483 647。

ulong 类型对应于.NET Framework 中定义的 System.Uint64 类,其大小为 8 个字节,取值范围为 0~18 446 744 073 709 551 615。long 类型对应于.NET Framework 中定义的 System.Int64 类,其大小为 8 个字节,取值范围为-9 223 372 036 854 775 808~9 223 372 036 854 775 807。

(2) 浮点数类型

在 C#中有两种浮点数类型,即单精度浮点(float)数类型和双精度浮点(double)数类型。单精度浮点数类型对应于.NET Framework 中定义的 System.Single 类,其大小为 4 个字节,取值范围为 $1.5×10^{-45}$~$3.4×10^{38}$,有 7 位数字位精度。双精度浮点类型对应于.NET Framework 中定义的 System.Double 类,其大小为 8 个字节,取值范围为 $5.0×10^{-324}$~$1.7×10^{308}$,有 15~16 位数字位精度。浮点数类型支持以下几种数值。

- 0 和-0:在大多数情况下,0 和-0 与简单的 0 值相同,但是它们在使用中有一些区别。如果浮点数操作的结果对于目标形式来说太小,操作的结果就会转换为 0 或-0。
- +∞:表示正的无穷大数,例如 5.0/0.0 会产生正无穷大值。如果浮点数操作的正数结果对于目标形式来说太大,操作的结果就会转换为正无穷大。
- -∞:表示负的无穷大数,例如-5.0/0.0 会产生负无穷大值。如果浮点数操作的负数结果对于目标形式来说太大,操作的结果就会转换为负无穷大。
- NaN:NaN 是非数字数据,表示无效的浮点数操作。例如,0÷0 就会得到 NaN 值。如果浮点数的操作是无效的,操作的结果就会转换为 NaN。如果一个或所有浮点操作的操作数都是 NaN，那么操作的结果就变为 NaN。

如果二元运算符的一个操作数是浮点数类型，那么其他操作数必须是整数类型或者浮点数类型，并且操作按以下规则进行：

- 如果一个操作数是 double 类型，那么其他操作数就要转换为 double 类型，操作就要按照 double 类型的范围和精度来进行，而且计算的结果也是 double 类型。
- 在没有 double 类型时，如果一个操作数是 float 类型，那么其他操作数就要转换为 float 类型，操作就要按照 float 类型的范围和精度来进行，而且计算的结果也是 float 类型。

对于 float 类型的数值，末尾需要使用 f 说明该数值为 float 类型；对于 double 类型的数值，末尾需要使用 d 说明该数值为 double 类型。如果没有这些说明，系统会把这些小数作为 double 类型处理。下面是浮点数类型的使用示例。

```
1.   float a = 1.0f;
2.   double b = 1.0d;
3.   double c = a + b;
```

第 1 行定义了一个 float 类型的变量 a；第 2 行定义了一个 double 类型的变量 b；第 3 行把 a 和 b 的值相加，把结果赋给 c，在进行加法运算时，a 自动转换为 double 类型。

(3) 小数类型

小数(decimal)类型在所有数值类型中精度是最高的，它有 128 位，一般做精度要求高的金融和货币的计算。小数类型对应于.NET Framework 中定义的 System.Decimal 类。取值范围大约为 $1.0 \times 10^{-28} \sim 7.9 \times 10^{28}$，有 28～29 位的有效数字。小数类型的赋值和定义如下所示。

```
decimal dec = 2.2m;
```

上面这行代码中，末尾 m 代表该数值为 decimal 类型，如果没有 m 将被编译器默认为是 double 类型的 2.2。

decimal 类型不支持有符号 0、无穷大和 NaN。一个十进制数由 96 位整数和 10 位幂表示。

注意：

一般不要把 decimal 类型和浮点数类型之间进行类型转换(无论隐式的还是显式的)，因为 decimal 类型比浮点数类型有更高的精度但是范围更小，从浮点数类型转换到 decimal 类型也许会产生溢出的异常，并且从 decimal 类型转换到浮点数类型也许会有精度损失。

2. bool 类型

布尔(bool)类型表示布尔逻辑量，对应于.NET Framework 中定义的 System.Boolean 类。布尔类型的值有 true 和 false(仅有 true 和 false 两个布尔值)，其中 true 表示逻辑真，false 表示逻辑假。可以直接将 true 或 false 值赋给一个布尔变量，或将一个逻辑判断语句的结果赋给布尔类型的变量，如下所示。

```
1. bool test = true ;
2. bool isBig = 100<210;
```

在第 2 行的语句中，首先计算逻辑判断语句 100<210 的值，其值为 true，然后再把该值赋给变量 isBig。为了不至于引起混淆，可以把第 2 行语句写成如下形式：

　　　　bool isBig= (100<210);

与 C/C++不同的是布尔类型不能和其他类型进行转换，布尔类型不能使用整数类型，反之亦然。这是因为 0 整数值或空指针不可以直接被转换为布尔数值 false，而非 0 整数的数值或非空指针可以直接转换为布尔数值 true。在 C#中，布尔类型的变量不能由其他类型的变量代替，但是可以通过转换变为布尔类型。

```
1.    int a = 0;
2.    bool is True = a !=0;
3.    bool is False = a == 0;
```

在 C/C++中，经常使用不等于 0 的整数表示 true，使用 0 表示 false。在 C#中，必须像第 2 行和第 3 行的代码一样，通过判断整数和 0 的关系来获取布尔值。

3. 用户自定义结构

在不会引起歧义的情况下，用户自定义结构常简称为结构。结构类型通常是一组相关的信息组合成的单一实体。其中的每个信息称为它的一个成员。结构类型可以用来声明构造函数、常数、字段、方法、属性、索引、操作符和嵌套类型。结构类型通常用于表示较为简单或者较少的数据，其实际应用意义在于使用结构类型可以节省使用类的内存占用，因为结构类型没有如同类对象所需的大量额外的引用。下面代码定义了一个学生的简单数据结构。

```
1.    struct Student
2.    {
3.        public uint id
4.        public string name;
5.        public string gender;
6.        public uint age;
7.        public string address;
8.    }
```

第 1 行代码使用关键字 struct 指明这里将要定义一个用户的自定义结构，对于一个记录学生信息的结构，学号、姓名、性别、年龄及家庭住址是必不可少的，这里在第 3~7 行定义了这些信息。在使用这个结构时，可以根据自己的需要增加相关的信息。

4. 枚举类型

枚举(enum)类型是由一组特定的常量构成的一种数据结构，系统把相同类型、表达固定含义的一组数据作为一个集合放到一起形成新的数据类型。例如，一个星期的七天可以放到一起作为新的数据类型来描述星期类型，如下所示。

```
1.    enum Weekday {
2.            Sunday,                    //星期日
```

```
3.          Monday,              //星期一
4.          Tuesday,             //星期二
5.          Wednesday,           //星期三
6.          Thursday,            //星期四
7.          Friday,              //星期五
8.          Saturday             //星期六
9.          };
```

第 1 行中，enum 是定义枚举类型的关键字，Weekday 是枚举类型的名字，{}中的是枚举元素，第 2～8 行定义了枚举元素，用逗号分隔。这样一周七天的集合就构成了一个枚举类型，它们都是枚举类型的组成元素。

枚举元素实际上都是整数类型，缺省时第 1 个枚举元素值为 0，以后每个元素递增 1。开发者也可以自定义首元素的值，甚至每个元素的值。例如，下面的代码就自定义了首元素的值。

```
1.   enum enumWeekday { Sunday＝7,
2.                Monday＝1,
3.                Tuesday＝2,
4.                Wednesday＝3,
5.                Thursday＝4,
6.                Friday＝5,
7.                Saturday＝6
8.                };
```

这段代码和前面的基本相同，但是对星期的描述更符合中国人的习惯。第 1 行代码中把星期日定义为 7，是一个星期中的最大值；第 2 行代码把星期一定义为 1，后面依此类推。因为中国人习惯先工作后休息，总是习惯把星期日作为一周的最后一天。

注意：
枚举类型仅可使用 long、int、short 和 byte 类型的值。

2.1.2　引用类型

引用类型的变量又称为对象，可存储对实际数据的引用。如前所述，引用类型包括字符串、数组、类和对象、接口及代理等。本节介绍字符串和数组，其余类型在后面章节介绍。

1. 字符串

字符串实际上是 Unicode 字符的连续集合，通常用于表示文本，而 String 是表示字符串的 System.Char 对象的连续集合。在 C#中提供了对字符串(string)类型的强大支持，可以对字符串进行各种操作。string 类型对应于.NET Framework 中定义的 System.String 类，System.String 类是直接从 object 派生的，并且是 final 类，不能从它再派生其他类。

字符串值使用双引号表示，如"Hello world"和"你好，世界！"等，而字符型使用单引号表示，这一点需要注意区分。下面是几个关于字符串操作的代码。

```
1.    string myString1 = "Hello world";
2.    string myString2 = "Hello" + " world";
3.    bool equal = (myString1 == myString2);
4.    char myChar = myString1[6];
```

第 1 行语句直接把字符串赋值给字符串变量 myString1。第 2 行语句把两个字符串进行了合并，字符串变量 myString2 的值最后为 Hello world(Hello 和 world 之间有空格)。第 3 行语句用于获得字符串中某个字符值，字符串中第 1 个字符的位置是 0，第 2 个字符的位置是 1，依此类推。这里 myChar 值为第 7 个字符 w。

注意:

由于 String 的值一旦创建就不能再修改，如果需要修改字符串对象的内容，请使用 System.Text.StringBuilder 类。

2. 数组

数组是包含若干个相同类型数据的集合，数组的数据类型可以是任何类型。数组可以是一维的，也可以是多维的(常用的是二维和三维数组)。

数组的维数决定了相关数组元素的下标数，一维数组只有 1 个下标。一维数组通常声明方式如下:

数组类型[] 数组名;

其中，"数组类型"是数组的基本类型，一个数组只能有一个数据类型。数组的数据类型可以是任何类型，包括前面介绍的枚举和结构类型。[]是必须有的，否则将成为定义变量了。"数组名"定义的数组名字相当于变量名。

数组声明以后，就可以对数组进行初始化了，数组必须在访问之前初始化。数组是引用类型，所以声明一个数组变量只是对此数组的引用设置了空间。数组实例的实际创建是通过数组初始化程序实现的。数组的初始化有两种方式:第 1 种是在声明数组的时候进行初始化;第 2 种是使用 new 关键字进行初始化。

使用第 1 种方法初始化是在声明数组的时候，提供一个用逗号分隔开的元素值列表，该列表放在花括号中。例如:

int[] myscore = {80, 90, 100, 66};

其中，myscore 有 4 个元素，每个元素都是整数值;第 2 种是使用关键字 new 为数组申请一块内存空间，然后直接初始化数组的所有元素。例如:

int[] myscore = new int[4]{80, 90, 100, 66};

注意:

使用 new 关键字初始化数组时，数组大小必须与元素个数相匹配，如果定义的元素数和初始化的元素数不同，则会出现编译错误。

数组中的所有元素值都可以通过数组名和下标来访问，在数组名后面的方括号中指定下标(指定要访问的第几个元素)，就可以访问该数组中的每个成员。数组的第 1 个元素的下标是 0，第 2 个元素的下标是 1，依此类推。下面通过一个例子来进一步的说明。

```
1.   int[] myscore = {80, 90, 100, 66};
2.   myscore[2] = 100;
```

上面的代码中，在第 1 行定义并初始化了一个有 4 个元素的数组 myscore，第 2 行使用 myscore[2]访问该数组的第 3 个元素。

多维数组和一维数组有很多相似的地方，下面介绍多维数组的声明、初始化和访问方法。多维数组有多个下标。例如，二维数组和三维数组声明的语法格式分别为：

```
数组类型[,] 数组名;
数组类型[,,] 数组名;
```

更多维数的数组声明则需要更多的逗号。多维数组的初始化方法也和一维数组的相似，可以在声明的时候初始化，也可以使用 new 关键字进行初始化。下面的代码声明并初始化了一个 2×3 的二维数组，相当于一个三行两列的矩阵。

```
int[,] mypoint = { {0, 1}, {2, 3}, {6, 9} };
```

初始化时数组的每一行值都使用{}括号括起来，行与行间用逗号分隔。mypoint 数组的元素如表 2-1 所示。

表 2-1　mypoint 数组的元素

	第 1 列	第 2 列
第 1 行	0	1
第 2 行	2	3
第 3 行	6	9

要访问多维数组中的每个元素，只需指定它们的下标，并用逗号分隔开即可。例如，访问 mypoint 数组第 1 行中的第 2 列数组元素(其值为 1)的代码如下所示：

```
mypoint[0,1]
```

另外，C#中还支持"不规则"的数组，或者称为"数组的数组"。下面的代码就演示了一个不规则数组的声明和初始化过程。

```
1.   int[][] unregular = new int[3][];
2.   unregular[0] = new int[] {1, 2, 3};
3.   unregular[1] = new int[] {1, 2, 3, 4, 5, 6};
4.   unregular[2] = new int[] {1, 2, 3, 4, 5, 6, 7, 8, 9};
```

第 1 行中，定义了一个名为 unregular 的数组，它是一个由 int 数组组成的数组，或者说是一个一维 int[]类型的数组。这些 int[]变量中的每一个都可以独自被初始化，同时允许数组有一个不规则的形状。第 2～4 行代码中每个 int[]数组定义了不同的长度，其中，第 2 行定义数组的第 1 个元素，该元素是 1 个一维数组，长度为 3；第 3 行定义的一维数组的长度为 6；第 4 行定义的一维数组的长度为 9。

2.1.3　装箱和拆箱

装箱和取消装箱使值类型能够被视为对象。对值类型装箱将把该值类型打包到 Object 引用类型的一个实例中。这使得值类型可以存储于垃圾回收堆中。取消装箱将从对象中提取值类型，取消装箱又经常被称为"拆箱"。下面的代码分别演示了装箱和取消装箱操作：

```
1.   int i = 123;
2.   object o = (object) i;   // 装箱
3.   o = 123;
4.   i = (int) o;   //取消装箱
```

第 1 行定义了一个整型变量；第 2 行把该变量打包到 object 引用类型的一个实例中，也就是进行装箱操作；第 4 行取消装箱。

相对于简单的赋值而言，装箱和取消装箱过程需要进行大量的计算。对值类型进行装箱时，必须分配并构造一个全新的对象。同理，取消装箱所需的强制转换也需要进行大量的计算。因此，在进行装箱和取消装箱操作时应该考虑到该操作对性能的影响。

2.2　变量和常量

在进行程序设计时，经常需要保存程序运行的信息，因此在 C#中引入了"变量"的概念。而在程序中某些值是不能被改变的，这就是所谓的"常量"。

2.2.1　变量

所谓变量，就是在程序的运行过程中其值可以被改变的量，变量的类型可以是任何一种 C#的数据类型。所有值类型的变量都是实际存在于内存中的值，也就是说，当将一个值赋给变量时执行的是值复制操作。变量的定义格式为：

变量数据类型　变量名(标识符);

或者

变量数据类型　变量名(标识符)＝变量值;

其中，第一个定义只是声明了一个变量，并没有对变量进行赋值，此时变量使用默认值；第二个声明定义变量的同时对变量进行了初始化，变量值应该和变量数据类型一致。下面的代码是变量的使用。

```
1.   int a = 10;
2.   double b, c;
```

```
3.  int d=100, e=200;
4.  double f = a + b + c + d +e;
```

第 1 行代码声明了一个整数类型的变量 a，并对其赋值为 10。第 2 行代码定义了两个 double 类型的变量，当定义多个同类型的变量时，可以在一行中声明，各变量间使用逗号分隔。第 3 行代码定义了两个整数类型的变量，并对变量进行了赋值。当定义并初始化多个同类型的变量时，也可以在一行中进行，使用逗号分隔。第 4 行把前面定义的变量相加，然后赋给一个 double 类型的变量，在进行求和计算时，int 类型的变量会自动转换为 double 类型的变量。

2.2.2　常量

所谓常量，就是在程序的运行过程中其值不能被改变的量。常量的类型也可以是任何一种 C#的数据类型。常量的定义格式为：

const　常量数据类型　常量名(标识符)＝常量值;

其中，const 关键字表示声明一个常量，"常量名"就是标识符，用于标识该常量。常量名要有代表意义，不能过于简洁或者复杂。常量和变量的声明都要使用标识符，其命名规则如下：

- 标识符必须以字母或者@符号开始。
- 标识符只能由字母、数字及下划线组成，不能包括空格、标点符号和运算符等特殊符号。
- 标识符不能与 C#中的关键字同名。
- 标识符不能与 C#中的库函数名相同。

"常量值"的类型要和常量数据类型一致，如果定义的是字符串型，"常量值"就应该是字符串类型，否则会发生错误。例如：

```
1.  const double PI = 3.1415926;
2.  const string VERSION = "Visual Studio 2010";
```

第 1 行定义了一个 double 类型的常量，第 2 行定义了一个字符串型的常量。一旦用户在后面的代码中试图改变这两个常量的值，则编译器会发现这个错误并使代码无法编译通过。

2.3　运　算　符

前面介绍了 C#中的基本数据类型，本节将介绍如何通过运算符操作变量和常量，如前面多次用到的赋值运算符 "="等。运算符是表示各种不同运算的符号，C#中的运算符非常多。从操作数来划分运算符大致可分为以下 3 类。

- 一元运算符：处理 1 个操作数，一元运算符种类很少。
- 二元运算符：处理两个操作数，大多数运算符都是二元运算符。

● 三元运算符：处理 3 个操作数，只有 1 个三元运算符。

从功能上划分，运算符主要分为算术运算符、赋值运算符、关系运算符、条件运算符、和逻辑运算符等。下面分别进行介绍。

2.3.1　算术运算符

算术运算符主要应用于数学计算中，它包括加法运算符(+)、减法运算符(−)、乘法运算符(*)、除法运算符(/)、求模运算符(%)、自加运算符(++)和自减运算符(−−)，如表 2-2 所示。

表 2-2　算术运算符

算术运算符	符　号	描　　述
加法运算符	+	加法运算符也可称为正值运算符，其形式为 x+y，如 5+8 及 +10 等
减法运算符	−	减法运算符也可称为负值运算符，其形式为 x−y，如 5−8 及 −10 等
乘法运算符	*	其形式为 x*y，如 5*8
除法运算符	/	其形式为 x/y，如 5/8
求模运算符	%	它也可称为求余运算符，"%"运算符两边操作数的数据类型必须是整型，如"7%3"的结果为 1
自加运算符	++	其作用是使变量的值自动增加 1，如 a++ 及 ++a
自减运算符	−−	其作用是使变量的值自动减少 1，如 a−− 及 −−a

注意：

对于除法运算符来说，整数相除的结果也应该为整数，如 7/5 或 8/5 的结果都为 1，而不是 1.4 及 1.6，计算结果要舍弃小数部分。如果除法运算符两边的数据有一个是负数，那么得到的结果在不同的计算机上有可能不同。例如，−7/5 在一些计算机上结果为−1，而在另一些计算机上结果可能就是−2。通常除法运算符的取值有一个约定俗成的规定，就是按照趋向于 0 取结果，即−7/5 的结果为−1。如果是一个实数与一个整数相除，那么运算结果应该为实数。

a++ 和 ++a 都相当于 a=a+1，其不同之处在于：a++ 是先使用 a 的值，再进行 a+1 的运算；++a 则是先进行 a+1 的运算，再使用 a 的值。a−− 和 −−a 类似于 a++ 和 ++a。初学者一定要仔细注意其中的区别。

加法运算符、减法运算符、乘法运算符、除法运算符以及求模运算符又称为基本的算术运算符，它们都是二元运算符，而自增运算符和自减运算符则是一元运算符。算术运算符通常用于整数类型和浮点数类型的计算，如下所示。

```
1.   int a = 10;
2.   int b = 1.01;
3.   int c = a + b;
```

第 1 行定义了一个值为 10 的整型变量 a。第 2 行定义了一个整型变量 b，然后把一个小数 1.01 赋给 b，因为 b 的类型为整型，赋值操作会对小数 1.01 进行自动转换，舍去小数部分。

第 3 行把 a 和 b 的值相加，然后赋给整型变量 c。

当一个或两个操作数为 string 类型时，二元 "+" 运算符进行字符串连接运算。如果字符串连接的一个操作数为 null，则用一个空字符串代替。另外，通过调用从基类型 object 继承来的虚方法 ToString()，任何非字符串参数将被转换成字符串表示法。如果 ToString() 返回null，则用一个空字符串代替。字符串连接运算符的结果是一个字符串，由左操作数的字符后面连接右操作数的字符组成。字符串连接运算符不返回 null 值。如果没有足够的内存分配给结果字符串，将可能产生 OutOfMemoryException 异常。

注意：

当两个枚举常量进行算术运算时，取枚举常量值进行计算。当把两个小数进行算术运算时，如果结果值太大而不能用 decimal 格式表示，将产生 OverflowException 异常(上溢出异常)；如果结果值太小而不能用 decimal 格式表示，结果为 0。

2.3.2　赋值运算符

赋值运算符用于将一个数据赋予一个变量、属性或者引用，数据可以是常量，也可以是表达式。前面已经多次使用了简单的等号 "=" 赋值运算符，如 int a=1，或者 int c=a+b。其实，除了等号运算符，还有一些其他的赋值运算符，它们都非常有用。这些赋值运算符都是在 "=" 之前加上其他的运算符，这样就构成了复合的赋值运算符。复合赋值运算符的运算非常简单，如 "a+=1" 就等价于 "a=a+1"，它相当于对变量进行一次自加操作。

注意：

复合赋值运算符的 "结合方向" 为自右向左。例如，a＝b＝c 形式的表达式求值与 a＝(b＝c)相同。

表 2-3 给出了复合赋值运算符的定义和含义。

表 2-3　复合赋值运算符

复合赋值运算符	类　别	描　　述
+=	二元	var1 += var2 等价于 var1 = var1 + var2，var1 被赋予 var1 与 var2 的和
−=	二元	var1−= var2 等价于 var1 = var1 − var2，var1 被赋予 var1 与 var2 的差
*/	二元	var1 *= var2 等价于 var1 = var1 * var2，var1 被赋予 var1 与 var2 的乘积
/=	二元	var1 /= var2 等价于 var1 = var1 / var2，var1 被赋予 var1 与 var2 相除所得的结果
%/	二元	var1 %= var2 等价于 var1 = var1 % var2，var1 被赋予 var1 与 var2 相除所得的余数
&=	二元	var1 &= var2 等价于 var1 = var1 & var2，var1 被赋予 var1 与 var2 进行 "与" 操作的结果

(续表)

复合赋值运算符	类　别	描　述
|=	二元	var1 |= var2 等价于 var1 = var1 | var2，var1 被赋予 var1 与 var2 进行"或"操作的结果
^=	二元	var1 ^= var2 等价于 var1 = var1 ^ var2，var1 被赋予 var1 与 var2 进行"异或"操作的结果
>>=	一元	var1 >>= var2 等价于 var1 = var1 >> var2，把 var1 的二进制值向右移动 var2 位，就得到 var1 的值
<<=	一元	var1 <<= var2 等价于 var1 = var1 << var2，把 var1 的二进制值向左移动 var2 位，就得到 var1 的值

2.3.3　关系运算符

关系运算符表示了对操作数的比较运算，由关系运算符组成的表达式就是关系表达式。关系表达式的结果只可能有两种，即 true 或 false。常用的关系运算符有 6 种，如表 2-4 所示。

表 2-4　关系运算符

关系运算符	类　别	描　述
>	二元	大于关系比较，例如 100 > 1 的结果为 true，1 > 100 的结果为 false
<	二元	小于关系比较，例如 100 < 1 的结果为 false，1 < 100 的结果为 true
==	二元	等于关系比较，例如 100 == 1 的结果为 false；int a = 100; 100 == a;的结果为 true
>=	二元	大于等于关系比较，例如 100 >= 1 的结果为 true，1 >= 100 的结果为 false
<=	二元	小于等于关系比较，例如 100 <= 1 的结果为 false，1 <= 100 的结果为 true
!=	二元	不等于关系比较，例如 100 != 1 的结果为 true；int a = 100; 100 != a;的结果为 false

2.3.4　条件运算符

C#中唯一的一个三元操作符就是条件运算符(?:)，由条件运算符组成的表达式就是条件表达式。条件表达式的一般格式为：

操作数 1?操作数 2:操作数 3。

其中，"操作数 1"的值必须为逻辑值，否则将出现编译错误。进行条件运算时，首先判断问号前面的"操作数 1"的逻辑值是真还是假，如果逻辑值为真，则条件运算表达式的值等于"操作数2"的执行结果值；如果为假，则条件运算表达式的值等于"操作数 3"的执行结果值。例如下面的条件运算表达式，c 的值最后为−10，因为 a>b 的值 false。

```
1.   int a = 3;
2.   int b = 5;
3.   int c = a>b?100: −10;
```

条件表达式具有"右结合性"，意思是操作从右向左组合。因此，代码 a? b: c? d: e 形式表达式的计算与 a? b: (c? d: e)相同。

注意：

条件表达式的类型由"操作数 2"和"操作数 3"控制，如果"操作数 2"和"操作数 3"是同一类型，那么这一类型就是条件表达式的类型。否则，如果存在"操作数 2"到"操作数 3"(而不是"操作数 3"到"操作数 2")的隐式转换，那么"操作数 3"的类型就是条件表达式的类型。反之，"操作数 2"的类型就是条件表达式的类型。

2.3.5　逻辑运算符

逻辑运算符主要用于逻辑判断，主要包括逻辑与、逻辑或和逻辑非。其中，逻辑与和逻辑或属于二元运算符，它要求运算符两边有两个操作数，这两个操作数的值必须为逻辑值。"逻辑非"运算符是一元运算符，它只要求有一个操作数，操作数的值也必须为逻辑值。由逻辑运算符组成的表达式是逻辑表达式，其值只可能有两种，即 true 或 false。表 2-5 是关于逻辑运算符的说明。

表 2-5　逻辑运算符

逻辑运算符	类　别	描　述
&&	二元	"逻辑与"运算时，如果有任何一个运算元为假，则运算结果也为假，只有两个运算元都为真时运算结果才为真
‖	二元	"逻辑或"运算同"逻辑与"运算正好相反，如果有任何一个运算元为真，则运算结果也为真，只有两个运算元都为假时运算结果才为假
!	一元	"逻辑非"运算是对操作数的逻辑值取反，即如果操作数的逻辑值为真，则运算结果为假；反之，如果操作数的逻辑值为假，则运算结果为真

下面通过一段程序来说明如何使用逻辑运算符。

```
1.   int a = 10;
2.   int b = 100;
3.   bool c = (a>0) && (b>0);
4.   bool d = (a>10) && (b>10);
```

```
5.   bool e = (a<0) || (b<0);
6.   bool f = (a<=10) || (b<10);
7.   bool g = !(100>0);
```

上面的代码中，第 3 行定义的 bool 类型变量 c 的值为 true，因为 a>0 的值为 true 并且 b>0 的值也为 true。第 4 行的 bool 变量 d 的值为 false，因为 a>10 的值为 false，只要有 1 个值为 false，最后的结果也就是 false。第 5 行的 bool 变量 e 的值为 false，因为 a<0 的值为 false 并且 b<0 的值也为 false。第 6 行的 bool 变量 f 的值为 true，因为 a<=10 的值为 true，只要有 1 个值为 true，最后的结果也就是 true。第 7 行的 bool 变量 g 的值为 false，因为 100>0 为 true，对它取反后得到的值为 false。

2.3.6　运算符的优先级

前面已经介绍了很多的运算符，那么把这些运算符放在一起执行时，应该先执行哪个后执行哪个呢？下面将介绍这些运算符的优先级。

在 C#中为这些运算符定义了不同的优先级，相同优先级的运算符，除了赋值运算符按照从右至左的顺序执行之外，其余运算符按照从左至右的顺序执行。括号是优先级中最高的，它可以任意地改变符号的计算顺序。在 C#中运算符的优先级定义如表 2-6 所示，其中 1 级表示最高优先级，12 级表示最低优先级。

表 2-6　运算符的优先级

级　　别	符　　号	说　　明
1	++	在操作符前面
	——	在操作符后面
	+	正号
	–	负号
	!	逻辑非
	~	按位取反
2	*	算术乘号
	/	算术除号
	%	算术求余
3	+	算术加法
	–	算术减法
4	<<	左移
	>>	右移
5	<	小于
	>	大于
	<=	小于等于
	>=	大于等于

(续表)

级　别	符　号	说　明
6	==	关系等于
	!=	关系不等于
7	&	按位与
8	^	按位异或
9	|	按位或
10	&&	逻辑与
11	||	逻辑或
	=	赋值等于
12	*=, /=, %=, +=, -=, <<=, >>=, &=, ^=, |=	复合赋值符

应用范例

用户输入一个数字代表年份，判断用户输入的年份是否为闰年。需要注意的是，对于个位和十位都是 0 的年份，该数字除了可以被 4 整除之外，还需要被 400 整除。

由于是第一次创建 C#程序，这里给出详尽的创建过程，在以后的程序中将不会再出现具体创建 C#程序的步骤了。

(1) 打开 Visual Studio 2010，选择"文件"|"新建项目"命令，打开"新建项目"对话框，如图 2-2 所示。

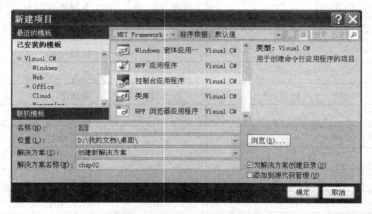

图 2-2　"新建项目"对话框

(2) 在"名称"文本框中输入项目的名称"2.1"，在"解决方案名称"文本框中输入解决方案的名称"chap02"，选中"为解决方案创建目录"复选框，在"位置"文本框中输入项目创建的位置。在"项目类型"面板中选择"Visual C#"，在"模板"面板中选择"控制台应用程序"，然后单击"确定"按钮，创建了一个默认的控制台应用程序，如图 2-3 所示。

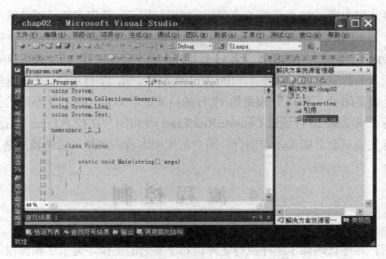

图 2-3　创建一个默认的控制台应用程序

(3) 在代码编辑器中输入如下代码。

1.　using System;
2.　using System.Collections.Generic;
3.　using System.Linq;
4.　using System.Text;
5.　namespace _2_1
6.　{
7.　　　class Program
8.　　　{
9.　　　　　static void Main(string[] args)
10.　　　　　{
11.　　　　　　　Console.WriteLine("请输入一个数字表示年份：\n");
12.　　　　　　　string years = Console.ReadLine();
13.　　　　　　　int y = Convert.ToInt32(years);
14.　　　　　　　bool b4 = 0 == y % 4;
15.　　　　　　　bool b100 = 0 == y % 100;
16.　　　　　　　bool b400 = 0 == y % 400;
17.　　　　　　　bool bRet = b100 ? b400 : b4;
18.　　　　　　　string str = bRet ? "您输入的是闰年" : "您输入的不是闰年";
19.　　　　　　　Console.WriteLine(str);
20.　　　　　　　Console.ReadLine();
21.　　　　　}
22.　　　}
23.　}

程序说明

第 11 行 Console.WriteLine 用于在控制台上打印输出信息，Console.WriteLine 可以灵活

地控制输出格式和内容，{0}表示第 1 个参数，如果使用了{}指定参数后就必须在逗号后面给出参数的值。第 12 行 Console.ReadLine()用于从标准控制台读取 1 行字符，在控制台上输入完毕后要按 Enter 键结束本行的输入。第 13 行把得到的字符串转换为 int 类型数值。第 14～16 行判断用户输入的数字是否可以被 4、100 及 400 整除。第 17 行通过 "?:" 运算符判断用户输入的数字是否是闰年。第 18 行根据第 17 行的结果赋予 string 变量 str 不同的值，然后在第 19 行输出该字符串。第 20 行通过 Console.ReadLine()使得用户在按下 Enter 键后才退出程序，否则程序运行完成后会立即关闭控制台，用户可能根本看不清楚最后的输出结果。

2.4　流　程　控　制

一般来说，程序代码除了顺序执行之外，对于复杂的工作，为了达到预期的执行结果，还需要使用 "流程控制语句" 来控制程序的执行。

流程控制语句是使用条件表达式来进行判断，以便执行不同的程序代码段，或是重复执行指定的程序代码段。

2.4.1　条件语句

分支是控制下一步要执行哪些代码的过程，C#中分支语句主要有 if 语句和 switch 语句，三元运算符(?:)也有分支的功能。三元运算符前面已经介绍过，下面来介绍 if 语句和 switch 语句。

1. if 语句

if 语句是最常用的分支语句，使用该语句可以有条件地执行其他语句。if 语句最基本的使用格式为：

```
if(测试条件)
    测试条件为 true 时的代码或者代码块
```

程序执行时首先检测 "测试条件" 的值(其计算结果必须是一个布尔值，否则会有编译错误)，如果 "测试条件" 的值是 true，就执行 if 语句中的代码，代码执行完毕后，将继续执行 if 语句下面的代码。如果 "测试条件" 的值是 false，则直接跳转到 if 语句后面的代码执行。如果 if 语句中为代码块(多于 1 行代码)，则需要使用{}把代码包括起来。当只有一行代码时可以省略大括号{}。

if 语句可以和 else 语句合并执行，使用格式如下：

```
if(测试条件)
    测试条件为 true 时的代码或者代码块
else
    测试条件为 false 时的代码或者代码块
```

2. switch 语句

switch 语句非常类似于 if 语句，它也是根据测试的值来有条件地执行代码，实际上 switch 语句完全可以使用 if 语句代替。一般情况下，如果只有简单的几个分支就需要使用 if 语句，否则建议使用 switch 语句，这样可以使代码的执行效率比较高。switch 语句的基本语法定义如下：

```
switch (测试值)
{
    case  比较值 1：
        当测试值等于比较值 1 时要执行的代码
        break;
    case  比较值 2：
        当测试值等于比较值 2 时要执行的代码
        break;
    ...
    case  比较值 n：
        当测试值等于比较值 n 时要执行的代码
        break;
    default：
        当测试值不等于以上各比较值时要执行的代码
        break;
}
```

在 switch 语句的开始首先检测"测试值"，如果检测值符合某个 case 语句中定义的"比较值"就跳转到该 case 语句执行，当"测试值"没有任何匹配的"比较值"时就执行 default 块中的代码。执行完代码块后退出 switch 语句，继续执行下面的代码。

注意：

在 C++中，在运行完一个 case 语句后，可以运行另一个 case 语句，因此 break 语句可以省略。在 C#中在执行完一个 case 块后，再执行第二个 case 语句是非法的，因此执行完一个 case 部分中的代码后，必须有 break 语句。

switch 语句中可以把多个 case 语句放在一起，相当于一次检查多个条件。如果满足这些条件中的任何一个，就会执行 case 语句中的代码，语法如下。

```
switch (测试值)
{
    case  比较值 1：
    case  比较值 2：
        当测试值等于比较值 1 或者比较值 2 时要执行的代码
        break;
    case  比较值 3：
        当测试值等于比较值 3 时要执行的代码
        break;
```

```
        ...
        case  比较值 n:
            当测试值等于比较值 n 时要执行的代码
            break;
        default:
            当测试值不等于以上各个比较值时要执行的代码
            break;
    }
```

应用范例

创建一个 C#控制台程序，提示用户输入两个数字，用户输入后，比较这两个数字的大小，并输出结果。

程序清单

```
1.   using System;
2.   using System.Collections.Generic;
3.   using System.Text;
4.   namespace −1
5.   {
6.       class Program
7.       {
8.           static void Main(string[] args)
9.           {
10.              Console.WriteLine("请输入第一个数：");
11.              double var1 = Convert.ToDouble(Console.ReadLine());
12.              Console.WriteLine("请输入第二个数：");
13.              double var2 = Convert.ToDouble(Console.ReadLine());
14.              string comparison;
15.              if (var1 < var2)
16.              {
17.                  comparison = "小于";
18.              }
19.              else
20.              {
21.                  if (var1 == var2)
22.                  {
23.                      comparison = "等于";
24.                  }
25.                  else
26.                  {
27.                      comparison = "大于";
28.                  }
29.              }
30.              Console.WriteLine("{0} {1} {2}", var1, comparison, var2);
```

```
31.          Console.WriteLine("\n 按回车键退出程序");
32.          Console.ReadLine();
33.     }
34.  }
35. }
```

程序说明

第 11 行和第 13 行中，Convert.ToDouble 用于把输入的字符串转换为 double 类型。第 30 行中，Console.WriteLine 使用了 3 个参数，因此在逗号后面给出了 3 个值(尽管它们的类型不完全一样)。

范例结果演示

选择"调试"|"启动"命令运行程序，根据提示信息，分别输入两个数字，按 Enter 键后显示比较的结果，如图 2-4 所示。

图 2-4　if 演示程序的运行界面

2.4.2　循环语句

当需要反复执行某些相似的语句时，就可以使用循环语句了，这在需要大量的重复操作(上千次，甚至百万次)时特别有意义。C#中的循环语句有 4 种：do-while 循环、while 循环、for 循环和 foreach 循环。下面分别进行介绍。

1. do-while 循环

do-while 语句根据其布尔表达式的值有条件地执行它的嵌套语句一次或者多次。其语法定义如下：

```
do
    循环代码
while (布尔表达式);
```

do-while 循环以下述方式执行，即程序会首先执行一次循环代码，然后判断布尔表达式的值，如果值为 true 就从 do 语句位置开始重新执行循环代码，一直到布尔表达式的值为 false。所以，无论布尔表达式的值是 true 还是 false，循环代码至少会执行一次。下面的代码使用 do-while 语句在标准输出设备上打印输出从 1~10。

```
1.  int i = 1;
2.  do
3.  {
4.      Console.WriteLine("{0}", i++);
```

```
5.    } while (i <= 10);
```

第 5 行中，while 语句后面的分号是必须有的，如果没有它，会产生编译错误。这一点是初学者非常容易犯的错误。

2. while 循环

while 循环非常类似于 do 循环。其语法定义如下：

```
while (布尔表达式)
      循环代码
```

while 语句和 do-while 语句有一个重要的区别，即 while 循环中的布尔测试是在循环开始时进行，而 do-while 循环是在最后进行检测。如果测试布尔表达式的结果为 false 就不会执行循环代码，程序直接跳转到 while 循环语句后面的代码执行，而 do-while 语句则至少会执行一次循环代码。下面的代码通过 while 语句实现在标准输出设备上打印输出从 1～10。

```
1.    int i = 1;
2.    while (i <= 10)
3.    {
4.        Console.WriteLine("{0}", i++);
5.    }
```

3. for 循环

for 循环是最常用的一种循环语句，这类循环可以执行指定的次数，并维护它自己的计数器。for 语句首先计算一系列初始表达式的值，接下来当条件成立时，会执行其嵌套语句，之后计算重复表达式的值并根据其值决定下一步的操作。for 循环的语法定义如下：

```
for (循环变量初始化; 循环条件; 循环操作)
      循环代码
```

循环变量初始化可以存在也可以不存在，如果该部分存在，则可能为一个局部变量声明和初始化的语句(循环计数变量)或者为一系列用逗号分隔的表达式。此局部变量的有效区间从它被声明开始到嵌套语句结束为止。有效区间包括 for 语句执行条件部分和 for 语句重复条件部分。

循环条件部分可以存在也可以不存在，如果没有循环停止条件则循环可能为死循环(除非 for 循环语句中有其他的跳出语句)。循环条件部分用于检测循环的执行条件，如果符合条件就执行循环代码，否则就执行 for 循环后面的代码。

循环操作部分也是可以存在或者不存在的，在每一个循环结束或执行循环操作部分，因此通常会在这个部分修改循环计数器的值，使之最终逼近循环结束的条件。当然这并不是必须的，读者也完全可以在循环代码中修改循环计数器的值。

下面的代码是通过 for 循环在标准输出设备上打印输出从 1～10。

```
1.    for (int i = 1; i <= 10; i++)
2.    {
3.        Console.WriteLine("{0}", i);
4.    }
```

第 1 行代码中，程序首先执行 int i=1，声明并初始化了循环计数器。然后执行 i <= 10，判断 i 的值是否小于等于 10。这里 i 的值为 1，满足循环条件，因此会执行循环代码在标准输出设备上打印输出 1。最后执行 i++语句，使得循环计数器的值变为 2。

第 1 个循环完毕后开始执行第 2 个循环，首先检测 i 的值是否符合循环条件，如果满足就继续执行循环代码，并在最后更新 i 的值。如此循环一直到 i 的值变为 11 后，循环条件不再满足了，此时跳转到 for 循环的下一条语句执行。

4. foreach 循环

foreach 语句列举出一个集合(collection)中的所有元素，并执行关于集合中每个元素的嵌套语句。foreach 语句的语法定义如下：

```
foreach (类型 标识符 in 表达式)
    循环代码
```

foreach 语句括号中的类型和标识符用来声明该语句的循环变量，循环变量相当于一个只读的局部变量，它的有效区间为整个嵌套语句内。在 foreach 语句的执行过程中，重复变量代表着当前操作针对的集合中相关元素。如果在循环代码中对循环变量赋值或者把循环变量当做 ref 或者 out 参数传递，都会产生编译错误。下面的代码通过 foreach 语句打印字符串数组中的全部内容。

```
1.    string[] weekSet= {
2.        "Monday",
3.        "Turesday",
4.        "Wednesday",
5.        "Thursday",
6.        "Friday",
7.        " Saturday ",
8.        "Sunday"
9.    };

10.   foreach (string weekday in weekSet)
11.   {
12.       Console.WriteLine(weekday);
13.   }
```

第 1～9 行定义了一个字符串数组，这个数组保存星期一到星期天的名称，第 10～13 行在一个循环中打印出这些名称。

2.4.3　跳转语句

跳转语句进行无条件跳转，C#为此提供了如下 5 个语句。

- break 语句：终止并跳出循环。
- continue 语句：终止当前的循环，重新开始一个新的循环。
- goto 语句：跳转到指定的位置。
- return 语句：跳出循环及其包含的函数。
- throw 语句：抛出一个异常。

在函数中会使用 return 语句，用于退出函数(当然也就退出循环了)，如果需要抛出一个异常则需要使用 throw 语句。goto 语句并不常用，建议不要使用 goto 语句，因为该语句可能会破坏程序的结构性。

break 语句用于跳出包含它的 switch、while、do、for 或者 foreach 语句。break 语句的目标地址为包含它的 switch、while、do、for 或 foreach 语句的结尾。假如 break 不是在 switch、while、do、for 或者 foreach 语句的块中，将会发生编译错误。

continue 语句用于终止当前的循环，并重新开始新一次包含它的 while、do、for 或者 foreach 语句的执行。假如 continue 语句不被 while、do、for 或者 foreach 语句包含，将产生编译错误。

应用范例

在数组中查询字符串 Blue，如果该字符串在数组中的奇数位置则输出该位置，然后退出查找，否则继续查找，直至遍历全部数组元素。

程序清单

```
1.  using System;
2.  using System.Collections.Generic;
3.  using System.Linq;
4.  using System.Text;
5.  namespace LoopTest
6.  {
7.      class Program
8.      {
9.          static void Main(string[] args)
10.         {
11.             string[] colorSet = { "Red", "Orange", "Yellow", "Green", "Blue", "Blue", "Indigo ",
                    "Purple" };

12.             int i=1;
13.             foreach (string color in colorSet)
14.             {
15.                 if (color== "Blue")
16.                 {
17.                     if ((i % 2) == 0)
18.                         continue;
```

```
19.                 Console.WriteLine("Blue 是数组的第{0}个元素", i);
20.                 break;
21.             }
22.         i++;
23.         }
24.     if (i >= 8)
25.         Console.WriteLine("没有在数组中找到 Blue 字符串！");
26.     Console.ReadLine();
27.     }
28. }
29. }
```

程序说明

第 11 行定义了一个字符串数组，用于保存七色光的名称，但是其中 Blue 被连续定义了两次。第 12 行定义了一个变量 i，这个变量的主要作用是记录循环执行的次数，如果大于等于 8，则说明没有找到符合要求的颜色。第 13～21 行遍历数组，查找颜色为 Blue 的元素，一旦找到，第 17 行判断当前值是否能够被 2 整除，如果可以，则该数字为偶数，执行 continue 语句立刻开始下一个循环，否则就把它打印出来。

注意：

当有 switch、while、do、for 或 foreach 语句相互嵌套的时候，break 语句只是跳出直接包含它的那个语句块。如果要在多处嵌套语句中完成转移，必须使用 return 或者 goto 语句。

范例结果演示

运行该程序，界面如图 2-5 所示。

图 2-5　循环测试

2.4.4　异常处理

C#语言的异常处理功能提供了处理程序运行时出现的任何意外或异常情况的方法。异常处理使用 try、catch 和 finally 关键字来尝试可能未成功的操作，并处理失败，以及在事后清理资源。异常可以由公共语言运行库(CLR)、第三方库或使用 throw 关键字的应用程序代码生成。

下面的代码用于检测是否有被 0 除的情况，如果有，则捕获该错误。如果没有异常处理，此程序将终止并产生"DivideByZeroException 未处理"错误。

```
1.   int SafeDivision(int x, int y)
2.   {
3.       try
4.       {
```

```
5.            return (x/y);
6.        }
7.     catch (System.DivideByZeroException dbz)
8.        {
9.            System.Console.WriteLine("Division by zero attempted!");
10.           return 0;
11.       }
12.   }
```

第 3~11 行演示了如何进行异常处理。在第 5 行执行的代码可能会出现异常，如 y 为 0，一旦出现了异常，则程序跳转到第 9 行，输出提示信息后退出。

2.5　类 和 对 象

面向对象的程序设计(Object-Oriented Programming，OOP)是一种基于结构分析的、以数据为中心的程序设计方法。其主要思想是将数据及处理这些数据的操作都封装(Encapsulation)到一个称为类(Class)的数据结构中，使用这个类时，只需要定义一个类的变量即可，这个变量叫做对象(Object)。

2.5.1　类

类中包含数据成员(常数、域和事件)、功能成员(方法、属性、索引、操作符、构造函数和析构函数)和嵌套类型。类类型支持继承，派生的类可以对基类进行扩展和特殊化。面向对象的编程方法是程序设计的一大进步，程序员跳出了结构化程序设计的传统方法，在程序设计过程中过多地考虑事务的处理和现实世界的自然描述。与传统的面向过程的设计方法相比，采用面向对象的设计方法设计的程序可维护性较好，源程序易于阅读、理解和修改，降低了复杂度。类的可继承特性，使得程序代码可以复用，子类中可以继承祖先类中的部分代码。由于类封装了数据和操作，从类表面看，只能看到公开的数据和操作，而这些操作都在类设计时进行了安全性考虑，因而外界操作不会对类造成破坏。

C#中提供了很多标准的类，用户在开发过程中可以使用这些类，这样大大节省了程序的开发时间。C#中也可以自己定义类。类的定义方法为：

```
[类修饰符] class  类名[:父类名]
{
    [成员修饰符] 类的成员变量或者成员函数;
};
```

其中，"类名"是自定义类的名字，该名字要符合标识符的要求。"父类名"表示从哪个类继承，它可以被省略，如果没有父类名，则默认从 Object 类继承而来。Object 类是每个类的祖先类，C#中所有的类都是从 Object 类派生而来的。"类修饰符"用于对类进行修饰，说明类的特性。表 2-7 中给出了类修饰符的定义和使用方法。

表 2-7　类修饰符的含义和使用方法

类 修 饰 符	含 义	说 明
new	新建的类	当 new 用于修饰类时，new 修饰符只允许出现在嵌套类中，它指定了一个类通过相同的名称隐藏了一个继承的成员
public	公有的类	外界可以不受限制地访问
protected	受保护的类	当用 protected 修饰类时，表示可以访问该类或从该类派生的类型
internal	内部类	对整个应用程序是公有的，其他应用程序不可以访问该类
private	私有类	表明只有包含该类的类型才能访问它
abstract	抽象类	说明该类是一个不完整的类，只有声明而没有具体的实现。一般只能用来做其他类的基类，而不能单独使用
sealed	密封类	说明该类不能做其他类的基类，不能再派生新的类

注意：

在一个类声明中，同一类修饰符不能多次出现，否则会出错。不同的类修饰符可以组合使用，如 protected internal 及 public sealed 等。有些修饰符不能放在一起使用，如 public、private、protected 及 internal 等。当一个类成员中声明了不包括任何访问修饰符时，默认声明的访问能力为 private。

关于 C#中类成员的分类，下一节再进行介绍，这里介绍类成员的访问修饰符。类的每个成员都需要设定访问修饰符，不同的修饰符对成员访问能力不同。如果没有显式指定类成员访问修饰符，默认类型为私有类型修饰符。C#中类成员修饰符的含义和使用方法如表 2-8 所示。

表 2-8　类成员修饰符的含义和使用方法

修 饰 符	含 义	说 明
new	新建的类或者类成员	当 new 用于修饰类成员时，一个 new 修饰符来指出派生成员要隐藏基成员。对于一个类，可以用与继承成员相同的名称或签名来声明一个成员。当这种情况发生时，派生类成员被称为隐藏了的基类成员。隐藏一个继承成员并不被认为是错误的，但是会造成编译器给出警告。为了禁止这个警告，派生类成员的声明可以包括一个 new 修饰符
public	公有的	公有成员对于任何人都是可见的，外界可以不受限制地访问它。这是限制最少的一种访问方式，它的优点是使用灵活，缺点是外界可能会破坏对象成员值的合理性
protected	受保护的	当用 protected 修饰类成员时，表示对于外界该成员是隐藏的，但对于这个类的派生类则可以访问
internal	内部成员	表示该成员是内部成员，只有本程序中的成员才能访问它

(续表)

修 饰 符	含　义	说　明
private	私有成员	私有成员是隐藏的，外界不能直接访问该成员变量或成员函数。对该成员变量或成员函数的访问只能由该类中其他函数访问，其派生类也不能访问它
abstract	抽象函数	使用 abstract 修饰符可以定义抽象函数
const	常量	const 修饰符用于修饰常量，如果是常量表达式，则在编译时被求值
virtual	虚函数	virtual 用于修饰虚函数，对于虚函数，它的执行方式可以被派生类改变，这种改变是通过重载实现的
event	事件	event 修饰符用来定义一个事件
extern	外部实现	extern 修饰符告诉编译器函数将在外部实现
override	重载	override 修饰符用于修饰重载基类中的虚函数的函数
readonly	只读成员	它是修饰类的只读成员。一个使用了 readonly 修饰符的域成员只能在它的声明或者在构造函数中被更改
static	静态成员	声明为 static 的成员属于类，而不属于类的实例，所有此类的实例都共用一个成员。访问静态成员时也是通过类名进行访问的

2.5.2　属性、方法和事件

在 C#中，按照类的成员是否为函数将其分为两大类。一类不以函数形式体现，称为成员变量，它主要有以下几个类型。

- 常量：代表与类相关的常量值。
- 变量：类中的变量。
- 事件：由类产生的通知，用于说明发生了什么事情。
- 类型：属于类的局部类型。

另一类是以函数形式体现，一般包含可执行代码，执行时完成一定的操作，被称为成员函数，它主要有以下几个类型。

- 方法：完成类中各种计算或功能的操作，不能和类同名，也不能在前面加 "~"(波浪线)符号。方法名不能和类中其他成员同名，既包括其他非方法成员，又包括其他方法成员。
- 属性：定义类的值，并对它们提供读和写操作。
- 索引指示器：允许编程人员在访问数组时，通过索引指示器访问类的多个实例，它又称为下标指示器。
- 运算符：定义类对象能使用的操作符。
- 构造函数：在类被实例化时首先执行的函数，它主要是完成对象初始化操作。构造函数必须和类名相同。
- 析构函数：在类被删除之前最后执行的函数，它主要是完成对象结束时的收尾操作。析构函数必须和类名相同，并在前面加一个 "~"(波浪线)符号。

2.5.3　构造函数和析构函数

C#中有两个特殊的函数，即构造函数和析构函数，它们分别用于对象的创建和回收。构造函数是当类被实例化时首先执行的函数，就是 new 关键字后面的函数。析构函数是当实例对象从内存中被删除前最后执行的函数。在一个对象的声明周期中，都会执行构造函数和析构函数。下面分别介绍构造函数和析构函数的定义和使用方法。

1. 构造函数

当创建一个对象时，系统首先给对象分配合适的内存空间，随后系统就会自动调用对象的构造函数。因此，构造函数是对象执行的入口函数，非常的重要。在定义类时，可以定义构造函数也可以不定义构造函数。如果类中没有构造函数，系统会默认执行 System.Object 提供的构造函数。如果要定义构造函数，那么构造函数的函数名必须和类名一样。构造函数的类型修饰符总是公有类型 public 的，如果是私有类型 private 的，表示这个类不能被实例化，这通常用于只含有静态成员的类中。构造函数由于不需要显式调用，因而不用声明返回类型。构造函数可以带参数也可以不带参数。在具体实例化时，对于带参数的构造函数，需要实例化的对象也带参数，并且参数个数要相等，类型要一一对应。如果是不带参数的构造函数，则在实例化时对象不具有参数。

提示：
由于系统在对象实例化的同时自动调用构造函数，因此可以在构造函数中为需要赋初始值的变量赋初值。

在构造函数的主体中的第一个语句之前，所有构造函数(除了类 object 的构造函数)隐含地都有一个对另外的构造函数的直接调用。构造函数可以有自己的初始化函数，在初始化函数中可以定义这种隐式的调用。其规则如下：

- 一个形式为 base(...)的构造函数初始化函数隐式调用直接基类中的构造函数。
- 一个形式为 this(...)的构造函数初始化函数隐式调用类自身的构造函数。

如果构造函数没有构造函数初始化函数，就会隐含地提供一个形式为 base()的初始化函数。因此，下面两个构造函数的作用是一样的。

```
1.          public Shape()
2.          {
3.              x = 0;
4.              y = 0;
5.              type = "形状";
6.          }
7.          public Shape():base()
8.          {
9.              x = 0;
10.             y = 0;
11.             type = "形状";
12.         }
```

this 关键字用于表示本类的其他构造函数，另外 this 关键字还可以出现在类的方法中。当出现在类的方法中时，this 关键字表示对当前对象的引用。

2. 析构函数

析构函数是一个实现破坏一个类的实例的行为的成员，与构造函数不同，析构函数在类撤销时运行，常用来处理类用完后的收尾工作。如果对象在运行过程中动态申请了内存控件，就需要在析构函数中进行回收工作。析构函数不能带有参数，也不能被继承，不能拥有访问修饰符，并且不能显式地被调用(在该对象被撤销时自动被调用)。

一个析构函数声明的标识符必须为声明析构函数的类命名，并要在前面加一个"~"符号，如果指定了任何其他名称，就会发生错误。下面的代码是一个析构函数的定义。

```
1.   class MyClass
2.   {
3.       ~MyClass()
4.       {
5.           //收尾工作
6.       }
7.   }
```

应用范例

创建一个 Shape 类表示几何形状，对于几何形状最基本的特征有边长和类型，然后根据这些信息可以计算出它的面积。这里对该几何形状的特征进行简化：Shape 的类型为"形状"，面积为边长的乘积。

程序清单

```
1.   public class Shape
2.   {
3.       protected string type;
4.       protected double x, y;
5.       public Shape()
6.       {
7.           x = 0;
8.           y = 0;
9.           type = "形状";
10.      }
11.      public Shape(double x, double y)
12.      {
13.          this.x = x;
14.          this.y = y;
15.          type = "形状";
16.      }

17.      public virtual double GetArea()
18.      {
```

```
19.            return x * y;
20.        }

21.        public string GetShapeType()
22.        {
23.            return type;
24.        }
25.    }
```

程序说明

第 5～10 行定义了该基类的一个构造函数，第 11～16 行定义了该基类另一个构造函数。在使用 Shape 类时，可以使用任何一个构造函数创建实例对象。第 17～20 行定义了一个虚函数，该函数用于获得形状的面积，可以被派生类重写。第 21～24 行定义了一个函数，用于获得形状的类型。

下面的代码创建了两个 Shape 的实例对象，并打印输出它的面积。

```
1.    static void Main(string[] args)
2.    {
3.        Shape shape1, shape2;
4.        shape1 = new Shape();
5.        shape2 = new Shape(3, 7);
6.        Console.WriteLine("图形 1 的面积为：{0}", shape1.GetArea());
7.        Console.WriteLine("图形 2 的面积为：{0}", shape2.GetArea());
8.        Console.ReadLine();
9.    }
```

程序说明

第 4 行和第 5 行创建了两个 Shape 对象，因为构造函数不同，这两个对象的面积也不相同，shape1 的面积为 0，而 shape2 的面积为 21。

范例结果演示

运行该程序，如图 2-6 所示。

图 2-6　构造函数

2.5.4　继承和多态

为了提高代码复用性，C#支持从父类中派生子类，同时，为了区分父类和子类的同名操作，C#引入了"多态"的概念。

1. 继承

继承性是面向对象的一个重要特性，C#中支持类的单继承，即只能从一个类继承。继承是传递的，如果 C 继承了 B，并且 B 继承了 A，那么 C 继承在 B 中声明的 public 和 protected 成员的同时也继承了在 A 中声明的 public 和 protected 成员。继承性使得软件模块可以最大限度地复用，并且编程人员还可以对前人或自己以前编写的模块进行扩充，而不需要修改原来的源代码，大大提高了软件的开发效率。

在定义类的时候可以指定要继承的类，语法如下：

```
[类修饰符] class 类名[:父类名]
{
    [成员修饰符] 类的成员变量或者成员函数;
};
```

派生类是对基类的扩展，派生类可以增加自己新的成员，但不能对已继承的成员进行删除，只能不予使用。基类可以定义自身成员的访问方式，从而决定派生类的访问权限。且可以通过定义虚方法及虚属性，使它的派生类可以重载这些成员，从而实现类的多态性。

注意：
构造函数和析构函数不能被继承。

前面曾经创建了一个 Shape 类，现在来创建一个 Circle 类和一个 Rectangle 类，使它成为 Shape 类的一个子类。

```
1.      public class Circle : Shape
2.      {
3.          public const double pi = Math.PI;

4.          public Circle(double r)
5.              : base(r, 0)
6.          {
7.              type = "圆形";
8.          }
9.          public double GetArea()
10.         {
11.             return pi * x * x;
12.         }
13.     }

14.     class Rectangle : Shape
15.     {
16.         public Rectangle()
17.             : base()
18.         {
19.             type = "矩形";
```

```
20.          }

21.          public Rectangle(double x, double y)
22.              : base(x, y)
23.          {
24.              type = "矩形";
25.          }
26.      }
```

在上面的代码中,第 1~13 行定义了 Circle 类,该类继承自 Shape 类,同时也继承了 Shape 类的成员变量 type、x 和 y, 以及成员函数 GetArea 和 GetShapeType。但是由于在该类中重写了 GetArea 函数,基类中的 GetArea 函数在 Circle 中被隐藏。

第 14~26 行定义了 Rectangle 类,该类继承自 Shape 类, 同时也继承了 Shape 类的成员变量 type、x 和 y, 以及成员函数 GetArea 和 GetShapeType。这样在 Rectangle 类中只需要定义其构造函数即可, 代码复用率很高。

2. 多态

类的另外一个特性是多态性。所谓多态性是指同一操作作用于不同类的实例,这些类进行不同的解释,从而产生不同的执行结果的现象。例如,假设矩形(Rectangle)、正方形(Square)、圆形(Circle)等类中都定义了一个叫 ShowArea 的成员函数用于显示其面积,显然当调用不同的对象实例时, 会产生不同的结果。

在 C#中有两种多态性,一种是编译时的多态性,这种多态性是通过函数的重载实现的。由于重载函数的参数或者数量不同, 或者类型不同, 所以编译系统在编译期间就可以确定用户所调用的函数是哪一个重载函数。另外一种多态性是运行时的多态性,这种多态性是通过虚成员方式实现的。运行时的多态性是指系统在编译时不确定选用哪个重载函数,而是直到系统运行时,才根据实际情况决定采用哪个重载函数。下面介绍类的重载实现方法。

所谓重载就是一个函数名,有多种实现的方法,它们之间函数名相同,但参数的个数不同或参数类型不同。在实现时系统会自动选择合适的类型和调用的函数相匹配。例如,前面多次使用的 Console 类的 WriteLine 函数就是一个重载函数。

除了成员函数可以重载,运算符也可以重载。运算符是 C#类的一个成员,系统对大部分运算符都给出了常规定义,这些定义大部分和现实生活中这些运算符的意义相同。在 C#中,操作符重载总是在类中进行声明,并且通过调用类的成员方法来实现。操作符重载声明的格式如下所示。

```
返回类型  operator  重载的操作符(操作符参数列表)
{
    操作符重载的实现部分
};
```

其中, 返回类型和成员函数的返回类型一样, operator 是操作符的关键字。在 C#中, 可以重载的操作符主要有+、-、!、~、++、--、true、false、*、/、%、&、|、^、<<、>>、==、!=、

<、>、<=和>=等，不能重载的操作符有=、&&、||、?:、new、typeof、sizeof 和 is 等。

面向对象的继承性使得子类可以继承基类中的一些成员，但是也可能带来一个问题，即当派生类和基类中同时定义了相同的成员时，派生类中的成员会覆盖基类中的成员。在程序开发中应当注意这种现象，尽量避免不必要的覆盖。

但是有时覆盖也是一件好事，下面是使用覆盖的一些情况：

- 前面提到过，基类中的成员不能被删除，程序员可以通过这个方法把基类中不希望被执行的方法屏蔽掉。
- 一个类可以声明虚拟方法、属性和索引，派生类可以覆盖这些功能成员的执行，这使得类可以展示多态性。

尽管基类中的成员可以被隐藏，派生类还是可以通过 base 关键字来访问它。这样做的好处是，既利用了基类的功能，又在派生类中添加了自己的代码，最大限度地进行了代码复用。

在定义类成员时，可以使用 virtual 关键字，virtual 关键字用于修改方法或属性的声明。被 virtual 关键字修饰的方法或属性被称为虚拟成员，虚拟成员的实现可由派生类中的重写成员更改。

不能将 virtual 修饰符与 static、abstract 及 override 等修饰符一起使用，此外在静态属性上使用 virtual 修饰符是错误的。通过包括使用 override 修饰符的属性声明，可在派生类中重写虚拟继承属性。由重写声明重写的方法称为重写基方法。C#中关于 override 重写的要求如下：

- 不能重写非虚方法或静态方法。重写基方法必须是虚拟的、抽象的或重写的。
- 重写基方法必须与重写方法具有相同的名字。
- 重写声明不能更改虚方法的可访问性，重写方法和虚方法必须具有相同的访问级修饰符。
- 不能使用 new、static、virtual 及 abstract 等修饰符修改重写方法。
- 返回值类型必须与基类中的虚拟方法一致。
- 参数列表中的参数顺序、数量和类型必须一致。

下面为修改前面的代码，把 Shape 类的 GetArea 做如下修改。

```
1.    public virtual double GetArea()
2.    {
3.        return x * y;
4.    }
```

在第 1 行，函数声明时增加了一个关键字 virtual，说明这是一个虚函数，以便被派生类重写。

把 Circle 类的 GetArea 方法改写为：

```
1.    public override double GetArea()
2.    {
3.        return pi * x * x;
4.    }
```

与前面的函数相比，在第 1 行函数声明的地方增加了一个关键字 override，如果没有这个关键字，编译器会给出如下提示：

警告 CS0114："__5.Program.Circle.GetArea()"将隐藏继承的成员"__5.Program.Shape.GetArea()"。若要使当前成员重写该实现，请添加关键字 override。否则，添加关键字 new。

注意：

对于重写虚函数，C#和 C++中是不同的。在 C++中，如果在基类中定义了虚函数，则在它的派生类中该函数默认为虚函数，重写时不需要再次声明。

应用范例

在控制台的 Main 函数中创建 Shape、Circle 和 Rectangle 类的对象，然后在循环中输入圆和矩形的类型和面积。

程序清单

```
1.    static void Main(string[] args)
2.    {
3.        Shape[] shapes = new Shape[3];
4.        shapes[0] = new Shape(2.5, 3.2);
5.        shapes[1] = new Circle(2.5);
6.        shapes[2] = new Rectangle(2.4, 4.5);
7.        foreach (Shape s in shapes)
8.        {
9.            if (s.GetShapeType() != "形状")
10.               Console.WriteLine("这个几何形状的类型是{0}，面积为{1}", s.GetShapeType(),
                  s.GetArea());
11.        }
12.        Console.ReadLine();
13.    }
```

程序说明

第 3 行创建一个有 3 个 Shape 对象的数组，在第 4～6 行对这 3 个对象进行实例化，分别创建为 Shape 对象、Circle 对象和 Rectangle 对象。在第 7～11 行的循环中，对于不同的形状，调用该形状的虚函数依次输出这些对象的类型和面积。因为 GetArea 为虚函数，它会根据对象的不同而调用相应类的 GetArea 方法。第 12 行的作用是在 debug 版本中，防止程序自动退出。

范例结果演示

程序的运行结果如图 2-7 所示。

图 2-7　演示多态性

2.6　委托和事件

熟悉 C++的读者知道，在 C++中，函数指针应用非常广泛。但在 C#中，为了保证代码的安全，不支持函数指针。为了弥补这个遗憾，C#中引入了委托和事件。

2.6.1　委托和事件概述

委托是一种安全地封装方法的类型，它与 C 和 C++中的函数指针类似。与 C 中的函数指针不同，委托是面向对象、类型安全和保险的。委托的类型由委托的名称定义。下面的示例声明了一个名为 Del 的委托，该委托可以封装一个采用字符串作为参数并返回 void 的方法。

```
public delegate void Del(string message);
```

委托具有以下特点：

- 委托类似于 C++ 函数指针，但它是类型安全的。
- 委托允许将方法作为参数进行传递。
- 委托可用于定义回调方法。
- 委托可以链接在一起。例如，可以对一个事件调用多个方法。
- 方法不需要与委托签名精确匹配。
- 匿名方法允许将代码块作为参数传递，以代替单独定义的方法。

事件是类在发生其关注的事情时用来提供通知的一种方式。例如，封装用户界面控件的类可以定义一个在用户单击该控件时发生的事件。控件类不关心单击按钮时发生了什么，但它需要告知派生类单击事件已发生。然后，派生类可选择如何响应。

事件使用委托来为触发时将调用的方法提供类型安全的封装。委托可以封装命名方法和匿名方法。

事件具有以下特点：

- 事件是类用来通知对象需要执行某种操作的方式。
- 尽管事件在其他时候(如信号状态更改)也很有用，事件通常还是用在图形用户界面中。
- 事件通常使用委托事件处理程序进行声明。
- 事件可以调用匿名方法来替代委托。

应用范例

利用委托实现函数回调，在回调函数中，完成对两个整数求和的功能。

程序清单

```
1.   using System;
2.   using System.Collections.Generic;
3.   using System.Text;

4.   namespace CallbackDel
5.   {
6.       class Program
7.       {
8.           public delegate void Del(string message);

9.           public static void DelegateMethod(string message)
10.          {
11.              System.Console.WriteLine(message);
12.          }

13.          public static void MethodWithCallback(int param1, int param2, Del callback)
14.          {
15.              callback("最终的数值为：" + (param1 + param2).ToString());
16.          }

17.          static void Main(string[] args)
18.          {
19.              Del handler = DelegateMethod;
20.              MethodWithCallback(1, 2, handler);
21.              System.Console.ReadLine();
22.          }
23.      }
24. }
```

程序说明

　　第 8 行代码声明了一个名为 Del 的委托，该委托可以封装一个采用字符串作为参数并返回 void 的方法。第 9～12 行定义了一个方法，以便实例化委托。第 19 行使用该方法实例化委托。

　　委托类型派生自.NET Framework 中的 Delegate 类。委托类型是密封的，不能从 Delegate 类中派生委托类型，也不可能从中派生自定义类。由于实例化委托是一个对象，所以可以将其作为参数进行传递，也可以将其赋值给属性。这样，类的方法便可以将一个委托作为参数来接受，并且以后可以调用该委托。这称为异步回调，它是在较长的进程完成后用来通知调用方的常用方法。以这种方式使用委托时，使用委托的代码无须了解所用方法是如何实现的。上面代码第 13～16 行定义了方法 MethodWithCallback，该方法把委托作为第 3 个参数，然后在该方法的内部调用委托。

范例结果演示

程序的运行效果如图 2-8 所示。

最终的数值为：3

图 2-8　使用委托进行回调

2.6.2　匿名方法

C#中的另一个新特性是匿名方法。匿名方法可以在委托中进行编程，以备以后使用，而不是创建全新的方法。这可以用两种不同的方式实现。

不使用匿名方法，创建一个委托，引用在类文件的其他位置的一个方法。在下面的例子中，在引用该委托(通过按钮单击事件)时，该委托会调用它指向的方法。代码如下：

```
void Page_Load(object sender, EventArgs e)
{
    this.Button1.Click += ButtonWelcome;
}
void ButtonWelcome(object sender, EventArgs e)
{
    Label1.Text = "欢迎访问 lczhao 的网站！";
}
```

在上面的例子中，有一个方法 ButtonWelcome，由 Page_Load 事件中的委托调用。匿名方法可以避免创建另一个方法，允许把该方法直接放在委托的声明中。使用匿名方法的示例代码如下所示：

```
void Page_Load(object sender, EventArgs e)
{
    this.Button1.Click += delegate(object myDelSender, EventArgs myDelEventArgs)
    {
        Label1.Text = "欢迎访问 lczhao 的网站！";
    };
}
```

在使用匿名方法时，并没有创建另一个方法，而是把需要的代码直接放在委托声明的后面。委托要执行的语句和步骤放在花括号中间，用一个分号结束。

使用匿名方法，还可以操作变量或类，如下面的程序所示：

```
string myString = "使用超出作用域的项";
void Page_Load(object sender, EventArgs e)
{
```

```
       this.Button1.Click += delegate(object myDelSender, EventArgs myDelEventArgs)
    {
           Label1.Text = myString;
    };
}
```

这个匿名方法在 Page_Load 事件的外部使用一个变量，还可以使用它操作解决方案中其他的类和函数。

2.6.3　动态注册和移除事件

由于.NET 框架对消息循环机制进行了很好的封装，开发人员不再需要深入地了解 Windows 事件/消息实现的具体机制，也无须创建复杂的事件结构体和所谓的消息句柄。可以使用加法赋值运算符 "+=" 注册一个事件，使用减法赋值运算符 "－=" 移除该事件。

应用范例

模仿 Button 类实现单击事件的注册和移除，单击动作中包含两个事件，一个为匿名方法，一个为非匿名方法。

在下面的示例中，类 TestButton 包含事件 OnClick。派生自 TestButton 的类可以选择响应 OnClick 事件，并且定义了处理事件要调用的方法。通过以委托和匿名方法的形式指定多个处理程序。

程序清单

```
1.   using System;
2.   using System.Collections.Generic;
3.   using System.Text;

4.   namespace RegisterEvent
5.   {
6.       class Program
7.       {
8.           public delegate void ButtonEventHandler();

9.           class TestButton
10.          {
11.              public event ButtonEventHandler OnClick;

12.              public void TestHandler()
13.              {
14.                  System.Console.WriteLine("TestHandler 事件被注册");
15.              }

16.              public void Click()
17.              {
```

```
18.                    OnClick();
19.                }
20.            }

21.        static void Main(string[] args)
22.        {
23.            TestButton mb = new TestButton();
24.            mb.OnClick += new ButtonEventHandler(mb.TestHandler);
25.            mb.OnClick += delegate { System.Console.WriteLine("匿名事件被注册"); };
26.            mb.Click();
27.            Console.WriteLine("移除 TestHandler 事件");
28.            mb.OnClick -= new ButtonEventHandler(mb.TestHandler);
29.            mb.Click();
30.            Console.ReadLine();
31.        }
32.    }
33. }
```

程序说明

第 8 行通过委托类型来定义事件的签名，第 9～20 行定义了一个 TestButton 类，该类中声明一个 ButtonEventHandler 类型的事件，创建一个准备被注册的方法 TestHandler 和一个用于触发事件的方法 Click。

注意：

在.NET Framework 事件的签名中，通常第 1 个参数为引用事件源的对象，第 2 个参数为一个传送与事件相关的数据的类。但是，在 C# 语言中并不强制使用这种形式；只要事件签名返回 void，其他方面可以与任何有效的委托签名一样。

第 24 行和第 25 行使用加法赋值运算符(+=)将方法注册到事件中，然后在第 26 行调用 Click 触发该事件，该事件处理完毕后，在第 28 行使用减法赋值运算符(-=)从事件中移除事件处理程序的委托，在第 29 行再次调用 Click 方法触发该事件。

范例结果演示

程序的运行结果如图 2-9 所示。

图 2-9   动态注册和移除事件

2.7　C# 4.0 的新增功能

C#经历几个版本的变革，虽然在大的编程方向和设计理念上没有太多的变化，但每次版本更新都会带来一些新的功能，这些新功能使程序开发更加方便。本节来介绍几个比较有代表性的新功能，但这里只是让读者对这些新功能有一个大致的了解，具体如何使用还需要读者不断地在实践中积累经验。

2.7.1　大整数类型 BigInteger

在 C# 4.0 中增加了一个数据类型 BigInteger，即大整数类型。它位于 System.Numerics 命名空间中。BigInteger 类型是不可变类型，代表一个任意大的整数，它不同于.NET Framework 中的其他整型，其值在理论上已没有上部或下部的界限。BigInteger 类型的成员与其他整数类型的成员几乎相同。

可通过多种方法实例化 BigInteger 对象。

(1) 用 new 关键字并提供任何整数或浮点值以作为 BigInteger 构造函数的一个参数。下面的示例阐释如何使用 new 关键字实例化 BigInteger 值。

```
1.  BigInteger big = new BigInteger(179032.6541);
2.  BigInteger bigInt = new BigInteger(934157136952);
```

以上代码，第 1 行声明了 BigInteger 类型的对象 big，参数是浮点值，但仅保留小数点之前的整数值。第 2 行声明了 BigInteger 类型的对象 bigInt，参数是一个大整数。

(2) 声明 BigInteger 变量并向其分配一个值，分配的值可以是任何数值，只要该值为整型即可。下面的示例利用赋值从 Int64 创建 BigInteger 值。

```
1.  long value = 6315489358112;
2.  BigInteger big = longValue;
```

以上代码，第 1 行先声明了一个 long 类型的变量 value 并赋值，第 2 行将该值再分配给 BigInteger 类型的变量 big。

(3) 通过强制类型转换实例化一个 BigInteger 对象，使其值可以超出现有数值类型的范围，代码如下。

```
1.  BigInteger big = (BigInteger)179032.6541;
2.  BigInteger bigInt = (BigInteger)64312.65m;
```

在上面的代码中，直接使用强制类型转换的方式声明 BigInteger 的对象，仅保留整数部分的值。

可以像使用其他任何整数类型一样使用 BigInteger 实例。BigInteger 重载标准数值运算符，能够执行基本数学运算，如加法、减法、除法、乘法、求反和一元求反。还可以使用标准数值运算符对两个 BigInteger 值进行比较。与其他整型类型相似，BigInteger 还支持按位运算符。对于不支持自定义运算符的语言，BigInteger 结构还提供了用于执行数学运算的等效方法。其中包括 Add、Divide、Multiply、Negate、Subtract 以及多种其他内容。

BigInteger 结构的许多成员直接对应 Math 类(该类提供处理基元数值类型的功能)的成员。此外，BigInteger 还增加了自己特有的成员，如下所述。

- Sign：可以返回表示 BigInteger 值符号的值。
- Abs：可以返回 BigInteger 值的绝对值。
- DivRem：可以返回除法运算的商和余数。
- GreatestCommonDivisor：可以返回两个 BigInteger 值的最大公约数。

2.7.2 动态数据类型 dynamic

dynamic 是 C# 4.0 引入的一个新的静态类型，它会告诉编译器，在编译期不去检查 dynamic 类型，而是在运行时才决定。这表示在程序中不再需要去声明一个固定的数据类型，而是由 C#框架在执行期间自动获得数值的类型即可。

在大多数情况下，dynamic 类型与 object 类型的行为是一样的。但是，不会用编译器对包含 dynamic 类型表达式的操作进行解析或类型检查。编译器会将有关该操作的信息打包在一起，用于之后的计算运行时再进行操作。在此过程中，类型 dynamic 的变量会编译到类型 object 的变量中。因此，类型 dynamic 只在编译时存在，在运行时就不存在了。例如下列的代码：

```
1.   dynamic v = 124;
2.   Console.Write(v.GetType());
```

以上代码，第 1 行声明了一个 dynamic 类型的对象 v 并赋值。第 2 行通过 GetType 方法，输出对象 v 的类型。最后显示的结果是 System.Int32。在输入对象 v 时，Visual Studio 2010 不会出现 Intellisense 智能提示，因为 Visual Studio 2010 不知道 v 的数据类型是什么，所以也无法自动提示可用的成员，要使用方法也需要手动输入。同时 typeof 方法在 dynamic 类型上也无法使用。

dynamic 类型和其他数据类型之间，可以直接做隐式的数据转换，不论左边是 dynamic 还是右边是 dynamic 都一样。例如：

```
1.    dynamic d1 = 7;
2.   dynamic d2 = "a string";
3.   dynamic d3 = System.DateTime.Today;
4.   int i = d1;
5.   string str = d2;
6.   DateTime dt = d3;
```

以上代码，第 1～3 行定义了 3 个 dynamic 类型的数据，分别是整型、字符串类型和时间类型。第 4～6 行再将这些 dynamic 类型的数据分别赋给对应的数据类型。

dynamic 类型和 var 隐形局部变量粗看有些类似，实则它们有许多的不同，最本质的区别是 var 虽然可以不指定具体的数据类型，但是它却会在编译时检查数据类型，所以当使用 var 声明的数据不存在时，编译器会指出编译错误；而且使用 var 来声明数据，其成员也会由智能提示来提供。

注意：

将 dynamic 类型和其他数据类型进行转换时，如果两者不兼容，必须进行显式的强制类型转换，否则会出现异常。

2.7.3　命名参数和可选参数

在 C# 3.5 中，当希望用类似于 C++ 的可选参数为参数指定默认值时，会提示一个编译器错误，指示 "不允许参数的默认值"。这个限制是因为在 C#中，引入了面向对象思想，所以要尽量使用重载而不是可选参数。但在 C# 4.0 中这一点得到了改变。

开放命名参数和可选参数是出于动态语言运行时兼容性的要求。动态语言中存在动态绑定的参数列表，有时候并不是所有的参数值都需要指定。另外，在一些 COM 组件互操作时，往往 COM Invoke 的方法参数列表非常的长，例如 ExcelApplication.Save 方法可能需要 12 个参数，但 COM 显示的参数的实际值往往为 null，只有很少一部分参数需要指定值或者仅有一个值，这就需要 C#的编译器能够实现开放命名参数和可选参数。

1. 可选参数

方法、构造函数、索引器或委托的定义可以指定其参数为必选参数还是可选参数。任何调用都必须为所有必选的参数提供参数值，但可为可选参数省略参数值。每个可选参数都具有默认值作为其定义的一部分。如果没有为该参数发送参数值，则使用默认值。

可选参数在参数列表的末尾定义，它位于任何必选参数之后。如果调用方为一系列可选参数中的任意一个参数提供了参数值，则它必须为前面的所有可选参数提供参数值。参数值列表中不支持使用逗号分隔。例如以下代码：

```
public void ExampleMethod(int required, string optionalstr = "default string", int optionalint = 10)
```

在以上代码中，使用一个必选参数和两个可选参数来定义实例方法 ExampleMethod。其中，int required 是必选参数，而由于 string optionalstr 和 int optionalint 都设置了默认值，所以是可选参数。

接着来看如何正确地调用 ExampleMethod 方法。

1. ExampleMethod(18, "Hello", "28");
2. ExampleMethod(18);
3. ExampleMethod(optionalstr: "Hello");
4. ExampleMethod(18, , 28);
5. ExampleMethod(18, optionalint : "Hello");

以上代码，第 1 行的调用方法正确地为每一个参数都提供了参数值。第 2 行的调用方法仅对必选参数指定了参数值也是正确的。第 3 行的调用方法是错误的，因为没有给必选参数指定参数值。第 4 行的调用方法是错误的，参数值列表中不支持使用逗号分隔且为第 2 个可选参数而不是第 1 个可选参数提供参数值。第 5 行的调用方法正确，给必选参数和第 2 个可选参数提供了参数值，其中可选参数指定的参数值使用了"参数名：参数值"的正确格式。

2. 命名参数

命名参数让我们可以在调用方法时指定参数名字来给参数赋值，这种情况下可以忽略参数的顺序。利用命名参数，将能够为特定参数指定参数值，方法是将参数值与该参数的名称关联，而不是与参数在参数列表中的位置关联。

命名参数的语法格式为：

参数名称 1：参数值 1，参数名称 2：参数值 2……

有了命名参数，将不再需要记住或查找参数在所调用方法的参数列表中的顺序。可以按参数名称指定参数值。例如：

```
public int MyFunction(int ArgA, int ArgB, int ArgC)
```

上面的代码定义了一个方法，有 3 个 int 类型的参数列表。根据命名参数的规则，可以按以下方法去调用。

```
MyFunction(ArgA：8, ArgB：18, ArgC：28);
MyFunction(ArgB：18, ArgA：8, ArgC：28);
MyFunction(ArgC：28, ArgB：18，ArgA：8);
```

以上代码中的 3 种调用方法突破了以前需要按照参数列表中的顺序进行指定实参的限制，如果不记得参数的顺序，但却知道其名称，可以按任意顺序发送参数值。

但要记住的是，命名参数和可选参数虽然非常好用，但是绝对不要滥用，否则会对程序的可读性造成相当大的伤害。

2.8　思考与练习

一、填空题

1. C#中数据类型可以分为值类型和_____。

2. 装箱转换是指将一个值类型隐式或显式地转换成一个 _____类型。

3. 装箱操作可以隐式进行，但拆箱操作必须是_____的。

4. C#语言是一种面向对象的程序设计语言，拥有面向对象语言的三大特点，即封装性、继承性和_____。

5. _____是 C# 4.0 引入的一个新的静态类型，它会告诉编译器，在编译期不去检查该类型，而是在运行时才决定。

二、选择题

1. 下列类型属于引用类型的有(　　)。
  A. 类类型　　　　　　B. 结构体　　　　　　C. 数组　　　　　　D. 枚举
2. 可以终止并跳出循环的语句是(　　)。
  A. break 语句　　　　B. continue 语句　　　C. goto 语句　　　D. return 语句
3. 导入命名控件使用的指令是(　　)。
  A. include　　　　　　B. using　　　　　　C. import　　　　　D. Inherits
4. 类的成员默认的访问修饰符是(　　)。
  A. public　　　　　　B. private　　　　　　C. protected　　　　D. internal
5. 自动实现的属性必须同时声明(　　)和(　　)访问器。若要创建 readonly 自动实现属性,可以设置它的(　　)访问器为 private 类型。
  A. get　　　　　　　B. read　　　　　　　C. set　　　　　　　D. write

三、上机操作题

1. 创建一个结构体数组,用来记录班级的通信录。
2. 设计一个函数,对整数数组进行排序。
3. 创建一个基类,然后进行继承练习。如学校中包括本科生和研究生,分别创建一个学生类和一个研究生类,研究生类从学生类派生。

第3章 ASP.NET中的常用对象

.NET Framework 包含一个巨大的对象类库，我们在 Web 开发中完成的许多工作都要用到由这些类定义的对象。这些类对我们意义重大，因为它表示有大量现成的功能可供使用。只需编写少量的代码，就可以快速地完成任务。其中有一些类我们已经很熟悉了，而另一些类还需要花些时间，但是这些时间的投入是值得的。

本章重点:

- Page 类
- ASP.NET 核心对象(包括 Response 对象、Request 对象和 Server 对象)
- 状态处理
- Application 对象

3.1 Page 类

Page 类与扩展名为.aspx 的文件相关联，这些文件在运行时被编译为 Page 对象，并被缓存在服务器内存中。如果要使用代码隐藏技术来创建 Web 窗口，需要从该类派生。应用程序快速开发(RAD)设计器(如 Microsoft Visual Studio)会自动使用此模型创建 Web 窗口。Page 对象充当页中所有服务器控件的容器。

在单文件页中，标记、服务器端元素以及事件处理代码全都位于同一个.aspx 文件中。在对该页进行编译时，如果存在使用@Page 指令的 Inherits 属性定义的自定义基类，编译器将生成和编译一个从该基类派生的新类，否则编译器将生成和编译一个从 Page 基类派生的新类。例如，如果在应用程序的根目录中创建一个名为 SamplePage1 的新 ASP.NET 网页，那么随后会从 Page 类派生一个名为 ASP.SamplePage1_aspx 的新类。对于应用程序子文件夹中的页，将使用子文件夹名称作为生成的类的一部分。生成的类中包含.aspx 页中的控件的声明以及用户添加的事件处理程序和其他自定义代码。

在生成页之后，生成的类将编译成程序集，并将该程序集加载到应用程序域，然后对该类进行实例化并执行该类，将输出呈现到浏览器中。如果对生成类的页进行更改(无论添加控件还是修改代码)，那么已编译的类代码将会失效，并生成新的类。

在代码隐藏模型中，页的标记和服务器端元素(包括控件声明)位于.aspx 文件中，而用户定义的页代码则位于单独的代码文件中。该代码文件包含一个分部类，即具有关键字 partial 的类声明，以表示该代码文件只包含构成该页的完整类的全体代码的一部分。在分部类中，添加应用程序要求该页所具有的代码。此代码通常由事件处理程序构成，但是也可以包括用户需要的任何方法或属性。

代码隐藏页的继承模型比单文件页的继承模型要稍微复杂一些。模型如下：

(1) 代码隐藏文件包含一个继承自基页类的分部类。基页类可以是 Page 类，也可以是从 Page 派生的其他类。

(2) .aspx 文件在@ Page 指令中包含一个指向代码隐藏分部类的 Inherits 属性。

(3) 在对该页进行编译时，ASP.NET 基于.aspx 文件生成一个分部类。此类就是代码隐藏类文件的分部类。生成的分部类文件包含页控件的声明。使用此分部类，用户可以将代码隐藏文件作为完整类的一部分，而无须显式声明控件。

(4) 最后，ASP.NET 生成另外一个类，该类从步骤(3)中生成的类继承而来。它包含生成该页所需的代码。该类和代码隐藏类将编译成程序集，运行该程序集可以将输出呈现到浏览器。

下面介绍 Page 类的常见属性和事件，如表 3-1 所示。

表 3-1　Page 类的重要属性和事件

属性或事件	说　明
Application	为当前 Web 请求获取 HttpApplicationState 对象
IsPostBack	指示该页是否正为响应客户端回发而加载，或者它是否正被首次加载和访问
IsValid	指示页验证是否成功
Request	获取请求的页的 HttpRequest 对象
Response	获取与该 Page 对象关联的 HttpResponse 对象
Server	获取 Server 对象，它是 HttpServerUtility 类的实例
Session	获取 ASP.NET 提供的当前 Session 对象
Validators	获取请求的页上包含的全部验证控件的集合
ViewState	获取状态信息的字典，这些信息使用户可以在同一页的多个请求间保存和还原服务器控件的视图状态
PreInit	在页初始化开始时发生
PreLoad	在页 Load 事件之前发生
Load	当服务器控件加载到 Page 对象中时发生
Init	当服务器控件初始化时发生；初始化是控件生存期的第一步
PreRender	在加载 Control 对象之后、呈现之前发生
Unload	当服务器控件从内存中卸载时发生
InitComplete	在页初始化完成时发生
LoadComplete	在页生命周期的加载阶段结束时发生

在 ASP.NET 程序中可以编写事件处理程序来响应 Page 事件，其事件处理顺序依次是 Page_PreInit、Page_Init、Page_PreLoad、Page_Load、Page_PreRender 和 Page_Unload。

应用范例

进行网站编程时，需要处理各种事件。了解各种事件的顺序可以有助于我们编写高质量的程序。本范例将演示加载网页时各种事件的发生顺序。

　　为了实现本范例，首先需要创建一个名为 http://localhost/asp4.0tutorial/chap03 的网站，然后在该网站中添加一个网页，命名为 3_1.aspx，接下来显示 Page 和控件事件的产生顺序。

网页文件程序清单

```
1.   <%@ Page Language="C#" AutoEventWireup="true" CodeFile="3_1.aspx.cs" Inherits="_3_1" %>
2.   <!DOCTYPE html PUBLIC "-//W3C//DTD XHTML 1.0 Transitional//EN"
"http://www.w3.org/TR/xhtml1/DTD/xhtml1-transitional.dtd">
3.   <html xmlns="http://www.w3.org/1999/xhtml">
4.   <head runat="server">
5.       <title>验证 Page 类事件的发生顺序</title>
6.   </head>
7.   <body>
8.       <form id="form1" runat="server">
9.       <div>
10.          <h3>Page 事件的发生顺序</h3><hr />
11.      </div>
12.      <asp:Button ID="Button1" runat="server" Text="发送" onclick="Button1_Click"
13.              style="height: 26px" />
14.      <br /><br />
15.      <asp:Label ID="Label1" runat="server"></asp:Label>
16.      </form>
17.  </body>
18.  </html>
```

程序说明

　　这段程序比较简单，第 10 行设置网页的标题；在第 12 行添加了一个按钮控件，该控件单击事件的处理程序为 Button1_Click；在第 15 行定义了一个 Label 控件，用于触发事件时显示消息。

代码文件程序清单

```
1.   using System;
2.   using System.Collections;
3.   using System.Configuration;
4.   using System.Data;
5.   using System.Linq;
6.   using System.Web;
7.   using System.Web.Security;
8.   using System.Web.UI;
9.   using System.Web.UI.HtmlControls;
10.  using System.Web.UI.WebControls;
11.  using System.Web.UI.WebControls.WebParts;
12.  using System.Xml.Linq;
```

```
13.     public partial class _3_1: System.Web.UI.Page
14.     {
15.         void ShowMessage(string str)
16.         {
17.             string temp = Label1.Text;
18.             Label1.Text = temp + str;
19.         }

20.         protected void Page_PreInit(object sender, EventArgs e)
21.         {
22.             ShowMessage("触发 Page 对象的 PreInit 事件。<br>");
23.         }
24.         protected void Page_Init(object sender, EventArgs e)
25.         {
26.             ShowMessage("触发 Page 对象的 Init 事件。<br>");
27.         }
28.         protected void Page_InitComplete(object sender, EventArgs e)
29.         {
30.             ShowMessage("触发 Page 对象的 InitComplete 事件。<br>");
31.         }
32.         protected void Page_PreLoad(object sender, EventArgs e)
33.         {
34.             ShowMessage("触发 Page 对象的 PreLoad 事件。<br>");
35.         }
36.         protected void Page_Load(object sender, EventArgs e)
37.         {
38.             ShowMessage("触发 Page 对象的 Load 事件。<br>");
39.         }
40.         protected void Page_LoadComplete(object sender, EventArgs e)
41.         {
42.             ShowMessage("触发 Page 对象的 LoadComplete 事件。<br>");
43.         }
44.         protected void Page_PreRender(object sender, EventArgs e)
45.         {
46.             ShowMessage("触发 Page 对象的 PreRender 事件。<br>");
47.         }
48.         protected void Button1_Click(object sender, EventArgs e)
49.         {
50.             ShowMessage("触发按钮的 Click 事件。<br>");
51.         }
52.     }
```

程序说明

在前面介绍 C#语言的基本知识时，谈到了分部类。第 13 行就定义了 1 个分部类，该类的名字为_3_1，它的父类是 Page。

第 15～19 行的 ShowMessage 函数用于把指定的信息添加到 Label 控件上。第 20～23 行是 Page_PreInit 事件的处理程序，该程序调用 ShowMessage 函数把相应的信息添加到 Label 上。第 24～51 行是其余几个事件的处理程序，与 Page_PreInit 事件类似，这里就不再一一介绍了。

范例结果演示

运行该程序，网页如图 3-1 所示。

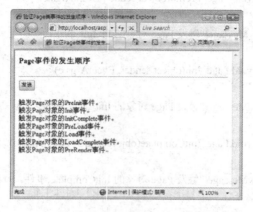

图 3-1　PageTest 网页初始界面

单击"发送"按钮，网页如图 3-2 所示。

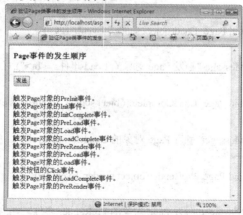

图 3-2　单击"发送"按钮后的网页

3.2　ASP.NET 核心对象

与 C#控制台程序一样，ASP.NET 也需要处理输入/输出操作，这部分操作是通过 ASP.NET 的 Response 对象和 Request 对象完成的。除此之外，为了在浏览器和服务器之间传递数据，ASP.NET 还使用 Server 对象对服务器信息进行封装。

3.2.1　Response 对象

Response 对象提供了对当前页的输出流的访问。可以使用该对象将文本插入页中和编写 Cookie 等。Response 对象属于 HttpResponse 类型，当访问 Page 类的 Response 属性时，它返回该对象，然后就可以使用该对象中的方法了。HttpResponse 类封装来自 ASP.NET 操作的 HTTP 响应信息。

HttpResponse 的属性和方法内容很丰富，这里只介绍它最重要的属性和方法，如表 3-2 所示。

表 3-2　HttpResponse 类的重要属性和方法

属性或方法	说　　明
Buffer	获取或设置一个值，该值指示是否缓冲输出，并在完成处理整个响应之后将其发送
ContentType	获取或设置输出流的 HTTP MIME 类型
Cookies	获取响应 Cookie 集合
Clear	清除缓冲区流中的所有内容输出
Flush	向客户端发送当前所有缓冲的输出，该方法将当前所有缓冲的输出强制发送到客户端。在请求处理的过程中可多次调用 Flush
End	将当前所有缓冲的输出发送到客户端，停止该页的执行，并引发 EndRequest 事件
Redirect	将客户端重定向到新的 URL
Write	将信息写入 HTTP 响应输出流，如果打开缓存器，它就写入缓存器并等待稍后发送
WriteFile	将指定的文件直接写入 HTTP 响应输出流

Response 对象的 Redirect 方法可以将客户端重定向到新的 URL。其语法格式如下所示：

```
public void Redirect(string url);
public void Redirect( string url, bool endResponse);
```

其中，url 为要重新定向的目标网址，endResponse 指示当前页的执行是否应终止。例如代码 Response.Redirect("http://www.yahoo.com")可以把页面重新定向到 Yahoo 的主页上。

Write 方法用于将信息写入 HTTP 响应输出流，输出到客户端显示。其语法格式如下所示：

```
public void Write(char[], int, int);
public void Write(string);
public void Write(object);
public void Write(char);
```

从该方法的参数可以看出，通过 Write 方法可以把字符数组、字符串及对象，或者一个字符输出显示。

如果把指定的文件直接写入 HTTP 响应输出流，需要调用 WriteFile 方法。其语法格式如下所示。

```
public void WriteFile(string filename);
public void WriteFile(string filename, long offset, long size);
public void WriteFile(IntPtr fileHandle, long offset, long size);
public void WriteFile(string filename, bool readIntoMemory);
```

其中，参数 filename 为要写入 HTTP 输出流的文件名；参数 offset 为文件中将开始进行写入的字节位置；参数 size 为要写入输出流的字节数(从开始位置计算)；参数 fileHandle 是要写入 HTTP 输出流的文件的文件句柄；参数 readIntoMemory 指示是否将把文件写入内存块。

下面是其他几个 Response 对象的方法定义。

- BinaryWrite：将一个二进制字符串写入 HTTP 输出流。
- Clear：清除缓冲区流中的所有内容输出。
- ClearContent：清除缓冲区流中的所有内容。
- ClearHeaders：清除缓冲区流中的所有头信息。
- Close：关闭到客户端的套接字连接。
- End：将当前所有缓冲的输出发送到客户端，停止该页的执行，并引发 Application_ EndRequest 事件。
- Flush：向客户端发送当前所有缓冲的输出。Flush 方法和 End 方法都可以将缓冲的内容发送到客户端显示，但是 Flush 与 End 的不同之处在于，Flush 不停止页面的执行。

应用范例

在浏览网页时，经常通过单击超级链接而跳转到其他页面，这是通过 Response 对象的 Redirect 方法实现的。本实例介绍如何通过该方法实现页面的重新定向。具体步骤如下：

(1) 在网站 http://localhost/asp4.0tutorial/chap03 新增一个页面 3_2.aspx。

(2) 切换到该网页的 "设计" 视图，在第一行输入 "请选择你要登录的网站："，然后在这些文字的右边加入一个 DropDownList 控件，同时把网页的标题改为 "重定向页面"。

(3) 网页中控件的属性如表 3-3 所示，未列出的属性采用默认值。

表 3-3　控件的属性

控 件 类 型	属　　性	属　性　值
Document	Title	重定向页面
DropDownList	AutoPostBack	True
	ID	myDropDownList

除上述属性外，DropDownList 控件还需要添加其他项。在属性窗体中单击 Items 右边的按钮，弹出 "ListItem 集合编辑器" 对话框。在该对话框中单击 "添加" 按钮，添加一个新的 Item，Text 和 Value 都设置为 "没有选中网站"，然后重复该步骤，添加两个项，Text 和 Value 分别为 http://www.microsoft.com 和 http://www.google.com。最终结果如图 3-3 所示。

最终得到的网页 "设计" 视图如图 3-4 所示。

图 3-3　ListItem 集合编辑器　　　　　　　　　图 3-4　网页"设计"视图

属性设置完毕之后，双击 **myDropDownList** 控件，系统会自动生成该控件的 SelectedIndex-Changed 事件，并自动把该函数添加到"源"视图的 Script 元素中。

程序清单

```
1.  protected void DropDownList1_SelectedIndexChanged(object sender, EventArgs e)
2.  {
3.      if (myDropDownList.SelectedIndex == 0)
4.          return;
5.      Response.Redirect(myDropDownList.SelectedItem.Text);
6.  }
```

程序说明

第 3 行判断 **DropDownList** 控件被选择的项是不是第一项，如果是第一项，则直接返回。第 5 行中，Response 属性获取与该 Page 对象关联的 HttpResponse 对象。该对象将 HTTP 响应数据发送到客户端，并包含有关该响应的信息。用户可以使用此类将文本插入页中和编写 Cookie 等。关于 Response 对象在后面会详细介绍，这里只要知道通过调用它的 Redirect 可以实现网页的重定向就可以了。

运行该程序，如图 3-5 所示。

用户可以单击 ComboBox 控件，显示供选择的网址，如图 3-6 所示。

图 3-5　运行结果　　　　　　　　　　　　　图 3-6　选择网址

选择完毕后，用户单击"确定"按钮，进入相应的主页。

3.2.2　Request 对象

当访问 Page 类的 Request 属性时，它返回类型 HttpRequest 的一个对象。然后就可以使用该对象中的方法。该属性提供对当前页请求的访问，其中包括请求标题、Cookie、客户端证书和查询字符串等。用户可以使用此类读取浏览器已经发送的内容。HttpRequest 类使 ASP.NET 能够读取客户端在 Web 请求期间发送的 HTTP 值。

HttpRequest 类功能强大，属性众多，限于篇幅，不能列举它的所有属性。其常见属性如表 3-4 所示。

表 3-4　HttpRequest 类的常见属性

属　　性	说　　明
ApplicationPath	说明被请求的页面位于 Web 应用程序的哪一个文件夹中
Path	与 ApplicationPath 相同，即返回页面完整的 Web 路径地址，而且还包括页面的文件名称
PhysicalApplicationPath	返回页面的完整路径，但它位于物理磁盘上，而不是一个 Web 地址
Browser	提供对 Browser 对象的访问，Browser 对象在确定访问者的 Web 浏览器软件和其功能时非常有用
Cookies	查看访问者在以前访问本站点时使用的 cookies
IsSecureConnection	HTTP 连接是否使用加密
RequestType	请求是 Get 还是 Post 请求
QueryString	返回任何使用 Get 传输到页面的参数
Url	返回浏览器提交的完整地址，为了把 Url 对象保留的 Web 地址显示为字符串，可以使用其方法 ToString()
RawUrl	类似 Url，但省略了协议和域名部分
UserHostName	返回从 Web 服务器上请求页面的机器名称
UserHostAddress	请求页面的 IP 地址
UserLanguage	浏览器配置的语言设置

应用范例

在网页中显示应用程序的根路径、虚拟目录和浏览器配置的语言设置等基本信息。本实例使用 3.1 节中创建的网站，添加一个名为 3_3.aspx 的网页。

打开该网站，切换到 RequestTest.aspx 的设计视图，在网页增加 3 个 Label 控件，属性保持不变。在 Label 控件的左侧添加文本，指示该控件显示的属性。最终设计的结果如图 3-7 所示。

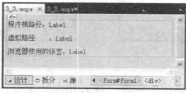

图 3-7　3_3.aspx 设计视图

在"设计"视图中双击空白处,进入该网页的"源"视图,此时光标在该网页的 Page_Load
函数中。在该函数中加入如下代码:

程序清单

```
1.    protected void Page_Load(object sender, EventArgs e)
2.    {
3.            if(!IsPostBack)
4.            {
5.                    Label1.Text = Request.ApplicationPath;
6.                    Label2.Text = Request.Path;
7.                    Label3.Text = Request.UserLanguages[0];
8.            }
9.    }
```

程序说明

第 3 行调用属性 IsPostBack 的作用是获取一个值,该值指示该页是否正为响应客户端回
发而加载,或者它是否正被首次加载和访问。如果是为响应客户端回发而加载该页,则为 true;
否则为 false。通过检查 IsPostBack 的返回值是否为 false 来确保检查版本号的操作在首次查看
页面时进行。第 5~7 行中,使用了 Request 对象的 ApplicationPath、Path 和 UserLanguages
属性,其中,UserLanguages 返回的是一个数组,它获取客户端语言的首选项。这里显示它的
第一项。

范例结果演示

运行该程序,显示程序根路径、虚拟目录和语言首选项,如图 3-8 所示。

图 3-8   显示客户端属性

3.2.3   Server 对象

Server 对象提供了对服务器信息的封装,例如封装了服务器的名称。本节首先介绍 Server
对象的属性和方法,然后介绍如何利用 Server 对象进行对 HTML 和 URL 的编码解码操作。

Server 对象实际上操作的是 System.Web 命名空间中的 HttpServerUtility 类。Server 对象
提供了许多访问的方法和属性以帮助程序有序地执行。Server 对象常用属性如表 3-5 所示。

表 3-5　Server 对象的常用属性

属　　性	说　　明
MachineName	获取服务器的计算机名称
ScriptTimeout	获取和设置请求超时(以秒计)

例如，可以通过下列代码显示服务器名称与超时时间。

```
Response.Write("服务器名称: " + Server.MachineName + "<br/>");
Response.Write("超时时间: " + Server.ScriptTimeout + "<br/>");
```

Server 对象的 GetLastError 方法可以获得前一个异常，当发生错误时可以通过该方法访问错误信息。例如：

```
Exception LastError = Server.GetLastError();
```

通过 ClearError 方法可以清除前一个异常。

Transfer 方法用于终止当前页的执行，并为当前请求开始执行新页。其语法定义如下所示：

```
public void Transfer( string path);
public void Transfer(string path, bool preserveForm);
```

其中，path 是服务器上要执行的新页的 URL 路径；preserveForm 如果为 true，则保存 QueryString 和 Form 集合，否则就清除它们(默认为 false)。

MapPath 方法用于返回与 Web 服务器上的指定虚拟路径相对应的物理文件路径。其语法格式如下所示：

```
public string MapPath( string path);
```

其中，path 是 Web 服务器上的虚拟路径。返回值是与 path 相对应的物理文件路径。MapPath 是一个非常有用的方法。

应用范例

在网页中显示网站的服务器名、超时时间和物理路径，并调用 Transfer 函数重定向到其他页面。该例子中，首先创建一个名为 3_4.aspx 的网页，然后添加如下代码。

程序清单

```
1.    protected void Page_Load(object sender, EventArgs e)
2.    {
3.        Response.Write("服务器名称: " + Server.MachineName + "<br/>");
4.        Response.Write("超时时间: " + Server.ScriptTimeout + "<br/>");
5.        Response.Write("服务器的文件路径为: " +
              Server.MapPath("/asp4.0basic/chap03/3_4.aspx"));
6.        Server.Transfer("3_3.aspx", false);
7.    }
8.    protected void Page_Error(object sender, EventArgs e)
```

```
9.      {
10.         StringBuilder sb = new StringBuilder();
11.         sb.Append("产生错误的 URL 是：  <br/>");
12.         sb.Append(Server.HtmlEncode(Request.Url.ToString()));
13.         sb.Append("<br/><br/>");
14.         sb.Append("出错信息：<br/>");
15.         sb.Append(Server.GetLastError().ToString());
16.         Response.Write(sb.ToString());
17.         Server.ClearError();
18.     }
```

程序说明

第 1～7 行处理网页的 PageLoad 事件。其中，第 3～5 行分别输出服务器的名称、超时时间以及服务器的文件路径。第 6 行把页面重定向到页面 ResponseTest.aspx。第 8～18 行处理网页的 PageError 事件，在网页出错且错误没有被异常捕获的情况下，会进入该事件。其中，第 15 行获得程序的最后一个错误，第 17 行清除前一个异常。

注意：

在 Debug 模式下，即便网页出错，也不会进入 PageError 事件。只有选择"调试"|"开始运行(不调试)"命令运行程序，网页出错后，才可能进入到该事件中进行处理。

范例结果演示

该网页的运行效果如图 3-9 所示。

图 3-9　ServerTest.aspx 运行效果

把第 6 行代码改为 Server.Transfer("3_31.aspx", false);，选择"调试"|"开始运行(不调试)"命令，因为网站中没有 ResponseTest1.aspx 页面，Transfer 操作不能完成。此时，网页的运行结果如图 3-10 所示。

图 3-10　错误处理

Server 对象的 HtmlEncode 方法用于对要在浏览器中显示的字符串进行编码。其语法格

式如下所示:

```
public string HtmlEncode(string s);
public void HtmlEncode(string s, TextWriter output);
```

其中，s 是要编码的字符串；output 是 TextWriter 输出流，包含已编码的字符串。例如，希望在页面上输出"<p></p>标签用于分段"，通过代码 Response.Write("<p></p>标签用于分段")输出后，则结果并非是这个字符串，其中的<h1>和</h1>当做 HTML 元素来解析，为了能够输出自己希望的结果，这里可以使用 HtmlEncode 方法对字符串进行编码，然后再通过 Response.Write 方法输出。

Server 对象的 HtmlDecode 方法用于对已进行 HTML 编码的字符串进行解码，是 HtmlEncode 方法的反操作。其语法格式如下所示:

```
public string HtmlDecode(string s);
public void HtmlDecode( string s, TextWriter output);
```

其中，s 是要解码的字符串；output 是 TextWriter 输出流，包含已解码的字符串。下面的代码可以把已经 HTML 编码的字符串进行还原，例如字符串"<p></p&gt 标签用于分段"被还原后变为"<p></p>标签用于分段"。

Server 对象的 UrlEncode 方法用于编码字符串，以便通过 URL 从 Web 服务器到客户端进行可靠的 HTTP 传输。UrlEncode 方法的语法格式如下所示:

```
public string UrlEncode( string s);
public void UrlEncode(string s, TextWriter output);
```

其中，s 是要编码的字符串；output 是 TextWriter 输出流，包含已编码的字符串。

Server 对象的 UrlDecode 方法用于对字符串进行解码，该字符串为了进行 HTTP 传输而进行编码并在 URL 中发送到服务器。UrlDecode 方法的语法格式如下所示:

```
public string UrlDecode(string s);
public void UrlDecode(string s, TextWriter output);
```

其中，s 是要解码的字符串；output 是 TextWriter 输出流，包含已解码的字符串。UrlDecode 方法是 UrlEncode 方法的逆操作，可以还原被编码的字符串。

应用范例

HTML 语言中包含一些标签可以设置文本的格式，如果在输出时，希望对输出的信息进行分段或指定标题的级别，直接输出"<p></p> 标签用于分段"是不行的，还需要对这些信息进行 HTML 编码。为了便于比较，本实例采用两种方式输入信息:直接输出带标签的信息和进行 HTML 编码后再输出。

程序清单

```
1.    protected void Page_Load(object sender, EventArgs e)
2.    {
```

3.　　Response.Write("<h3>利用 Server 对象进行 HTML 编码</h3>");

4.　　Response.Write("<p></p> 标签用于分段");

5.　　Response.Write("<p></p><p></p><p></p>正确的输出为： ");

6.　　String TestString = "<p></p> 标签用于分段";

7.　　StringWriter writer = new StringWriter();

8.　　Server.HtmlEncode(TestString, writer);

9.　　String EncodedString = writer.ToString();

10.　　Response.Write(EncodedString);

11.　　Response.Write("<hr>");

12.　　Response.Write("<h3>利用 Server 对象进行 HTML 解码</h3>");

13.　　StringWriter output = new StringWriter();

14.　　Server.HtmlDecode(EncodedString, output);

15.　　String DecodedString = output.ToString();

16.　　Response.Write(DecodedString);

17.　}

程序说明

　　第 3 行输出字符串，指示即将进行的操作，第 4 行输出的字符串被作为 HTML 标签进行处理，第 8 行对该字符串进行编码，然后输出编码后的字符串。第 14 行对编码的字符串进行解码操作，解码后得到的字符串和第 4 行的字符串相同，因此它们输出到网页后，显示的结果应该是相同的。

范例结果演示

　　程序的运行界面如图 3-11 所示，可以看到最后输出了希望的结果。

图 3-11　使用 HtmlEncode 方法对字符串进行编码

3.3　状 态 处 理

　　ASP.NET 程序和桌面程序的一个显著区别是：对于 ASP.NET 程序，无法保存程序运行的状态。因此，ASP.NET 提供了 Session 对象来记录 ASP.NET 程序运行的状态，程序的运行状态保存在用户的会话信息中。

3.3.1　Session 对象

Session 对象实际上操作 System.Web 命名空间中的 HttpSessionState 类。Session 对象可以为每个用户的会话存储信息。Session 对象中的信息只能被用户自己使用，而不能被网站的其他用户访问，因此可以在不同的页面间共享数据，但是不能在用户间共享数据。

1. Session 对象的属性和方法

当每个用户首次与服务器建立连接时，服务器就会为其建立一个 Session(会话)，同时服务器会自动为用户分配一个 SessionID，用以标识这个用户的唯一身份。Session 信息存储在 Web 服务器端，是一个对象集合，可以存储对象及文本等信息。Session 对象的主要方法如表 3-6 所示。

表 3-6　Session 对象的方法

方　　法	说　　明
Abandon	调用该方法用于消除用户的 Session 对象并释放其所占的资源。调用 Abandon 方法后会触发 Session_OnEnd 事件
Add	添加新的项到会话状态中
Clear	用来清除会话状态所有值
CopyTo	将当前会话状态值的集合复制到一个一维数组中
RemoveAll	清除所有会话状态值

Session 对象具有两个事件，即 Session_OnStart 事件和 Session_OnEnd 事件。Session_OnStart 事件在创建一个 Session 时被触发，Session_OnEnd 事件在用户 Session 结束时(可能是因为超时或者调用了 Abandon 方法)被调用。可以在 Global.asax 文件中为这两个事件增加处理代码。

2. Session 对象的唯一性和有效时间

对于每个用户的每次访问 Session 对象都是唯一的，这包括以下两层含义。

- 对于某个用户的某次访问，Session 对象在访问期间唯一，可以通过 Session 对象在页面间共享信息。只要 Session 没有超时，或者 Abandon 方法没有被调用，Session 中的信息就不会丢失。Session 对象不能在用户间共享信息，而 Application 对象可以在不同的用户间共享信息。
- 对于用户的每次访问其 Session 都不同，两次访问之间也不能共享数据，而 Application 对象只要没有被重新启动，就可以在多次访问间共享数据。

Session 对象是有时间限制的，通过 TimeOut 属性可以设置 Session 对象的超时时间，单位为分钟。如果在规定的时间内，用户没有对网站进行任何的操作，Session 将超时。

应用范例

在网站中，Session 对象具有唯一性，同时可以设置该对象的有效时间。本范例中，创建两个网页，在一个页面保存 Session 信息，在另外一个页面读取保存的信息。步骤如下。

(1) 在本章前面创建的网站中加入一个名为 3_6_1.aspx 的网页，编辑该页面，文件中的代码如下所示。

```
1.  <%@ Page Language="C#" AutoEventWireup="true" CodeFile="3_6_1.aspx.cs" Inherits="_3_6_1"
    %>
2.  <!DOCTYPE html PUBLIC "-//W3C//DTD XHTML 1.0 Transitional//EN"
    "http://www.w3.org/TR/xhtml1/DTD/xhtml1-transitional.dtd">
3.  <html xmlns="http://www.w3.org/1999/xhtml">
4.  <head runat="server">
5.      <title>演示 Session 对象：发送信息</title>
6.  </head>
7.  <body>
8.      <h3>
9.          Session 对象的唯一性</h3>
10.     <hr />
11.     <form id="form1" method="post" runat="server">
12.         请输入一个值：<asp:TextBox ID="TextBox1" runat="server" Width="208px"
                Height="40px"></asp:TextBox>
13.         <p>
14.         </p>
15.         当前 SessionID：<asp:Label ID="Label1" runat="server" Width="209px"
                Height="32px"></asp:Label>
16.         <p>
17.         </p> 
18.         <asp:Button ID="Button3" runat="server" Width="88px" Height="34px" Text="设置值"
                OnClick="Button3_Click"></asp:Button>
19.         <asp:Button ID="Button1" runat="server" Width="95px" Height="34px" Text="Abandon"
                OnClick="Button1_Click"></asp:Button><p></p>
20.         <p></p>
21.         <h3>Session 对象的有效性</h3>
22.         <hr />
23.         <asp:TextBox ID="TextBox2" runat="server" Width="184px"
                Height="26px"></asp:TextBox>
24.         <p>
25.         </p>
26.         当前 Session 对象的 TimeOut 属性：
27.         <asp:Label ID="Label2" runat="server" Width="168px"
                Height="16px">Label</asp:Label>
28.         <p>
29.         </p>
30.         <asp:Button ID="Button4" runat="server" Text="设置超时时间" Height="35px"
                OnClick="Button4_Click" Width="117px"></asp:Button> 
```

```
31.          <br /><br /><br />
32.          <asp:Button ID="Button2" runat="server" Width="88px" Height="40px" Text="跳转"
             OnClick="Button2_Click"></asp:Button>
33.     </form>
34. </body>
35. </html>
```

程序说明

第 12 行定义了一个 TextBox 控件，用于接受用户的输入，用户在这里输入的值通过 Session 对象被发送到另一个网页上。第 15 行定义了一个 Label 控件，用于显示 Session 的 ID，在同一个会话中，不同网页 Session 的 ID 应该是相同的，读者可以稍后比较本网站中两个网页的 Session 的 ID 是否相同。第 18 行定义了一个 Button 控件，用于执行把 TextBox1 中输入的值保存到 Session 中。第 19 行定义的 Button 控件用于使 Session 失效。第 23 行定义的 TextBox 控件用于接受用户输入的超时时间，第 27 行定义的 Label 控件显示当前 Session 对象的 TimeOut 属性，第 30 行定义的 Button 控件用于设置超时时间，第 32 行定义的 Button 控件用于重定向到 SessionTest2.aspx 网页。

(2) 为 4 个 Button 控件添加事件处理方法。单击"失效"按钮时调用 Abandon 方法终止 Session 对象。单击"设置值"按钮时为 Session["CurrentValue"]赋值，并显示当前的 SessionID 属性。单击"显示值"按钮时打开 WebForm2.aspx 页面。单击"设置超时时间"按钮时调用设置 Session 的 TimeOut 属性，并更新显示 TimeOut 属性值。在 SessionTest1.aspx.cs 文件中代码如下所示。

```
1.     protected void Button1_Click(object sender, EventArgs e)
2.     {
3.           Session.Abandon();
4.     }
5.     protected void Button2_Click(object sender, EventArgs e)
6.     {
7.           Response.Redirect("3_6_2.aspx")
8.     }
9.     protected void Button3_Click(object sender, EventArgs e)
10.    {
11.          Session["CurrentValue"] = TextBox1.Text;
12.          Label1.Text = Session.SessionID.ToString();
13.    }
14.    protected void Button4_Click(object sender, EventArgs e)
15.    {
16.          try
17.          {
18.               Session.Timeout = Convert.ToInt32(TextBox2.Text);
19.               Label2.Text = Session.Timeout.ToString();
20.          }
21.          catch (Exception ee)
22.          {
23.               Label2.Text = "无效的输入";
24.          }
25.    }
```

程序说明

第 3 行操作时使 Session 失效，除此之外，Session 还可能因为超时而失效。第 11 行和第 12 行用于设置 Session 变量的值，同时把 Session 的 ID 显示在网页上。第 18 行设置 Session 的超时时间。

(3) 在 3_6_2.aspx 页面转载时显示当前 Session["CurrentValue"]的值、SessionID 属性和 Session 的超时时间。3_6_2.aspx.cs 文件中的代码如下所示。

```
1.    protected void Page_Load(object sender, EventArgs e)
2.    {
3.        if (Session["CurrentValue"] == null)
4.        {
5.            Response.Write("Session[\"CurrentValue\"]不存在");
6.        }
7.        else
8.        {
9.            string str = Session["CurrentValue"].ToString();
10.           Response.Write("<p>Session 的值为：" + str);
11.           Response.Write("<p>Session ID 为：" + Session.SessionID.ToString());
12.       }
13.       Response.Write("Session 的有效时间为：" + Session.Timeout.ToString());
14.   }
```

程序说明

第 3 行读取 Session 的值，然后检查 Session["CurrentValue"]是否为空，如果为空则显示提示信息，否则显示 Session["CurrentValue"]和 SessionID 的值。无论该值是否为空，都在 SessionTest.aspx 网页中显示 Session 的超时时间。

范例结果演示

运行程序，输入某个值，单击"设置值"按钮，程序的运行界面如图 3-12 所示。

在页面中输入 Session 的有效时间 1，然后单击"设置超时时间"按钮，如图 3-13 所示。

图 3-12　设置 Session 的值　　　　图 3-13　设置 Session 的超时时间

单击 "跳转" 按钮，显示如图 3-14 所示的页面，可以看出两个页面中的 SessionID 相同，并且值相同，因此说明 Session 是唯一的。同时 Session 的超时时间显示为 1，也就是刚才设置的时间。

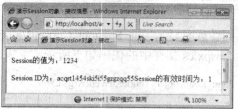

图 3-14　显示设置的值

返回第 1 个页面，单击 "失效" 按钮，或 1 分钟内不要对页面有任何的操作，再单击 "跳转" 按钮，显示如图 3-15 所示的页面。可以看出 SessionID 值已经改变，并且 Session["CurrentValue"]已经不存在了，显然 Session 已经不是以前的那个了。

图 3-15　另外的一个 Session

从图 3-15 可以看出，Session 超时后，TimeOut 值已经不再是 1，而是默认值 20。

3.3.2　Cookie 对象

Cookie 对象实际是 System.Web 命名空间中 HttpCookie 类的对象。Cookie 对象为 Web 应用程序保存用户相关信息提供了一种有效的方法。当用户访问某个站点时，该站点可以利用 Cookie 保存用户首选项或其他信息，这样当用户下次再访问该站点时，应用程序就可以检索以前保存的信息了。

1. Cookie 对象的属性

Cookie 其实是一小段文本信息，伴随着用户请求和页面在 Web 服务器和浏览器之间传递。用户每次访问站点时，Web 应用程序都可以读取 Cookie 包含的信息。

当用户第一次访问某个站点时，Web 应用程序发送给该用户一个页面及一个包含日期和时间的 Cookie。用户的浏览器在获得页面的同时还得到了这个 Cookie，并且将它保存在用户硬盘上的某个文件夹中。以后如果该用户再次访问这个站点上的页面，浏览器就会在本地硬盘上查找与该网站相关联的 Cookie。如果 Cookie 存在，浏览器就将它与页面请求一起发送到网站，Web 应用程序就能确定该用户上一次访问站点的日期和时间。

Cookie 是与 Web 站点而不是与具体页面关联的，所以无论用户请求浏览站点中的哪个页面，浏览器和服务器都将交换网站的 Cookie 信息。用户访问其他站点时，每个站点都可能会向用户浏览器发送一个 Cookie，而浏览器会将所有这些 Cookie 分别保存。

Cookie 对象的主要属性如表 3-7 所示。

表 3-7   Cookie 对象的主要属性

属　　性	说　　明
Domain	获取或设置将此 Cookie 与其关联的域
Expires	获取或设置此 Cookie 的过期日期和时间
Name	获取或设置 Cookie 的名称
Path	获取或设置要与当前 Cookie 一起传输的虚拟路径
Secure	指定是否通过 SSL(即仅通过 HTTPS)传输 Cookie
Value	获取或设置单个 Cookie 值
Values	获取在单个 Cookie 对象中包含的键值对的集合

2. 访问 Cookie

ASP.NET 包含两个内部 Cookies 集合，即 Request 对象的 Cookies 集合和 Response 的 Cookies 集合。其中，Request 对象的 Cookies 集合包含由客户端传输到服务器的 Cookie，这些 Cookie 以 Cookie 标头的形式传输。Response 的 Cookies 集合包含一些新 Cookie，这些 Cookie 在服务器上创建并以 Set-Cookie 标头的形式传输到客户端。

在程序中使用 Cookie 的代码类似于以下代码：

```
1.    HttpCookie MyCookie = new HttpCookie("LastVisit");
2.    DateTime now = DateTime.Now;
3.    MyCookie.Value = now.ToString();
4.    MyCookie.Expires = now.AddHours(1);
5.    Response.Cookies.Add(MyCookie);
```

第 1 行创建了一个名为 LastVisit 的 Cookie，第 3 行设置 Cookie 值为当前时间，第 4 行设置 Cookie 超时时间为 1 个小时，第 5 行将 Cookie 添加到 Response 对象的 Cookies 集合中。

应用范例

登录网站时，为了便于用户下次登录，登录网页经常会保存用户的用户名和密码。本范例用来实现这个功能。当用户输入用户名和密码后，单击"登录"按钮，弹出登录成功提示信息，同时把用户的用户名和密码保存在 Cookie 中，当用户再次打开该网页时，就会发现该网页自动从 Cookie 中获取了用户的用户名和密码。

创建一个名为 3_7.aspx 的网页，在该网页中加入 1 个 Button 控件、两个 TextBox 控件，均采用默认属性。最终的设计视图如图 3-16 所示。

图 3-16   设计视图

代码文件程序清单

```
1.    protected void Page_Load(object sender, EventArgs e)
2.    {
3.            if (IsPostBack)
4.                return;
5.            if (Request.Cookies["UserSettings"] != null)
6.            {
7.                    if (Request.Cookies["UserSettings"]["User"] != null)
8.                    {
9.                        TextBox1.Text = Server.UrlDecode (Request.Cookies["UserSettings"]["User"]);
10.                       TextBox2.Text = Server.UrlDecode
                                (Request.Cookies["UserSettings"]["Password"]);
11.                   }
12.            }
13.   }
14.   protected void Button1_Click(object sender, EventArgs e)
15.   {
16.           if (Request.Cookies["UserSettings"] == null)
17.           {
18.               HttpCookie myCookie = new HttpCookie("UserSettings");
19.               myCookie["User"] = Server.UrlEncode(TextBox1.Text);
20.               myCookie["Password"] = Server.UrlEncode(TextBox2.Text);
21.               myCookie.Expires = DateTime.Now.AddDays(1d);
22.               Response.Cookies.Add(myCookie);
23.           }
24.           else
25.           {
26.               Response.Cookies["UserSettings"]["User"] = Server.UrlEncode (TextBox1.Text);
27.               Response.Cookies["UserSettings"]["Password"] = Server.UrlEncode (TextBox2.Text);
28.               Response.Cookies["UserSettings"].Expires = DateTime.Now.AddDays(1d);
29.           }
30.           String str = "<script language=\"jscript\">confirm(\"登录成功！ ";
31.           str += TextBox1.Text;
32.           str += "，请注意保管您的用户名和密码。\")</script>";
33.           Response.Write(str);
34.   }
```

程序说明

第 3 行判断网页是不是第一次被加载，如果是第一次被加载，则执行后面的操作，否则退出该函数。第 5 行判断是否存在名为 UserSettings 的 Cookie，如果存在，则使用该 Cookie 中的内容初始化网页，填充用户名和密码编辑框。第 16～23 行判断是否存在名为 UserSettings 的 Cookie，如果不存在，则在第 18 行创建一个 Cookie 对象，然后在第 22 行把该 Cookie 加入到 Response 对象的 Cookies 集合中。第 25～29 行处理指定 Cookie 已经存在的情况，这时的处理方法是使用用户输入的用户名和密码设置 Cookie 中的内容。

范例结果演示

运行该程序，如图 3-17 所示。

输入用户名和密码后，单击"登录"按钮，弹出登录成功提示窗口，如图 3-18 所示。

图 3-17　CookieTest 初始界面　　　　　　　图 3-18　登录成功

关闭该网页后再次打开该网页，读者可以发现"用户名"和"密码"文本框中保存了上次输入的信息，如图 3-19 所示。

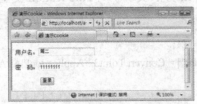

图 3-19　重新登录

3.4　Application 对象

Application 对象实际上操作的是 System.Web 命名空间中的 HttpApplicationState 类。Application 对象为经常使用的信息提供了一个有用的 Web 站点存储位置，Application 中的信息可以被网站的所有页面访问，因此可以在不同的用户间共享数据。

3.4.1　如何使用 Application 对象

Application 对象用来存储变量或对象，以便在网页再次被访问时(不管是不是同一个连接或访问者)，所存储的变量或对象的内容还可以被重新调出来使用。也就是说，Application 对于同一网站来说是公用的，可以在各个用户间共享。访问 Application 对象变量的方法如下所示：

```
Application["变量名"]=变量值
变量=Application["变量名"]
```

为了简便，还可以把 Application["变量名"]直接当做变量来使用。在 Web 页面中可以通过语句<%=Application["变量名"]%>直接使用这个值。如果通过 ASP.NET 内置的服务器对象使用应用程序变量，则代码为 TextBox1.Text = (String)Application["变量名"]。

利用 Application 对象存取变量时需要注意以下几点：

- Application 对象变量应该是经常使用的数据，如果只是偶尔使用，可以把信息存储在磁盘的文件中或者数据库中。
- Application 对象是一个集合对象，它除了包含文本信息外，也可以存储对象。
- 如果站点开始就有很大的通信量，则建议使用 web.config 文件进行处理，不要用 Application 对象变量。

3.4.2　Lock 和 UnLock 方法的使用

Application 对象是一个集合对象，并在整个 ASP.NET 网站内可用，不同的用户在不同的时间都有可能访问 Application 对象的变量，因此 Application 对象提供了 Lock 方法用于锁定对 HttpApplicationState 变量的访问以避免访问同步造成的问题。在对 Application 对象的变量访问完成后，需要调用 Application 的 UnLock 方法取消对 HttpApplicationState 变量的锁定。下面的代码通过 Lock 和 UnLock 方法实现了对 Application 变量的修改操作。

```
1.  Application.Lock();
2.  Application["Online"] = 21;
3.  Application["AllAccount"] = Convert.ToInt32(Application["AllAccount"]) + 1;
4.  Application.UnLock();
```

第 1 行在更改变量前执行 Lock()方法避免其他用户存取 Online 和 AllAccount 变量，如果是读取变量而不是更改变量，就不需要 Lock()方法。如第 4 行所示，在更改完成后，要及时调用 UnLock()方法，以便让其他用户可以更改这些变量。

3.4.3　Application 事件

Application 对象有两个比较重要的事件，即 Application_OnStart 和 Application_OnEnd。其中，Application_OnStart 在 ASP.NET 应用程序被执行时被触发，Application_OnEnd 事件在 ASP.NET 应用程序结束执行时被触发。一般在 Global.asax 文件中对这两个事件进行处理，添加用户自定义代码。

应用范例

网站的访问计数是网站的一种必备组件，其目的是显示有多少位访客曾经浏览该网站。下面介绍如何实现网站的访问计数。

为了实现网站计数，在网站中添加一个 Global.asax 网页，并添加对 Application 对象的 Application_Start 事件和 Session 对象的 Session_Start 事件的处理代码。

程序清单

```
1.  <%@ Application Language="C#" %>
2.  <script runat="server">
3.  void Application_Start(object sender, EventArgs e)
4.  {
5.      Application["Visitors"] = 0;
```

```
6.    }
7.    void Session_Start(object sender, EventArgs e)
8.    {
9.        Application.Lock();
10.       Application["Visitors"] = Convert.ToInt32(Application["Visitors"]) + 1;
11.       Application.UnLock();
12.   }
13.   </script>
```

程序说明

第 5 行初始化 Application 变量的值。第 9 行执行 Lock 操作,防止别人修改 Visitors 的值。第 10 行把 Visitors 的值加 1。第 11 行执行 UnLock 操作,放开对 Visitors 变量的控制。

然后,创建一个网页 3_8.aspx,在<body>标签中加入如下代码。

```
1.    <form id="form1" runat="server">
2.        <div>
3.            您是本网站的第<asp:Label ID="Label1" runat="server" Text="Label"></asp:Label>位
              访客,热烈欢迎您! </div>
4.    </form>
```

程序说明

第 3 行定义了一个 Label 控件,用于显示访客的人数。

最后,在 3_8.aspx 网页的 Page_Load 事件中添加如下代码:

```
1.    protected void Page_Load(object sender, EventArgs e)
2.    {
3.        int count = Convert.ToInt32(Application["Visitors"]);
4.        Label1.Text = count.ToString();
5.    }
```

程序说明

第 3 行得到 Visitors 变量的值,因为该变量的类型为 Object,因此需要调用 Convert 对象的 ToInt32 方法把它转换为整数。

范例结果演示

以上程序的运行界面如图 3-20 所示,每次页面被访问时,网站的访问量就会增加。

图 3-20 流量统计

3.5　思考与练习

一、填空题

1. Response 对象是_____ 类的一个实例。

2. Request 对象是 HttpRequest 类的一个实例，Request 对象主要的功能是从_____接收信息。

3. Server 对象是 HttpServerUtility 的一个实例。该对象提供对_____上的方法和属性的访问。

4. Application 的原理是在服务器端建立一个_____，来存储所需的信息。

5. 在 ASP.NET 中 Session 对象是 HttpSessionState 的一个实例，该类为当前_____提供信息。

二、选择题

1. 获取服务器的名称，可以利用(　　)对象。

　　A. Response　　　　　　B. Session　　　　　　C. Server　　　　　　D. Cookie

2. Application 对象的特点包括(　　)。

　　A. 数据可以在 Application 对象内部共享。

　　B. 一个 Application 对象包含事件，可以触发某些 Application 对象脚本。

　　C. 个别 Application 对象可以用 Internet Service Manager 来设置而获得不同属性。

　　D. 单独的 Application 对象可以隔离出来在它们自己的内存中运行。

3. Session 对象有可能会丢失的情况包括(　　)。

　　A. 用户关闭浏览器或重启浏览器。

　　B. 如果用户通过另一个浏览器窗口进入同样的页面。

　　C. Session 过期。

　　D. 程序员利用代码结束当前 Session。

4. ASP.NET 包含的两个内部 Cookie 集合是(　　)。

　　A. Response　　　　　　B. Session　　　　　　C. Server　　　　　　D. Request

三、上机操作题

1. 实现两个页面，利用 Response 对象和 Request 对象在网页间进行内容传递，其初始运行效果如图 3-21 所示，单击"提交"按钮后如图 3-22 所示。

图 3-21　传递内容页的状态图　　　　图 3-22　获取传递内容页的状态图

2. 实现两个页面，利用 Session 对象进行内容传递，其初始运行效果如图 3-23 所示，单击"提交"按钮后如图 3-24 所示。

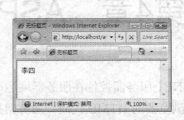

图 3-23　传递内容页的状态图　　　　　图 3-24　获取传递内容页的状态图

3. 实现一个页面，利用 Cookie 对象实现，当用户第一次访问该网页时，跳转到 http://mail.163.com。其初始运行效果如图 3-25 所示，当再次运行该网页时，其运行效果如图 3-26 所示。

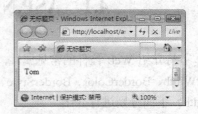

图 3-25　首次访问时的状态图　　　　　图 3-26　再次访问时的状态图

第4章 ASP.NET服务器控件

ASP.NET 服务器控件在服务器端运行，它们在初始化时，根据客户的浏览器版本，自动生成适合浏览器的 HTML 代码。服务器控件位于 System.Web.UI.WebControls 命名空间中，从 WebControl 基类中直接或间接派生出来。因为服务器控件种类繁多，本章主要介绍服务器控件的共有属性，以及常用的 ASP.NET 服务器控件。

本章重点：
- ASP.NET 服务器控件的常见属性
- ASP.NET 服务器控件的使用方法

4.1 ASP.NET 控件的共有属性

本节将介绍 Web 控件的常见属性，这些属性包括 AccessKey、BackColor、ForeColor、BorderWidth、BorderColor、BorderStyle、Enabled、Font、TabIndex、ToolTip、Visible、Height 及 Width。下面分别进行介绍。

4.1.1 外观属性

ASP.NET 服务器控件的外观属性主要包括前景色、背景色、边框和字体等。这些属性一般在设计时设置，如有必要，也可以在运行时动态设置。

1. BackColor 和 ForeColor 属性

BackColor 属性用于设置对象的背景色，其属性的设定值为颜色名称或#RRGGBB 的格式。

ForeColor 属性用于设置对象的前景色，其属性的设定值和 BackColor 的要求一样，为颜色名称或#RRGGBB 的格式。

2. Border 属性

边框属性包括 BorderWidth、BorderColor 和 BorderStyle 等几个属性。其中，BorderWidth 属性可用于设定 Web 控件的边框宽度，单位是像素。下面的代码把 Label 控件的边框宽度设置为 10。

```
<ASP:Label Id="Label1" Text="Label" BorderWidth=10 Runat="Server"/>
```

BorderColor 属性用于设定边框的颜色，其属性的设定值为颜色名称或#RRGGBB 的格式。BorderStyle 属性用来设定对象的边框的样式。总共有以下几种设置。

- Notset：默认值。
- None：没有边框。
- Dotted：边框为虚线，点较小。
- Dashed：边框为虚线，点较大。
- Solid：边框为实线。
- Double：边框为实线，但厚度是 Solid 的两倍。
- Groove：在对象四周出现 3D 凹陷式的边框。
- Ridge：在对象四周出现 3D 凸起式的边框。
- Inset：控件呈陷入状。
- Outset：控件呈凸起状。

3. Font 属性

Font 属性有以下几个子属性，分别表现不同的字体特性。
- Font-Bold：如果属性值设定为 True，则会变成粗体显示。
- Font-Italic：如果属性值设定为 True，则会变成斜体显示。
- Font-Names：设置字体的名字。
- Font-Size：设置字体大小，共有 9 种大小可供选择，即 Smaller、Larger、XX-Small、X-Small、Small、Medium、Large、X-Large 和 XX-Large。
- Font-Strikeout：如果属性值设定为 True，则文字中间显示一条删除线。
- Font-Underline：如果属性值设定为 True，则文字下面显示一条底线。

应用范例

本实例演示了如何设置控件的外观。首先创建一个名为 4_1 的网页，然后在该网页上添加 12 个 Button 控件，前 10 个用于演示不同的 BorderStyle 属性，另外两个 Button 控件，一个控件演示 BorderColor 属性，另一个控件演示 BorderWidth 属性。最后这两个按钮的前景色和背景色都设置为"蓝色背景，红色前景"。

程序清单

```
1.  <%@ Page Language="C#" AutoEventWireup="true" CodeFile="4_1.aspx.cs" Inherits="_4_1" %>
2.  <!DOCTYPE html PUBLIC "-//W3C//DTD XHTML 1.0 Transitional//EN"
    "http://www.w3.org/TR/xhtml1/DTD/xhtml1-transitional.dtd">
3.  <html xmlns="http://www.w3.org/1999/xhtml" >
4.  <head runat="server">
5.      <title>演示 Border 属性</title>
6.  </head>
7.  <body>
8.      <form id="form1" runat="server">
9.          <asp:Button ID="B1" Text="未设置边框样式" runat="Server" />
10.         <asp:Button ID="B2" Text="无边框" BorderStyle="None" BorderWidth="4"
                runat="Server" />
```

11.   <asp:Button ID="B3" Text="虚线边框" BorderStyle="Dotted" BorderWidth="4"
        runat="Server" />

12.   <asp:Button ID="B4" Text="点划线边框" BorderStyle="Dashed" BorderWidth="4"
        runat="Server" />

13.   <asp:Button ID="B5" Text="实线边框" BorderStyle="Solid" BorderWidth="4"
        runat="Server" />

14.   <asp:Button ID="B6" Text="双实线边框" BorderStyle="Double" BorderWidth="4"
        runat="Server" />

15.   <asp:Button ID="B7" Text="凹槽状边框" BorderStyle="Groove" BorderWidth="4"
        runat="Server" />

16.   <asp:Button ID="B8" Text="凸起边框" BorderStyle="Ridge" BorderWidth="4"
        runat="Server" />

17.   <asp:Button ID="B9" Text="内嵌边框" BorderStyle="Inset" BorderWidth="4"
        runat="Server" />

18.   <asp:Button ID="B10" Text="外嵌边框" BorderStyle="Outset" BorderWidth="4"
        runat="Server" />

19.   <p>

20.   </p>

21.   <asp:Button ID="B11" Text="边框颜色" BorderColor="Red" BorderWidth="4"
        BackColor="#0000ff" ForeColor="#ff0000" runat="Server" />

22.   <asp:Button ID="B12" Text="边框宽度" BorderWidth="8" BackColor="Blue"
        ForeColor="Red" runat="Server" />

23.   </form>

24.   </body>

25. </html>

程序说明

第 9～18 行分别设置了不同类型的 BorderStyle 属性；第 21 行设置按钮的 BorderWidth
属性为 4，BorderColor 属性为红色，同时指定按钮的前景色和背景色；第 22 行设置了
BorderWidth 属性以及按钮的前景色和背景色。对比这两行，我们可以发现，使用颜色名称
或#RRGGBB 格式设置颜色效果是一样的。

范例结果演示

程序运行结果如图 4-1 所示，从中可以看到设置不同外观属性时的不同显示效果。

图 4-1　边框属性演示程序运行界面

4.1.2 行为属性

服务器控件的行为属性主要包括是否可见、是否可用以及控件的提示信息。除了提示信息之外，其余的行为属性多在运行时动态设置。

1. Enabled 属性

Enabled 属性用于设置禁止控件还是使能控件。当该属性值为 False 时，控件为禁止状态；当该属性值为 True 时，控件为使能状态。对于有输入焦点的控件，用户可以对控件执行一定的操作，例如单击 Button 控件，在文本框中输入文字等。默认情况下，控件都是使能状态。

2. ToolTip 属性

ToolTip 属性用于设置控件的提示信息。在设置了该属性值后，当鼠标停留在 Web 控件上一小段时间后就会出现 ToolTip 属性中设置的文字。通常设置 ToolTip 属性为一些提示操作的文字。

3. Visible 属性

Visible 属性决定了控件是否会被显示，如果属性值为 True 将显示该控件，否则将隐藏该控件(该控件存在，只是不可见)。默认情况下，该属性为 True。

应用范例

本实例演示如何设置控件的行为属性。创建一个名为 4_2 的网页，该页面包含一个按钮控件，该控件的 ToolTip 属性设置为"单击该按钮将提交数据"，当鼠标移动到按钮上时，显示提示信息。

程序清单

```
1.  <%@ Page Language="C#" AutoEventWireup="true" CodeFile="4_2.aspx.cs" Inherits="_4_2" %>
2.  <!DOCTYPE html PUBLIC "-//W3C//DTD XHTML 1.0 Transitional//EN"
        "http://www.w3.org/TR/xhtml1/DTD/xhtml1-transitional.dtd">
3.  <html xmlns="http://www.w3.org/1999/xhtml" >
4.  <head runat="server">
5.      <title>演示 ToolTip 属性</title>
6.  </head>
7.  <body>
8.      <form id="form1" runat="server">
9.      <asp:Button Id="B1" Text="提交" ToolTip="单击该按钮将提交数据" Runat="Server"/>
10.     </form>
11. </body>
12. </html>
```

程序说明

第 9 行定义了 ToolTip 属性，该属性被设置为"单击该按钮将提交数据"，当用户把鼠标放到按钮上时，会显示该提示信息。

范例结果演示

该程序的运行效果如图 4-2 所示。

图 4-2 ToolTip 属性

4.1.3 可访问属性

为了方便用户使用键盘访问网页，设计网页时需要支持快捷键和 Tab 键，只有这样，我们设计的网页才是便于用户访问的。

1. AccessKey 属性

AccessKey 属性用来为控件指定键盘的快速键，这个属性的内容为数字或英文字母。例如设置为 A，那么使用时用户按下 Alt+A 组合键就会自动将焦点移动到这个控件的上面。只有 Internet Explorer 4.0 或者更高的版本才支持这个特性。

2. TabIndex 属性

TabIndex 属性用来设置 Tab 按钮的顺序。当用户按下 Tab 键时，输入焦点将从当前控件跳转到下一个可以获得焦点的控件，TabIndex 键就是用于定义这种跳转顺序的。合理地使用 TabIndex 属性，可以让用户在运行程序时更加轻松，使得程序更加人性化。如果没有设置 TabIndex 属性，那么该属性值默认为 0。如果 Web 控件的 TabIndex 属性值一样，就会以 Web 控件在 ASP.NET 网页中被配置的顺序来决定。

下面的代码设置了 3 个 Button 控件 TabIndex 属性，由于 B3 的 TabIndex 值最小，所以当用户按下 Tab 键时，输入焦点首先停留在 B3 上，当再按下 Tab 键后，焦点跳转到 B2 上，再次按下 Tab 键焦点将跳转到 B1 上。

```
1.  <ASP:Button Id="B1" Text="TabIndex=3" TabIndex="3" Runat="Server"/>
2.  <ASP:Button Id="B2" Text="TabIndex=2" TabIndex="2" Runat="Server"/>
3.  <ASP:Button Id="B3" Text="TabIndex=1" TabIndex="1" Runat="Server"/>
```

第 1 行定义 B1 的 TabIndex 属性为 3，第 2 行定义 B2 的 TableIndex 属性为 2，第 3 行定义 B3 的 TableIndex 属性为 1，程序运行时，用户可以通过 Tab 键在这 3 个控件之间进行切换，切换的顺序为 B3→B2→B1。

4.1.4　布局属性

Height 和 Width 属性分别用于设置控件的高度和宽度，单位是 pixel(像素)。

应用范例

本实例通过一个登录页面来演示如何设置服务器控件的宽度和高度。创建一个名为 4_3 的网页，在该网页上添加若干控件，然后设置这些控件的大小。

程序清单

1. <%@ Page Language="C#" AutoEventWireup="true" CodeFile="4_3.aspx.cs" Inherits="_4_3" %>
2. <!DOCTYPE html PUBLIC "−//W3C//DTD XHTML 1.0 Transitional//EN"
    "http://www.w3.org/TR/xhtml1/DTD/xhtml1−transitional.dtd">
3. <html xmlns="http://www.w3.org/1999/xhtml" >
4. <head runat="server">
5. 　　<title>设置控件的大小</title>
6. </head>
7. <body>
8. 　　<form id="form1" runat="server">
9. 　　　<asp:Label ID="Label1" runat="server" Text="用户名：" BackColor="#99FF66"
     Width="100px"></asp:Label>
10. 　　　<asp:TextBox ID="TextBox1" runat="server" Height="20px" Width="200px">
     </asp:TextBox>
11. 　　　

12. 　　　<asp:Label ID="Label2" runat="server" BackColor="#33CCFF" Text="密码："
     Width="100px"></asp:Label>
13. 　　　<asp:TextBox ID="TextBox2" runat="server" Width="200px"></asp:TextBox>
14. 　　</form>
15. </body>
16. </html>

程序说明

第 9~13 行定义了 4 个服务器控件，第 9 和第 12 行设置背景色是为了便于观察这两个 Label 的宽度是否相同。

范例结果演示

该程序的运行效果如图 4-3 所示。

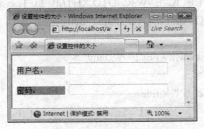

图 4-3　设置控件的大小

4.2　Web 基本服务器控件

ASP.NET Web 服务器控件是 ASP.NET 网页上的对象，当请求网页时，这些对象将运行并向浏览器呈现标记。本节介绍基本服务器控件，它们与常见的 HTML 元素(如按钮和文本框)类似。

4.2.1　Label 控件

Label 控件为开发人员提供了一种以编程方式设置 Web 窗体页中文本的方法。通常当希望在运行时更改页面中的文本时就可以使用 Label 控件；当希望显示的内容不可以被用户编辑时，也可以使用 Label 控件。如果只是希望显示静态文字，并且文字内容不需要改变，建议使用 HTML 显示。Label 控件的类继承关系如下所示：

```
System.Object
    System.Web.UI.Control
        System.Web.UI.WebControls.WebControl
            System.Web.UI.WebControls.Label
```

Label 控件的 Text 属性用于设置要显示的文本内容。声明 Label 控件的语法格式如下：

```
<asp:Label id="Label1" Text="要显示的文本内容" runat="server"/>
```

或者

```
<asp:Label id="Label1" runat="server">
    要显示的文本内容
</asp:Label>
```

应用范例

在网页程序中，经常需要动态显示各种文本信息。本实例演示如何动态显示文本信息。首先创建一个名为 4_4 的网页，在该网页上添加一个 Label 控件和两个 Button 控件，用户单击 Button 控件，会在 Label 上动态显示用户单击的是哪一个 Button 控件。

程序清单

```
1.  <%@ Page Language="C#" AutoEventWireup="true" CodeFile="4_4.aspx.cs" Inherits="_4_4" %>
2.  <!DOCTYPE html PUBLIC "−//W3C//DTD XHTML 1.0 Transitional//EN"
    "http://www.w3.org/TR/xhtml1/DTD/xhtml1−transitional.dtd">

3.  <html xmlns="http://www.w3.org/1999/xhtml" >
4.  <head runat="server">
5.      <title>演示 Label 控件</title>
6.  </head>
7.  <body>
8.      <form id="form1" runat="server">
```

```
9.          <div>
10.             <asp:Label ID="Label1" runat="Server" Text="您没有单击按钮" /><p/>
11.             <asp:Button ID="Button1" runat="server" Text="提交" onclick="Button1_Click" />
12.                 
13.             <asp:Button ID="Button2" runat="server" Text="重置" onclick="Button2_Click" />
14.          </div>
15.       </form>
16.   </body>
17.   </html>
```

程序说明

第 5 行设置网页的标题，在第 10 行定义一个 Label 控件，用来动态显示文本，默认的文本是"您没有单击按钮"。第 11 行和第 13 行定义了两个 Button 控件，这两个控件的单击事件的代码如下所示。

程序清单

```
1.    protected void Button1_Click(object sender, EventArgs e)
2.    {
3.         Label1.Text = "刚才您单击的按钮是" + Button1.Text;
4.    }
5.    protected void Button2_Click(object sender, EventArgs e)
6.    {
7.         Label1.Text = "刚才您单击的按钮是" + Button2.Text;
8.    }
```

程序说明

第 1～4 行定义了按钮 Button1 的单击事件，从第 3 行可以看出，一旦用户单击该按钮，Label1 控件显示的文本信息为："刚才您单击的按钮是提交"。第 5～8 行定义了按钮 Button2 的单击事件，从第 7 行可以看出，一旦用户单击 Button2 按钮，Label1 控件显示的文本为："刚才您单击的按钮是重置"。

范例结果演示

运行该程序，初始界面如图 4-4 所示，单击"提交"按钮，网页如图 4-5 所示。

图 4-4　演示 Label 控件　　　图 4-5　单击"提交"按钮

4.2.2　HyperLink 控件

HyperLink 类直接继承于 WebControl 类，用于创建到其他 Web 页的链接。其类继承关系如下所示：

System.Object
  System.Web.UI.Control
    System.Web.UI.WebControls.WebControl
     System.Web.UI.WebControls.HyperLink

HyperLink 控件可以用来设定超级链接，相当于 HTML 元素的<A>标注。其使用语法如下所示：

```
<ASP:HyperLink
Id="控件名字"
Runat="Server"
Text="超级链接文字/提示"
ImageUrl="图片所在地址"
NavigateUrl="目标超级链接"
Target="目标链接所要显示的窗口位置"/>
```

其中，Text 属性用于指定超级链接所显示的文字，ImageUrl 属性用于设置超级链接所显示的图像。当同时设置了 Text 属性和 ImageUrl 属性时，ImageUrl 属性优先显示。在支持工具提示功能的浏览器中，Text 属性会当成工具提示信息显示。NavigateUrl 属性指定了具体的目标超级链接地址，该地址可以是相对路径也可以是绝对路径。当设置了 NavigateUrl 属性后，如果用户单击了文字或者图像，就会自动跳转到目标超级链接指定的页面。Target 属性用于设置目标链接要显示的位置，可以取如下的值。

- _blank：将内容呈现在一个没有框架的新窗口中。
- _parent：将内容呈现在上一个框架集父级中。
- _self：将内容呈现在含焦点的框架中。
- _top：将内容呈现在没有框架的全窗口中。

应用范例

在浏览网页时，经常能看到超级链接，通过单击这些超级链接可以打开指定的网页。本实例就来实现这个功能。

网页文件程序清单

```
1.  <%@ Page Language="C#" AutoEventWireup="true" CodeFile="4_5.aspx.cs" Inherits="_4_5" %>
2.  <!DOCTYPE html PUBLIC "-//W3C//DTD XHTML 1.0 Transitional//EN"
    "http://www.w3.org/TR/xhtml1/DTD/xhtml1-transitional.dtd">
3.  <html xmlns="http://www.w3.org/1999/xhtml" >
4.  <head runat="server">
5.      <title>HyperLink 演示程序</title>
```

6.　　</head>
7.　　<body>
8.　　　　<h3>单击下面的链接进入相应的页面</h3>
9.　　　　<hr />
10.　　　<form id="form1" method="post" runat="server">
11.　　　<asp:HyperLink runat ="server" id = "Hyperlink1" Text = "新浪网站首页" NavigateUrl = "http:\\www.sina.com.cn" Target = "_top" >
12.　　　</asp:HyperLink>
13.　　　<asp:HyperLink ID = "Hyperlink2" runat = "server" Text = "百度首页" NavigateUrl = "http:\\www.baidu.com" > </asp:HyperLink>
14.　　　</form>
15.　　</body>
16.　　</html>

程序说明

第 11 行的超链接指向了新浪的主页，第 13 行的超链接指向了百度的主页 http://www.baidu.com。

范例结果演示

程序的运行界面如图 4-6 所示，当用户单击相应的链接后会重定向到指定的页面。

图 4-6　HyperLink 控件演示程序页面

4.2.3　Image 控件

Image 类直接继承于 WebControl 类，可以在 Web 页上显示图像(但是不能捕捉鼠标的单击事件)，类继承关系如下所示。

System.Object
　　System.Web.UI.Control
　　　　System.Web.UI.WebControls.WebControl
　　　　　　System.Web.UI.WebControls.Image

Image 控件的使用语法格式如下所示。

<ASP:Image
Id="Image 控件的名字"
Runat="Server"
ImageUrl="图片所在地址"

```
AlternateText="图形还没加载时所替代的文字"
ImageAlign="NotSet | AbsBottom | AbsMiddle | BaseLine | Bottom | Left |Middle |
Right | TextTop | Top"/>
```

其中，ImageUrl 属性用来指定所显示图像的路径；AlternateText 属性用来设置当图像不可用时显示的替代文字；ImageAlign 属性来指定图像相对于 Web 页上其他元素的对齐方式，可以使用如下的取值。

- Left：图像沿网页的左边缘对齐，文字在图像右边换行。
- Right：图像沿网页的右边缘对齐，文字在图像左边换行。
- Baseline：图像的下边缘与第一行文本的下边缘对齐。
- Top：图像的上边缘与同一行上最高元素的上边缘对齐。
- Middle：图像的中间与第一行文本的下边缘对齐。
- Bottom：图像的下边缘与第一行文本的下边缘对齐。
- AbsBottom：图像的下边缘与同一行中最大元素的下边缘对齐。
- AbsMiddle：图像的中间与同一行中最大元素的中间对齐。
- TextTop：图像的上边缘与同一行中最高文本的上边缘对齐。

应用范例

开发网页时，经常需要在网页上显示图片。本实例显示的为图书的封面信息。

程序清单

```
1.  <%@ Page Language="C#" AutoEventWireup="true" CodeFile="4_6.aspx.cs" Inherits="_4_6" %>
2.  <!DOCTYPE html PUBLIC "-//W3C//DTD XHTML 1.0 Transitional//EN"
    "http://www.w3.org/TR/xhtml1/DTD/xhtml1-transitional.dtd">
3.  <html xmlns="http://www.w3.org/1999/xhtml" >
4.  <head runat="server">
5.      <title>演示图像控件</title>
6.  </head>
7.  <body>
8.      <form id="form1" runat="server">
9.      <div>
10.         数据库开发与实例<asp:Image runat="server" ID="Image1" ImageUrl="asp_access.jpg"
            ImageAlign="Middle" />
11.         <br /><br />
12.         ASP.NET 入门指南<asp:Image runat="server" ID="Image2" ImageUrl="asp_access1.jpg"
            AlternateText="数据库开发与实例" ImageAlign="Middle" />
13.         <br /><br />
14.         操作系统<asp:Image runat="server" ID="Image3" ImageUrl="asp_access2.jpg"
            ImageAlign="Middle" />
15.     </div>
16.     </form>
17. </body>
18. </html>
```

程序说明

第 10 行使用 Image 控件显示图像，这里显示的图片为 asp_access.jpg。第 12 行指定显示的图片为 asp_access1.jpg，如果图片不存在，显示的替代文字为"数据库开发与实例"。第 14 行显示的图片为 asp_access2.jpg，没有设置替代文字。

范例结果演示

本实例中只有图片 asp_access.jpg，因此程序的运行结果如图 4-7 所示。

图 4-7　Image 控件示例程序

4.2.4　TextBox 控件

TextBox 控件直接继承于 WebControl 类，用于让用户输入文本，它是经常使用的一个输入控件。其类继承关系如下所示：

```
System.Object
    System.Web.UI.Control
        System.Web.UI.WebControls.WebControl
            System.Web.UI.WebControls.TextBox
```

TextBox 控件有多种显示效果，使用起来也非常灵活，相当于 HTML 中的<Input Type="Text">、<Input Type="Password">或者<TextArea>元素。TextBox 控件使用的语法格式如下所示。

```
<ASP:TextBox
Id="控件的名字"
Runat="Server"
Text="TextBox 中的字符串"
TextMode="SingleLine | MultiLine | Password"
Columns="最大列数"
Rows="最大行数"
MaxLength="最大字符数目"
[AutoPostBack="True | False"]
```

```
        Wrap="True | False"
        OnTextChanged="事件程序名称"
    />
```

其中，Text 属性可以用来设置和读取 TextBox 中的文字；TextMode 属性用于设置文本的显示模式，它有以下几个值可以使用。

- SingleLine：创建只包含一行的文本框，相当于<Input Type="Text">。
- Password：创建用于输入密码的文本框，用户输入的密码被其他字符替换，相当于<Input Type="Password">。
- MultiLine：创建包含多个行的文本框，相当于<TextArea>。

Columns 属性用来获取或设置文本框的显示宽度(以字符为单位)；Rows 属性用于获取或设置多行文本框中显示的行数，默认值为 0，表示单行文本框。当 TextMode 属性为 MultiLine(多行文本框模式下)时该属性才有效。

MaxLength 属性用于设置可以接受的最大字符数目。AutoPostBack 属性用于设置当用户修改 TextBox 控件中的文本并使焦点离开该控件时，是否都向服务器自动回送。Wrap 属性用于设置是否自动换行，如果该属性值为 true，则文字到达文本框的最右边时会自动换行显示在下一行的开始，只有在 TextMode 属性设为 MultiLine 时本属性才生效。当文本框的内容向服务器发送时，如果内容和上次发送的不同，就会发生 OnTextChanged 事件。

应用范例

本实例中，如果用户在"姓名"文本框中输入自己的名字，按 Enter 键后，会弹出问候信息。

网页文件程序清单

```
1.  <%@ Page Language="C#" AutoEventWireup="true" CodeFile="4_7.aspx.cs" Inherits="_4_7" %>
2.  <!DOCTYPE html PUBLIC "-//W3C//DTD XHTML 1.0 Transitional//EN"
        "http://www.w3.org/TR/xhtml1/DTD/xhtml1-transitional.dtd">
3.  <html xmlns="http://www.w3.org/1999/xhtml" >
4.  <head id="Head1" runat="server">
5.      <title>演示 TextBox 的使用</title>
6.  </head>
7.  <body>
8.      <form id="form1" runat="server">
9.      用户名: <asp:TextBox runat = "server" ID = "TextBox1"
            OnTextChanged="TextBox1_TextChanged" ></asp:TextBox>
10.     </form>
11. </body>
12. </html>
```

程序说明

第 9 行定义了一个 TextBox 控件，该控件用来接收用户的输入。该控件还声明了 1 个 TextBox1_TextChanged 函数，该函数用来处理 TextChanged 事件。

代码文件程序清单

```
1.  using System;
2.  using System.Data;
3.  using System.Configuration;
4.  using System.Collections;
5.  using System.Web;
6.  using System.Web.Security;
7.  using System.Web.UI;
8.  using System.Web.UI.WebControls;
9.  using System.Web.UI.WebControls.WebParts;
10. using System.Web.UI.HtmlControls;
11. public partial class _4_7 : System.Web.UI.Page
12. {
13.     protected void Page_Load(object sender, EventArgs e)
14.     {
15.     }
16.     protected void TextBox1_TextChanged(object sender, EventArgs e)
17.     {
18.         String str = "<script language=\"jscript\">confirm(\"你好，";
19.         str += ((TextBox)sender).Text;
20.         str += "!\")</script>";
21.         Response.Write(str);
22.     }
23. }
```

程序说明

代码文件中，第 1～10 行引进可能使用的命名空间，第 13～15 行的 Page_Load 处理函数是创建网页时由 Visual Studio 自动生成的。可以根据需要添加代码，这里不添加代码。当文本框的内容向服务器发送时，如果和前一次发送的内容不同，将引发 TextChanged 事件，第 16～22 行处理该事件。

范例结果演示

运行该程序，如图 4-8 所示。

在文本框中输入"大胖子！"，按 Enter 键后弹出问候界面，如图 4-9 所示。

图 4-8　初始界面

图 4-9　演示 TextBox

4.2.5　Button 控件

Button 控件可以用来作为 Web 页面中的普通按钮，它可以表示两种类型的按钮，即 submit 类型的按钮和 command 类型的按钮。其类继承关系如下所示：

```
System.Object
    System.Web.UI.Control
        System.Web.UI.WebControls.WebControl
            System.Web.UI.WebControls.Button
```

submit 类型按钮用来把 Web 页面提交给服务器进行处理，没有从服务器返回的过程；command 类型的按钮有一个相应的 command 名(通过 CommandName 属性设置该命令名字)，当有多个 command 类型的按钮共享一个事件处理函数时，可以通过 Command 名字区分处理的是哪个 Button 按钮的事件。submit 类型按钮和 command 类型按钮唯一的区别就是是否设置了 CommandName 属性，如果设置了 commandName 属性就是 command 类型的按钮，否则就是 submit 类型的按钮。在默认情况下，Button 控件制作的按钮为 submit 类型的按钮。Button 控件的语法格式如下所示：

```
<asp:Button id="MyButton"
    Text="label"
    CommandName="command"
    CommandArgument="commandArgument"
    OnClick="OnClickMethod"
    runat="server"/>
```

其中，MyButton 为该 Button 的名字，以后代码中可以通过这个名字使用这个 Button 对象；label 是 Button 上显示的文字；command 是命令的名字；OnClickMethod 是单击该命令按钮时要执行的事件处理方法。其定义形式如下：

```
<script language="C#" runat="server">
    void CommandBtn_Click(Object sender, CommandEventArgs e)  {
    …
    }
</script>
```

commandArgument 可以传递更多的控制信息，提供有关要执行的命令的附加信息以便于在事件中进行判断。

应用范例

本范例模拟自动取款机的操作。用户输入金额后，如果发现需要更改金额，则单击"修改"按钮，清除原来输入的内容，重新输入。

网页文件程序清单

```
1. <%@ Page Language="C#" AutoEventWireup="true" CodeFile="4_8.aspx.cs" Inherits="_4_8" %>
2. <!DOCTYPE html PUBLIC "-//W3C//DTD XHTML 1.0 Transitional//EN"
```

"http://www.w3.org/TR/xhtml1/DTD/xhtml1−transitional.dtd">

3. <html xmlns="http://www.w3.org/1999/xhtml" >

4. <head id="Head1" runat="server">

5. 　　　<title>演示 Button 的使用</title>

6. </head>

7. <body>

8. 　　　<form id="form1" runat="server">

9. 　　　　　<div>

10. 　　　请输入您要提取的金额：<asp:TextBox ID="TextBox1" runat="server" Height="20px" Width="200px" ></asp:TextBox>

11. 　　　　　

12.

13. 　　　<asp:Button ID="Button1" runat="server" Text="确定" onclick="Button1_Click" />

14.

15. 　　　<asp:Button ID="Button2" runat="server" onclick="Button2_Click" Text="修改" />

16. 　　</div>

17. 　　</form>

18. </body>

19. </html>

程序说明

第 10 行设置了 TextBox 控件，用于用户输入金额。读者可能对第 12 行和第 14 行感到好奇， 表示空格，在实际编程时，一般需要使用 CSS 来控制网页的布局，这里为了便于读者把精力放在 ASP.NET 的基本知识上，我们使用空格来设置按钮的位置。第 13 行和第 15 行定义了 Button 控件，onclick 事件的名字被设置为 Button1_Click 和 Button2_Click，该事件在网页文件对应的代码文件中进行定义。

代码文件程序清单

1. using System;

2. using System.Data;

3. using System.Configuration;

4. using System.Collections;

5. using System.Web;

6. using System.Web.Security;

7. using System.Web.UI;

8. using System.Web.UI.WebControls;

9. using System.Web.UI.WebControls.WebParts;

10. using System.Web.UI.HtmlControls;

11. public partial class _4_8 : System.Web.UI.Page

12. {

13. 　　protected void Page_Load(object sender, EventArgs e)

14. 　　{

```
15.        }
16.        protected void Button1_Click(object sender, EventArgs e)
17.        {
18.            String str = "<script language=\"jscript\">confirm(\"您提取的金额为";
19.            str += TextBox1.Text;
20.            str += "。\")</script>";

21.            Response.Write(str);
22.        }
23.        protected void Button2_Click(object sender, EventArgs e)
24.        {
25.            TextBox1.Text = "";
26.            TextBox1.Focus();
27.        }
28.    }
```

程序说明

第 16～22 行定义了按钮的 onClick 事件，如果用户单击"确定"按钮，则弹出用户输入的金额。第 23～27 行定义了 Button2 按钮的 onClick 事件，其中第 25 行为清空文本框的内容，第 26 行设置文本框获得焦点，以便用户继续输入金额。

范例结果演示

执行该程序，如图 4-10 所示。用户输入金额后单击"确定"按钮，弹出用户已输入的金额数，如图 4-11 所示。如果用户单击"修改"按钮，则用户输入的内容会被取消，然后编辑框获得焦点。

图 4-10　演示 Button　　　　　　图 4-11　显示金额

4.2.6　CheckBox 和 CheckBoxList 控件

CheckBox 类继承于 WebControl 类，用于允许用户选择 true 状态或 false 状态。其类继承关系如下所示：

```
System.Object
    System.Web.UI.Control
        System.Web.UI.WebControls.WebControl
            System.Web.UI.WebControls.CheckBox
```

CheckBox 控件实现了复选框的功能，相当于 HTML<Input Type="CheckBox">元素。具体的使用语法定义如下所示：

```
<asp:CheckBox id="控件的名字"
        Text="显示的文字"
        TextAlign="Right|Left"
        AutoPostBack="True|False"
        Checked="True|False"
        OnCheckedChanged="OnCheckedChangedMethod"
        runat="server"/>
```

其中，Text 属性用于设置或者获取 CheckBox 控件显示的文字；TextAlign 属性用来设置文字的对齐方式，可以使用的值如下。

- Right：文字向右对齐。
- Left：文字向左对齐。

AutoPostBack 属性用于设置是否自动向服务器发送数据，其默认属性值为 false，即用户单击此控件时并不导致向服务器发送页面。如果该属性值设置为 true 后，用户单击此控件时会向服务器发送页面，引发 CheckedChanged 事件。Checked 属性用于设置或者获取 CheckBox 控件是否被选中，该属性值为 true 时控件呈选中状态，否则为未选中状态。

CheckBoxList 控件直接从 ListControl 类继承，它可以看成是一个 CheckBox 控件的集合。其类继承关系如下所示。

```
System.Object
    System.Web.UI.Control
        System.Web.UI.WebControls.WebControl
            System.Web.UI.WebControls.ListControl
                System.Web.UI.WebControls.CheckBoxList
```

当用户希望灵活地控制界面布局，定义不同的显示效果时，或者只使用较少的几个复选框时可以使用 CheckBox 控件，当有较多的复选框时，建议使用 CheckBoxList 控件。CheckBoxList 控件的具体使用语法格式如下所示。

```
<asp:CheckBoxList id="控件的名字"
        AutoPostBack="True|False"
        CellPadding="Pixels"
        TextAlign="Right|Left"
        OnSelectedIndexChanged="OnSelectedIndexChangedMethod"
        RepeatColumns="ColumnCount"
        RepeatDirection="Vertical|Horizontal"
        RepeatLayout="Flow|Table"
        runat="server">
    <asp:ListItem value="value"
            selected="True|False">
        第 1 个复选框显示的文字
```

```
        </asp:ListItem>
        <asp:ListItem value="value"
              selected="True|False">
            第 2 个复选框显示的文字
        </asp:ListItem>
          …
      </asp:CheckBoxList>
```

其中，CellPadding 属性用于获取或设置表单元格的边框和内容之间的距离(以像素为单位)。当用户选择 CheckBoxList 控件中的任意复选框时，都将引发 SelectedIndexChanged 事件。RepeatColumns 属性表示在 CheckBoxList 控件中显示的列数。RepeatLayout 属性用来设置 CheckBox 控件的显示形式，可以使用如下两个值。

- Table：以表格的形式显示 CheckBoxList，该值为默认值。
- Flow：没有任何的表格形式。

RepeatDirection 属性用来设置按钮的排列方式，可以使用如下两个值。

- Vertical：以纵向排列按钮。
- Horizontal：以横向排列按钮。

<asp:ListItem/>用于定义 CheckBox 中的复选框，属性 value 表示复选框显示的值，selected 属性表示该复选框是否为选中状态。要创建一个复选框就要使用一个<asp:ListItem/>。

CheckBoxList 控件中可以通过 Items 属性访问全部的复选框对象，下面的代码可以循环检查每一个复选框的状态。

程序清单

```
for (int i=0; i<checkboxlist1.Items.Count; i++) {
    if (checkboxlist1.Items[i].Selected) {
        //处理代码
    }
}
```

应用范例

在这个例子中，分别使用 CheckBox 和 CheckBoxList 完成同一个功能，比较这两个控件的异同。我们使用 CheckBoxList 来收集用户的兴趣爱好，并且由用户决定是否可以被他人看到。最后，单击"提交"按钮时，用户的选择显示在 Label 控件中。

网页文件程序清单

```
1.  <%@ Page Language="C#" AutoEventWireup="true" CodeFile="4_9.aspx.cs" Inherits="_4_9" %>
2.  <!DOCTYPE html PUBLIC "-//W3C//DTD XHTML 1.0 Transitional//EN"
        "http://www.w3.org/TR/xhtml1/DTD/xhtml1-transitional.dtd">
3.  <html xmlns="http://www.w3.org/1999/xhtml" >
4.  <head runat="server">
5.      <title>比较 CheckBox 和 CheckBoxList</title>
6.  </head>
7.  <body>
```

8.　　　　　`<form id="form1" runat="server">`

9.　　　　　`<div>`

10.　　　　　　　请选择您喜欢的运动(CheckBox)：`<br />`

11.　　　　　　　`<br />`

12.　　　　　　　`<asp:CheckBox ID="CheckBox1" runat="server" AutoPostBack="True"`
　　　　　　　`OnCheckedChanged="CheckBox1_CheckedChanged"`

13.　　　　　　　　　`Text="跑步" /><br />`

14.　　　　　　　`<br />`

15.　　　　　　　`<asp:CheckBox ID="CheckBox2" runat="server" AutoPostBack="True"`
　　　　　　　`OnCheckedChanged="CheckBox2_CheckedChanged"`

16.　　　　　　　　　`Text="爬山" /><br />`

17.　　　　　　`<br />`

18.　　　　　　`<asp:CheckBox ID="CheckBox3" runat="server" AutoPostBack="True"`
　　　　　　　`OnCheckedChanged="CheckBox3_CheckedChanged"`

19.　　　　　　　　　`Text="游泳" /><br />`

20.　　　　　　`<br />`

21.　　　　　　`<asp:CheckBox ID="CheckBox4" runat="server" AutoPostBack="True"`
　　　　　　　`OnCheckedChanged="CheckBox4_CheckedChanged"`

22.　　　　　　　　　`Text="踢球" /><br />`

23.　　　　　　`<br />`

24.　　　　　　请选择的运动是：`<asp:Label ID="Label1" runat="server" Text=""></asp:Label><br />`

25.　　　　　　`<br />`

26.　　　　　　请选择您喜欢的运行(CheckBoxList)：`<br />`

27.　　　　　`<asp:CheckBoxList ID="CheckBoxList1" runat="server" AutoPostBack="True"`
　　　　　`OnSelectedIndexChanged="CheckBoxList1_SelectedIndexChanged">`

28.　　　　　　　`<asp:ListItem>跑步</asp:ListItem>`

29.　　　　　　　`<asp:ListItem>爬山</asp:ListItem>`

30.　　　　　　　`<asp:ListItem>游泳</asp:ListItem>`

31.　　　　　　　`<asp:ListItem>踢球</asp:ListItem>`

32.　　　　　`</asp:CheckBoxList><br />`

33.　　　　　　您选择的运动是：`<asp:Label ID="Label2" runat="server" Text=""></asp:Label></div>`

34.　　　　`</form>`

35.　　　`</body>`

36.　　　`</html>`

程序说明

　　第 10～23 行定义了 4 个 CheckBox 控件，用户可以通过选择这些控件来选择自己喜欢的体育运动。为了和 CheckBox 对比，在第 26～32 行定义了一个 CheckBoxList 控件，用户可以通过这个控件选择自己喜欢的运动。

代码文件程序清单

1.　`using System;`

2.　`using System.Data;`

3.　`using System.Configuration;`

```
4.   using System.Collections;
5.   using System.Web;
6.   using System.Web.Security;
7.   using System.Web.UI;
8.   using System.Web.UI.WebControls;
9.   using System.Web.UI.WebControls.WebParts;
10.  using System.Web.UI.HtmlControls;
11.  public partial class _4_9 : System.Web.UI.Page
12.  {
13.      protected void Page_Load(object sender, EventArgs e)
14.      {
15.      }
16.      protected void CheckBox1_CheckedChanged(object sender, EventArgs e)
17.      {
18.          if (CheckBox1.Checked)
19.          {
20.              Label1.Text = Label1.Text + " " + CheckBox1.Text;
21.          }
22.          else
23.          {
24.              string text = Label1.Text;
25.              int index = text.IndexOf(" " + CheckBox1.Text);
26.              Label1.Text = text.Remove(index, CheckBox1.Text.Length + 1);
27.          }
28.      }
29.      protected void CheckBox2_CheckedChanged(object sender, EventArgs e)
30.      {
31.          if (CheckBox2.Checked)
32.          {
33.              Label1.Text = Label1.Text + " " + CheckBox2.Text;
34.          }
35.          else
36.          {
37.              string text = Label1.Text;
38.              Label1.Text = text.Remove(text.IndexOf(" " + CheckBox2.Text),
                 CheckBox2.Text.Length + 1);
39.          }
40.      }
41.      protected void CheckBox3_CheckedChanged(object sender, EventArgs e)
42.      {
43.          if (CheckBox3.Checked)
44.          {
45.              Label1.Text = Label1.Text + " " + CheckBox3.Text;
46.          }
```

```
47.          else
48.          {
49.              string text = Label1.Text;
50.              Label1.Text = text.Remove(text.IndexOf(" " + CheckBox3.Text),
                 CheckBox3.Text.Length + 1);
51.          }
52.      }
53.      protected void CheckBox4_CheckedChanged(object sender, EventArgs e)
54.      {
55.          if (CheckBox4.Checked)
56.          {
57.              Label1.Text = Label1.Text + " " + CheckBox4.Text;
58.          }
59.          else
60.          {
61.              string text = Label1.Text;
62.              Label1.Text = text.Remove(text.IndexOf(" " + CheckBox4.Text),
                 CheckBox4.Text.Length + 1);
63.          }
64.      }
65.      protected void CheckBoxList1_SelectedIndexChanged(object sender, EventArgs e)
66.      {
67.          Label2.Text = "";
68.          foreach (ListItem item in CheckBoxList1.Items)
69.          {
70.              if (item.Selected)
71.                  Label2.Text = Label2.Text + " " + item.Value.ToString();
72.          }
73.      }
74.  }
```

程序说明

　　第 18 行判断 CheckBox1 是否被选中，如果被选中，则在第 20 行把该控件表示的运动添加到 Label1 控件中；如果没有被选中，则从 Label1.Text 中查找是否包含 CheckBox1.Text，如果存在，则从 Label1.Text 中删除 CheckBox1.Text。第 29～64 行定义了 CheckBox2、CheckBox3 及 CheckBox4 的 CheckedChanged 事件，这些事件的处理方法和 CheckBox1 基本相同，这里就不再介绍了。第 65～73 行定义了 CheckBoxList 的 SelectedIndexChanged 事件，在每次事件处理之前，首先需要把 Label2 的 Text 域置空，否则原来选择的结果也会出现在 Label 控件中。

　　该程序的运行结果如图 4-12 所示。

图 4-12　CheckBox 和 CheckBoxList 的比较

4.2.7　RadioButton 和 RadioButtonList 控件

RadioButton 控件和 RadioButtonList 控件的关系就像 CheckBox 控件和 CheckBoxList 控件一样，其中 RadioButton 继承于 CheckBox。其类继承关系如下所示：

```
System.Object
    System.Web.UI.Control
        System.Web.UI.WebControls.WebControl
            System.Web.UI.WebControls.CheckBox
                System.Web.UI.WebControls.RadioButton
```

RadioButton 控件用于从多个选项中选择 1 项，属于多选一控件。具体的使用语法格式如下所示。

```
<asp:RadioButton
    id="控件的名字"
    AutoPostBack="True|False"
    Checked="True|False"
    GroupName="GroupName"
    Text="label"
    TextAlign="Right|Left"
    OnCheckedChanged="事件处理程序"
    runat="server"/>
```

其中，Checked 属性用于获取或者设置 RadioButton 是否被选中；GroupName 属性用于为 RadioButton 设置组，当有多个 RadioButton 时，可以把它们设置为同一个组，这样这组 RadioButton 中就只能有一个 RadioButton 处于被选中状态了(选中状态互斥)；Text 属性为 RadioButton 显示的文字信息；TextAlign 设置了文字的对齐方式，如果属性值为 Right，则文字为右对齐，如果属性值为 Left，则文字为左对齐。当 RadioButton 的选中状态改变时，会引发 CheckedChanged 事件。

RadioButtonList 控件用于提供一组 RadioButton 控件，使用 RadioButtonList 控件可以方便、快速地生成 RadioButton。RadioButtonList 直接继承于 ListControl，其类继承关系如下所示：

```
System.Object
    System.Web.UI.Control
        System.Web.UI.WebControls.WebControl
            System.Web.UI.WebControls.ListControl
                System.Web.UI.WebControls.RadioButtonList
```

当希望单独设置 RadioButton 的布局和外观时，可以使用 RadioButton 控件；当要使用多个 RadioButton 时，最好使用 RadioButtonList 控件。RadioButtonList 控件的使用语法格式如下所示。

```
<asp:RadioButtonList id="控件的名字"
    AutoPostBack="True|False"
    CellPadding="Pixels"
    RepeatColumns="ColumnCount"
    RepeatDirection="Vertical|Horizontal"
    RepeatLayout="Flow|Table"
    TextAlign="Right|Left"
    OnSelectedIndexChanged="OnSelectedIndexChangedMethod"
    runat="server">
    <asp:ListItem
        value="第 1 个列表项的内容"
        selected="True|False">
        Text
    </asp:ListItem>
    <asp:ListItem
        value="第 2 个列表项的内容"
        selected="True|False">
        Text
    </asp:ListItem>
</asp:RadioButtonList>
```

关于 RadioButtonList 控件的语法格式，可以参考 CheckBoxList，这里不再赘述。下面通过一个实例来进一步说明如何使用 RadioButton 和 RadioButtonList 控件。

应用范例

在这个例子中，用户可以选择自己的年龄段以及年薪的范围，用户的选择会通过 Label 控件显示出来。

网页文件程序清单

```
1.  <%@ Page Language="C#" AutoEventWireup="true" CodeFile="4_10.aspx.cs" Inherits="_4_10" %>
```

2.　<!DOCTYPE html PUBLIC "-//W3C//DTD XHTML 1.0 Transitional//EN"
"http://www.w3.org/TR/xhtml1/DTD/xhtml1-transitional.dtd">

3.　<html xmlns="http://www.w3.org/1999/xhtml" >

4.　<head runat="server">

5.　　<title>演示 RadioButton 控件的使用</title>

6.　</head>

7.　<body>

8.　　<form id="form1" runat="server">

9.　　您的年龄属于：

10.　<asp:RadioButtonList runat = "server" ID = "RadioButtonList1">

11.　<asp:ListItem>青年</asp:ListItem>

12.　<asp:ListItem>中年</asp:ListItem>

13.　<asp:ListItem>老年</asp:ListItem>

14.　<asp:ListItem>少年</asp:ListItem>

15.　</asp:RadioButtonList>

16.　<p></p>

17.　您的年薪的范围：

18.　<p></p>

19.　<asp:RadioButton runat = "server" ID = "RadioButton1" GroupName = "Group1" Text = "10 万元以下" />

20.　<p></p>

21.　<asp:RadioButton runat = "server" ID = "RadioButton2" GroupName = "Group1" Text = "10 万元～20 万元" />

22.　<p></p>

23.　<asp:RadioButton runat = "server" ID = "RadioButton3" GroupName = "Group1" Text = "20 万元以上" />

24.　<p></p>

25.　您是一位：<asp:Label runat = "server" ID = "Label1"></asp:Label>

26.　<p></p>

27.　您的年薪范围是<asp:Label runat = "server" ID = "Label2" ></asp:Label>

28.　<p></p>

29.　<asp:Button runat = "server" ID = "Button1" Text = "提交" OnClick = "DisplayInfo"/>

30.　</form>

31.　</body>

32.　</html>

程序说明

这段代码中，第 10～15 行定义了 1 个 RadioButtonList 控件。第 19～23 行定义了 3 个 RadioButton 控件。通过对比可以发现，对于多个单选项，使用 1 个 RadioButtonList 比多个 RadioButton 控件要方便一些。第 29 行定义了 1 个 Button 控件，该控件的 Click 事件处理程序为 DisplayInfo。

代码文件程序清单

1.　protected void DisplayInfo(object sender, EventArgs e)

```
2.    {
3.        foreach (ListItem item in RadioButtonList1.Items)
4.        {
5.            if (item.Selected)
6.            {
7.                Label1.Text = item.Text;
8.            }
9.        }
10.       if (RadioButton1.Checked)
11.           Label2.Text = RadioButton1.Text;
12.       else if (RadioButton2.Checked)
13.           Label2.Text = RadioButton2.Text;
14.       else
15.           Label2.Text = RadioButton3.Text;
16.   }
```

这段程序比较简单，这里就不再介绍了。如果有不理解的地方，可以参看前面的程序说明。

范例结果演示

该程序的运行结果如图 4-13 所示。

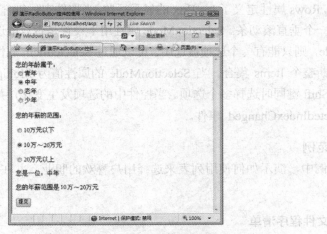

图 4-13　演示 RadioButton 和 RadioButtonList

4.2.8　ListBox 控件

ListBox 类继承于 ListControl 类。具体的类继承关系如下所示：

```
System.Object
    System.Web.UI.Control
        System.Web.UI.WebControls.WebControl
            System.Web.UI.WebControls.ListControl
                System.Web.UI.WebControls.ListBox
```

　　ListBox 控件可以选择一项或者多项内容，用户可以选择一项也可以选择多项。ListBox
控件的使用语法格式如下所示。

```
<asp:ListBox
    id="控件的名字"
    Rows="rowcount"
    SelectionMode="Single|Multiple"
    OnSelectedIndexChanged="OnSelectedIndexChangedMethod"
    runat="server">
    <asp:ListItem
      value="第一个列表项的内容"
      selected="True|False">
      Text
    </asp:ListItem>
    <asp:ListItem
      value="第二个列表项的内容"
      selected="True|False">
      Text
    </asp:ListItem>
</asp:ListBox>
```

　　其中，Rows 属性定义了 ListBox 的显示行数，当控件实际包含的项数超过了显示的行数，
就会显示一个垂直滚动条。SelectionMode 属性用于设置是否只能选择一个选项，如果该属性
值为 Single，则只能有一个选项被选中。可以通过 SelectedItem 属性返回被选中的选项，而不
必循环判断整个 Items 集合。当 SelectionMode 的属性值为 Multiple 时，用户可以通过按住
Ctrl 或者 Shift 键同时选择多个选项。当控件中的选项发生变化，并向服务器发送页面时，会
引发 SelectedIndexChanged 事件。

应用范例

　　本实例中，演示如何使用列表来选择用户喜欢的职业，并在 Label 控件中显示用户的
选择。

网页文件程序清单

```
1.  <%@ Page Language="C#" AutoEventWireup="true" CodeFile="4_11.aspx.cs" Inherits="_4_11" %>
2.  <!DOCTYPE html PUBLIC "-//W3C//DTD XHTML 1.0 Transitional//EN"
        "http://www.w3.org/TR/xhtml1/DTD/xhtml1-transitional.dtd">
3.  <html xmlns="http://www.w3.org/1999/xhtml" >
4.  <head runat="server">
5.      <title>演示如何使用 ListBox 控件</title>
6.  </head>
7.  <body>
8.      <form id="form1" runat="server">
9.      请选择您希望从事的职业：
10.     <br />
```

11. 　　　<asp:ListBox runat = "server" ID = "ListBox1" SelectionMode = "Single" AutoPostBack = "True"
　　　　OnSelectedIndexChanged = "DisplayInfo">

12. 　　　<asp:ListItem>计算机应用</asp:ListItem>

13. 　　　<asp:ListItem>计算机网络</asp:ListItem>

14. 　　　<asp:ListItem>软件开发</asp:ListItem>

15. 　　　<asp:ListItem>数据库管理</asp:ListItem>

16. 　　　<asp:ListItem>自由职业者</asp:ListItem>

17. 　　　</asp:ListBox>

18. 　　　<p></p>

19. 　　　您想从事的职业是：<asp:Label runat = "server" ID = "Label1"></asp:Label>

20. 　　　　</form>

21. 　　</body>

22. 　　</html>

程序说明

第 11～17 行定义了一个 ListBox 控件，这个控件的 SelectionMode 为 Single，表示这个控件只支持单选操作。第 12～16 行表示该控件包含的项。在第 19 行，通过一个 Label 控件，来显示用户的选择。

代码文件程序清单

1. 　　protected void DisplayInfo(object sender, EventArgs e)

2. 　　{

3. 　　　　Label1.Text = ListBox1.SelectedItem.Text;

4. 　　}

这段代码比较简单，这里就不再介绍了。

范例结果演示

该程序的运行结果如图 4-14 所示。

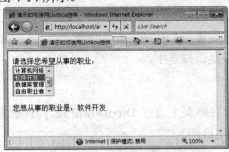

图 4-14　演示 ListBox

4.2.9　DropDownList 控件

DropDownList 控件与 ListBox 控件非常相似，该控件类似 Windows 中的下拉列表框，用户可以从单项选择下拉列表框中进行选择。其类继承关系如下所示。

```
        System.Object
            System.Web.UI.Control
                System.Web.UI.WebControls.WebControl
                    System.Web.UI.WebControls.ListControl
                        System.Web.UI.WebControls.DropDownList
```

DropDownList 控件允许用户从预定义列表中选择 1 项内容, 单击该控件时会显示下拉列表框显示备选项, 其语法格式如下所示。

```
<asp:DropDownList
    id="控件的名字"
    runat="server"
    AutoPostBack="True|False"
    OnSelectedIndexChanged="事件处理方法">
    <asp:ListItem
      value="第一个列表项的内容"
      selected="True|False">
      Text
    </asp:ListItem>
    <asp:ListItem
      value="第二个列表项的内容"
      selected="True|False">
      Text
    </asp:ListItem>
  </asp:DropDownList>
```

其中, 当被选中的选项发生变化后会引起 SelectedIndexChanged 事件, <asp:ListItem>用来定义列表中的选择, 具体使用方法请参考 CheckBoxList 控件的介绍。通过 DropDownList 控件的 Items 属性可以访问所有的选项, 每个选项有如下几个属性。

- Text 属性: 列表中选项的文本。
- Value 属性: 获取或设置与 ListItem 关联的值。
- Selected 属性: 该项是否被选中。

应用范例

在本实例中, 用户可以在网页上通过 DropDownList 控件选择自己的出生日期, 并使用 Label 控件显示该用户的出生日期。

网页文件程序清单

1. <%@ Page Language="C#" AutoEventWireup="true" CodeFile="4_12.aspx.cs" Inherits="_4_12" %>
2. <!DOCTYPE html PUBLIC "-//W3C//DTD XHTML 1.0 Transitional//EN"
    "http://www.w3.org/TR/xhtml1/DTD/xhtml1-transitional.dtd">
3. <html xmlns="http://www.w3.org/1999/xhtml" >
4. <head runat="server">
5.   <title>演示 DropDownList 控件</title>

6.　</head>

7.　<body>

8.　　<form id="form1" runat="server">

9.　　　

10.　　　　请选择您的出生日期：

11.　　　　

12.　　　　<asp:DropDownList ID="DropDownList1" runat="server">

13.　　　　</asp:DropDownList>年

14.　　　　<asp:DropDownList ID="DropDownList2" runat="server">

15.　　　　</asp:DropDownList>月

16.　　　　<asp:DropDownList ID="DropDownList3" runat="server">

17.　　　　</asp:DropDownList>日

18.　　　　

19.　　　　

20.　　　　<asp:Button ID="Button1" runat="server" OnClick="Button1_Click" Text="提交" />

21.　　　　

22.　　　　您选择的出生日期是：<asp:Label ID="Label1" runat="server" Text="Label"></asp:Label>

23.　　　</form>

24.　</body>

25.　</html>

程序说明

第 12～17 行定义了 3 个 DropDownList 控件，但是这些控件的内容没有在该程序清单中进行定义，这些控件的内容在代码文件中进行添加。第 20 行定义了 1 个按钮控件，用于提交用户输入的信息。第 22 行定义了 1 个 Label 控件，用于显示用户所选择的信息。

代码文件程序清单

1.　protected void Page_Load(object sender, EventArgs e)

2.　　{

3.　　　　for (int i = 1900; i < 2008; i++)

4.　　　　　DropDownList1.Items.Add(i.ToString());

5.　　　　for (int i = 1; i < 12; i++)

6.　　　　　DropDownList2.Items.Add(i.ToString());

7.　　　　for (int i = 1; i < 31; i++)

8.　　　　　DropDownList3.Items.Add(i.ToString());

9.　　}

10.　protected void Button1_Click(object sender, EventArgs e)

11.　　{

12.　　　　Label1.Text = DropDownList1.Text + "年" + DropDownList2.Text + "月" + DropDownList3.Text + "日";

13.　　}

程序说明

第 3 行和第 4 行添加了 DropDownList1 控件的内容，其内容为从 1900—2008 所有的年份。第 5 行和第 6 行添加 DropDownList2 控件的内容，也就是 12 个月。第 7 行和第 8 行添加了每月的天数，这里使用最大值为 31 天。第 10 行～12 行定义了 Button 控件的 Click 事件。该事件的处理程序比较简单，即根据用户选择的年、月、日来显示该用户的出生日期。

范例结果演示

该程序的运行结果如图 4-15 所示。

图 4-15　演示 DropDownList

4.3　高　级　控　件

前面介绍的控件都是基本控件，在编程的时候使用得也最多。下面介绍几个高级控件，这部分控件可以更好地增强用户体验，减少开发时间。

4.3.1　Calendar 控件

Calendar 控件用来显示单月月历，该月历使用户可以选择日期并移到下个月或上个月。该控件的继承关系如下所示：

> System.Object
> 　　System.Web.UI.Control
> 　　　　System.Web.UI.WebControls.WebControl
> 　　　　　　System.Web.UI.WebControls.Calendar

Calendar 控件为用户选择日期提供了丰富的可视界面，通过该控件，用户可以选择日期并移到下个月或上个月。Calendar 控件可以支持 System.Globalization 命名空间中的所有 System.Globalization.Calendar 类型。也就是说，除使用公历以外，Calendar 控件还可以使用不同年和月系统的日历。Calendar 控件的使用语法定义非常复杂，建议读者使用集成开发环境中的属性窗口设置 Calendar 属性，如图 4-16 所示。

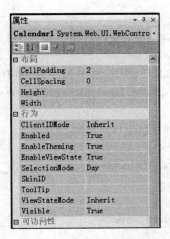

图 4-16   通过"属性"窗口设置 Calendar 属性

在默认情况下，Calendar 控件显示月中各天的标头、周中各天的标头、带有月份名和年份的标题、用于选择月份中各天的链接及用于移动到下个月或上个月的链接。可以通过设置控件中不同部分的样式的属性，来自定义 Calendar 控件的外观。通过设置 SelectionMode 属性指定 Calendar 控件是否允许选择单日、周或整月。通过设置下面的几个属性可显示或隐藏控件的不同部分。

- ShowDayHeader：显示或隐藏一周中各天的部分。
- ShowGridLines：显示或隐藏月中各天之间的网格线。
- ShowNextPrevMonth：显示或隐藏指向下个月或上个月的导航控件。
- ShowTitle：显示或隐藏标题部分。

通过设置以下部分可以设置 Calendar 控件中各部分的属性。

- DayHeaderStyle：为显示一周中各天的部分指定样式。
- DayStyle：为显示的月份中的日期指定样式。
- NextPrevStyle：为标题部分中的导航控件指定样式。
- OtherMonthDayStyle：为不在当前显示的月份中的日期指定样式。
- SelectedDayStyle：为日历中的选定日期指定样式。
- SelectorStyle：为周和月份日期选择列指定样式。
- TitleStyle：为标题部分指定样式。
- TodayDayStyle：为今天的日期指定样式。
- WeekendDayStyle：为周末的日期指定样式。

应用范例

在这个例子中，用户可通过 Calendar 控件选择自己的出生日期，然后在 Label 控件中显示该用户的出生日期。

网页文件程序清单

1. `<%@ Page Language="C#" AutoEventWireup="true" CodeFile="4_13.aspx.cs" Inherits="_4_13" %>`

2. `<!DOCTYPE html PUBLIC "−//W3C//DTD XHTML 1.0 Transitional//EN"`
   `"http://www.w3.org/TR/xhtml1/DTD/xhtml1−transitional.dtd">`

3. `<html xmlns="http://www.w3.org/1999/xhtml" >`
4. `<head runat="server">`
5. `<title>演示 Calendar 控件</title>`
6. `</head>`
7. `<body>`
8. `<form id="form1" runat="server">`
9. `<div>`
10. `请选择您的出生日期：<asp:Calendar ID="Calendar1" runat="server"`
    `OnSelectionChanged="Calendar1_SelectionChanged">`
11. `<TodayDayStyle ForeColor="Red" />`
12. `</asp:Calendar>`
13. `<br />`
14. `您的出生日期为：<asp:Label ID="Label1" runat="server"`
    `Text="Label"></asp:Label></div>`
15. `</form>`
16. `</body>`
17. `</html>`

程序说明

这段程序代码中，在第 10～12 行定义了 1 个 Calendar 控件，第 11 行定义了当前日期的显示格式，这里使用红色来显示当前的日期。第 14 行定义了一个 Label 控件用于显示用户所选择的日期。

代码文件程序清单

1. `protected void Calendar1_SelectionChanged(object sender, EventArgs e)`
2. `{`
3. `DateTime date = Calendar1.SelectedDate;`
4. `Label1.Text = date.ToShortDateString();`
5. `}`

程序说明

在程序代码的第 3 行根据 Calendar 的 SelectedDate 得到用户选择的日期，然后在第 4 行把该日期转换成字符串格式，并在 Label 控件上显示出来。

范例结果演示

该程序的运行结果如图 4-17 所示。

图 4-17　演示 Calendar 控件

4.3.2　BulletedList 控件

BulletedList 控件生成一个采用项目符号格式的项列表，如果用户希望指定显示在 BulletedList 控件中的个别列表项，请在 BulletedList 控件的开始标记和结束标记之间为每个项放置 1 个 ListItem 对象。这个控件直接继承于 WebControl，其类继承关系如下所示：

System.Object
　　System.Web.UI.Control
　　　　System.Web.UI.WebControls.WebControl
　　　　　　System.Web.UI.WebControls.BulletedList

我们使用 FirstBulletNumber 属性来指定排序 BulletedList 控件中开始列表项编号的值。如果 BulletStyle 属性设置为 Disc、Square、Circle 或 CustomImage 字段，则忽略分配给 FirstBulletNumber 属性的值；如果将 BulletStyle 属性设置为 CustomImage 的值，以指定项目符号的自定义图像，则开发人员还必须设置 BulletImageUrl 属性以指定图像文件的位置。

应用范例
在这个例子中，用户可以选择自己最喜欢的网站，并将选择的结果显示在 Label 控件上。

网页文件程序清单

1. <%@ Page Language="C#" AutoEventWireup="true" CodeFile="4_14.aspx.cs" Inherits="_4_14" %>
2. <!DOCTYPE html PUBLIC "−//W3C//DTD XHTML 1.0 Transitional//EN"
   "http://www.w3.org/TR/xhtml1/DTD/xhtml1−transitional.dtd">
3. <html xmlns="http://www.w3.org/1999/xhtml" >
4. <head runat="server">
5. 　　<title>演示如何使用 BulletedList 控件</title>
6. </head>
7. <body>
8. 　　<form id="form1" runat="server">
9. 　　请选择您最喜欢的运动
10. 　　<p></p>

11.　　　<asp:BulletedList runat = "server" ID = "BulletedList1" BulletStyle="Disc"
　　　　　　DisplayMode="LinkButton" OnClick="ItemsBulletedList_Click">

12.　　　<asp:ListItem >足球</asp:ListItem>

13.　　　<asp:ListItem >篮球</asp:ListItem>

14.　　　<asp:ListItem >排球</asp:ListItem>

15.　　　</asp:BulletedList>

16.　　　<p></p>

17.　　　您最喜欢的运动是: <asp:Label runat = "server" ID = "Label1"></asp:Label>

18.　　　</form>

19.　　</body>

20.　　</html>

程序说明

第 11～15 行定义了一个 BulletedList 控件。在第 11 行中，定义该控件的 BulletStyle 属性为 Disc，这表示项目符号样式为实心圆。第 12～14 行添加了该控件的内容。

代码文件程序清单

```
1.    protected void ItemsBulletedList_Click(object sender, BulletedListEventArgs e)
2.    {
3.        switch (e.Index)
4.        {
5.            case 0:
6.                Label1.Text = "足球";
7.                break;
8.            case 1:
9.                Label1.Text = "篮球";
10.               break;
11.           case 2:
12.               Label1.Text = "排球";
13.               break;
14.       }
15.   }
```

程序说明

在这段代码中，在第 3 行，根据 BulletedListEventArgs 参数的值决定哪一项被选中，该参数为 BulletedList 控件的 Click 事件提供数据。这段代码其余部分比较简单，就不再介绍了。

范例结果演示

该程序的运行结果如图 4-18 所示。

图 4-18　演示 BulletedList

4.4　思考与练习

一、填空题

1. ASP.NET 服务器控件位于_____命名空间中。

2. CheckBox 控件的 AutoPostBack 属性用于_____，其默认属性值为_____，即用户单击此控件时_____。

3. Label Web 服务器控件为开发人员提供了一种以_____设置 Web 窗体页中文本的方法。通常当希望在_____时就可以使用 Label 控件；当希望显示的内容不可以被用户编辑时，也可以使用 Label 控件。

4. 在默认情况下，Calendar 控件显示月中各天和周中各天的_____、带有月份名和年份的_____、用于选择月份中各天的_____及用于移动到下个月或上个月的_____。

5. Image 控件主要由两个部分组成。第一部分是_____，它可是任何标准 Web 图形格式的图形，如.gif、.jpg 或.png 文件。第二部分是_____。每个作用点控件都是一个不同的元素。

二、选择题

1. 在下列选项中，(　　)选项不是 Img 标签的属性。

　　A. width　　　　　　　B. height　　　　　　　C. src　　　　　　　　D. selected

2. 在下列标签中，可以定义表格的标签为(　　)。

　　A. option　　　　　　　B. table　　　　　　　C. td　　　　　　　　D. tr

3. 在下列选项中，(　　)选项不属于 Image 类的 ImageAlign 属性。

　　A. Left　　　　　　　B. Right　　　　　　　C. top　　　　　　　D. Text_Middle

4. 在下列选项中，(　　)选项不是 TextBox 的 TextMode 可以取的值。

　　A. SingleLine　　　　B. Password　　　　　C. Wrap　　　　　D. MultiLine

5. BulletStyle 属性可以设置为(   )。

     A. Disc   B. Square   C. CustomImage   D. FirstBulletNumber

三、上机操作题

1. 创建一个网页，让用户可以选择其登录方式。用户可以选择的登录方式包括系统管理员、高级用户、普通用户和游客。运行该网页，用户在登录方式中选择"高级用户"，如图 4-19 所示。

2. 创建一个网页，该网页包含一个 Calendar 控件，该控件上本月且非双休日的日期使用黄色背景显示；本月的双休日使用红色背景显示，并且不可选。运行该网页，如图 4-20 所示。

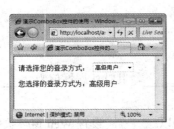

图 4-19   演示 HyperLink 的 ImageUrl 属性   图 4-20   设置显示的背景及是否可选

3. 创建一个网页，在该网页上使用 BulletedList 控件显示几个常用网站，用户可以选择自己最喜欢的网站，并将选择的结果显示在 Label 控件上。运行该网页，用户选择自己喜欢的网站，在 Label 控件上显示出用户的选择，如图 4-21 所示。

图 4-21   演示 BulletedList

第5章 验证控件和用户控件

.NET Framework 除了标准的内部控件外，还提供了一组验证控件。这些控件用于对用户信息进行验证。验证控件可以验证在 Web 窗体中的用户输入，还可以针对特定模式、范围或值进行验证。此外，还可以指定验证出错时显示的错误信息。

除在 ASP.NET 网页中使用 Web 服务器控件外，还可以使用用户控件。用户控件是一种复合控件，工作原理非常类似于 ASP.NET 网页。

本章重点：
- 数据验证的方法
- ASP.NET 验证控件
- 用户控件的创建和使用

5.1 数据验证的两种方法

验证控件在服务器代码中执行输入检查。当用户向服务器提交页面之后，服务器将逐个调用验证控件来检查用户输入。如果在任意输入控件中检测到验证错误，那么该页面将自行设置为无效状态，以便在代码运行之前测试其有效性。验证发生的时间是：已对页面进行了初始化(即处理了视图状态和回发数据)，但尚未调用任何更改或单击事件处理程序。

如果用户使用的浏览器支持 ECMAScript(JavaScript)，那么验证控件还可使用客户端脚本执行验证。这样可以缩短页面的响应时间，因为错误将被立即检测到并且将在用户离开包含错误的控件后立即显示错误信息。如果可以进行客户端验证，那么可以在很大程度上控制错误信息的布局并可以在消息框中显示错误摘要。

注意：
即使验证控件已在客户端执行验证，ASP.NET 仍会在服务器上执行验证，这样可以在基于服务器的事件处理程序中测试有效性。此外，在服务器上进行重新测试有助于防止用户通过禁用或更改客户端脚本检查来逃避验证。

下面分别来介绍这两种验证方法。

1. 服务器端数据验证

通过像添加其他服务器控件那样向页面添加验证控件，即可启用对用户输入的验证。有各种类型的验证控件，如范围检查或模式匹配验证控件。每个验证控件都引用页面上其他地方的输入控件(服务器控件)。处理用户输入时(例如，当提交页面时)，验证控件会对用户输入进行测试，并设置属性以指示该输入是否通过测试。调用了所有验证控件后，会在页面上设置一个属性以指示是否出现验证检查失败。

可将验证控件关联到验证组中，使得属于同一组的验证控件可以一起进行验证。可以使用验证组有选择地启用或禁用页面上相关控件的验证。关于验证组，在这里不介绍，感兴趣的读者可以参考相关资料。

可以使用自己的代码来测试页和单个控件的状态。例如，可以在使用用户输入的信息更新数据记录之前来测试验证控件的状态。如果检测到状态无效，将会略过更新。通常，如果任何验证检查失败，都将跳过所有处理过程并将页面返回给用户。检测到错误的验证控件随后将生成显示在页上的错误信息。可以使用 ValidationSummary 控件在一个位置显示所有验证错误。

每个验证控件通常只执行一次测试。但可能需要检查多个条件。例如，可能需要指定必须的用户输入，同时将该用户输入限制为只接受特定范围内的日期。此时，可以将多个验证控件附加到页面上的一个输入控件。通过使用逻辑 AND 运算符来解析控件执行的测试，这意味着用户输入的数据必须通过所有测试才能视为有效。

验证控件通常在呈现的页面中不可见。但是，如果控件检测到错误，那么它将显示指定的错误信息文本。错误信息可以以各种方式显示，如下所述。

- 内联方式：每一验证控件可以单独就地(通常在发生错误的控件旁边)显示一条错误信息。
- 摘要方式：验证错误可以收集并显示在一个位置，如页面的顶部。这一策略通常与在发生错误的输入字段旁显示消息的方法结合使用。如果用户使用 Internet Explorer 4.0 或更高的版本，那么摘要可以显示在消息框中。
- 就地和摘要方式：同一错误信息的摘要显示和就地显示可能会有所不同。可使用此选项就地显示简短错误信息，而在摘要中显示更为详细的信息。
- 自定义方式：通过捕获错误信息并设计自己的输出来自定义错误信息的显示。

2. 客户端数据验证

进行客户端数据验证时，因为这种方法可以提供及时反馈(无须到服务器的往返过程)，所以用户会感觉到页的性能有所改善。在大多数情况下，无须对页或验证控件做出任何更改便可使用客户端验证。控件将自动检测浏览器是否支持 DHTML 并执行相应的检查。客户端验证使用的错误显示机制和服务器端验证相同。

如果是在客户端上执行验证，那么验证控件可以包括如下附加功能：

- 如果打算生成验证错误信息摘要，可以在消息框中显示这些信息，该消息框在用户提交页时出现。
- 验证控件的对象模型在客户端略有不同。

与服务器端验证相比，客户端验证具有以下细微差异：

- 如果启用客户端验证，那么页将包含对执行客户端验证所用的脚本库的引用。
- 使用 RegularExpressionValidator 控件时，如果可以使用兼容 ECMAScript 的语言(如 Microsoft JScript)，那么可以在客户端检查表达式。客户端正则表达式检查与在服务器上使用 Regex 类进行的正则表达式检查相比，两者的差异非常小。

● 页中包含客户端方法，以便在页提交前截获并处理 Click 事件。

验证控件在客户端上呈现的对象模型与在服务器上呈现的对象模型几乎相同。例如，无论在客户端上还是在服务器端上，都可以通过相同的方式读取验证控件的 IsValid 属性以测试验证。

但是，在页级别上公开的验证信息有所不同。在服务器端上，页支持属性；在客户端，它包含全局变量。

默认情况下，在执行客户端验证时，如果页上出错，那么用户无法将页发送到服务器。但有时需要允许用户即使在出错时也可以发送。例如，页上可能有一个取消按钮或一个导航按钮，即使在部分控件未通过验证的情况下，我们通过该按钮也能提交页。此时，需要对 ASP.NET 服务器控件禁止验证。

5.2　ASP.NET 验证控件

为用户输入创建 ASP.NET 网页的一个重要目的是检查用户输入的信息是否有效。ASP.NET 提供了一组验证控件，用于提供一种易用但功能强大的检错方式，并在必要时向用户显示错误信息。

5.2.1　ASP.NET 验证控件的分类

ASP.NET 验证控件共分五类，分别用于检查用户输入信息的不同方面。各种控件的类型和作用如表 5-1 所示。

表 5-1　ASP.NET 验证控件

验 证 类 型	使用的控件	该控件的作用
必需项	RequiredFieldValidator	验证某个控件的内容是否被改变
与某值的比较	CompareValidator	用于对两个值进行比较验证
范围检查	RangeValidator	用于验证某个值是否在要求的范围内
模式匹配	RegularExpressionValidator	用于验证相关输入控件的值是否匹配正则表达式指定的模式
用户定义	CustomValidator	调用用户自定义的函数以执行标准验证程序无法处理的验证

对于一个输入控件，可以附加多个验证控件。例如，可以指定某个控件是必需的，并且该控件还包含特定范围的值。

除了以上验证控件之外，还有一个相关控件，即 ValidationSummary 控件。该控件不执行验证，但经常与其他验证控件一起用于显示来自页上所有验证控件的错误信息。

下面分别来介绍这几个控件。

5.2.2　RequiredFieldValidator 控件

RequiredFieldValidator 控件可以验证用户是否对某个 Web 页面中的字段进行了编辑，直接继承于 BaseValidator 类(BaseValidator 类是用作验证控件的抽象基类)。其类继承关系如下所示：

```
System.Object
    System.Web.UI.Control
        System.Web.UI.WebControls.WebControl
            System.Web.UI.WebControls.Label
                System.Web.UI.WebControls.BaseValidator
                    System.Web.UI.WebControls.RequiredFieldValidator
```

RequiredFieldValidator 控件通常用于在用户输入信息时，对必选字段进行验证。在页中添加 RequiredFieldValidator 控件并将其链接到必选字段控件(通常是 TextBox 控件)。在控件失去焦点时，如果其初始属性值没有被改变，将会触发 RequiredFieldValidator 控件。RequiredFieldValidator 控件的使用语法定义如下所示：

```
<asp:RequiredFieldValidator
    id="控件的名字"
    ControlToValidate="要被验证的控件名字"
    InitialValue="初始值"
    ErrorMessage="验证不通过时显示的错误信息"
    Text="控件中显示的信息"
    runat="server" >
</asp:RequiredFieldValidator>
```

其中，ControlToValidate 属性用于关联要被验证的控件；InitialValue 属性用于获取或者设置要被检验的初始值，默认情况下，初始值为空字符串；ErrorMessage 是验证不通过时显示的错误信息；Text 属性是控件中显示的信息。在使用 RequiredFieldValidator 控件时通常把 ForeColor 属性设置为其他明显的颜色(如红色)，这样发生错误的时候会显示一个"显眼"的提示信息。

可被验证的标准控件包括 TextBox、ListBox、DropDownList、RadioButtonList 以及一些 HTML 服务器控件，主要包括 System.Web.UI.HtmlControls.HtmlInputText、System.Web.UI.HtmlControls.HtmlInputFile、System.Web.UI.HtmlControls.HtmlSelect 和 System.Web.UI.HtmlControls.HtmlTextArea 等。

应用范例

对于一个用户登录的页面，我们经常需要检查用户名和密码是否为空，这里使用 RequiredFieldValidator 控件来检查这种情况。

网页文件程序清单

1. <%@ Page Language="C#" AutoEventWireup="true" CodeFile="5_1.aspx.cs"
Inherits="_5_1" %>

2. <!DOCTYPE html PUBLIC "−//W3C//DTD XHTML 1.0 Transitional//EN"
"http://www.w3.org/TR/xhtml1/DTD/xhtml1−transitional.dtd">

3. <html xmlns="http://www.w3.org/1999/xhtml">
4. <head id="Head1" runat="server">
5. 　　<title>演示 RequiredFieldValidator</title>
6. </head>
7. <body>
8. 　　<form id="form1" runat="server">
9. 　　　用户名：<asp:TextBox runat="server" ID="TextBox1" ></asp:TextBox>
10. 　　　<asp:RequiredFieldValidator ID="RequiredFieldValidator1" runat="server"
ControlToValidate="TextBox1"
ErrorMessage="用户名不能为空" ForeColor="Red">
11. 　　　</asp:RequiredFieldValidator>
12. 　　　<p></p>
13. 　　　密码：<asp:TextBox runat="server" ID="TextBox2" ></asp:TextBox>
14. 　　　<asp:RequiredFieldValidator ID="RequiredFieldValidator2" runat="server"
ControlToValidate="TextBox2"
ErrorMessage="密码不能为空" ForeColor="Red">
15. 　　　</asp:RequiredFieldValidator>
16. 　　</form>
17. </body>
18. </html>

程序说明

第 9 行和第 13 行定义了一个 TextBox 控件，用于接收用户的输入。第 10 行和第 14 行定义了一个 RequiredFieldValidator 控件，用于验证 TextBox 控件中的内容是否为空。

范例结果演示

运行该程序，在"用户名"和"密码"后面的 TextBox 中不输入任何信息，直接回车，会出现出错信息，如图 5-1 所示。

图 5-1　演示 RequiredFieldValidator 控件

5.2.3　CompareValidator 控件

CompareValidator 控件用于将用户输入的值和其他控件的值或者常数进行比较，直接继承于 BaseCompareValidator。其类继承关系如下所示：

```
System.Object
    System.Web.UI.Control
        System.Web.UI.WebControls.WebControl
            System.Web.UI.WebControls.Label
                System.Web.UI.WebControls.BaseValidator
                    System.Web.UI.WebControls.BaseCompareValidator
                        System.Web.UI.WebControls.CompareValidator
```

使用 CompareValidator 控件，可以将两个值进行比较以确定这两个值是否与由比较运算符(小于、等于、大于等)指定的关系相匹配。还可以使用 CompareValidator 控件来指示输入到输入控件中的值是否可以转换为 BaseCompareValidator.Type 属性所指定的数据类型。CompareValidator 控件的使用语法定义如下所示。

```
<asp:CompareValidator
        id="控件的名字"
        ControlToValidate="要被验证的控件名字"
        ValueToCompare="要被比较的常数值"
        ControlToCompare="要被比较的控件名字"
        Type="比较的数据类型"
        Operator="比较操作值"
        ErrorMessage="比较错误时显示的错误信息"
        runat="server" >
</asp:CompareValidator>
```

其中，ControlToValidate 属性指定要验证的输入控件。如果希望将特定的输入控件与另一个输入控件相比较，这里使用要被比较的控件的名称设置 ControlToCompare 属性。如果希望将特定的输入控件与某一常量值进行比较，这里使用要被比较的常量值设置 ValueToCompare 属性。

Type 属性指定了两个比较值的数据类型。在执行比较操作前，两个值都自动转换为此数据类型。下面列出了可以比较的各种数据类型。

- String：字符串数据类型。
- Integer：32 位有符号整数数据类型。
- Double：双精度浮点数数据类型。
- Date：日期数据类型。
- Currency：一种可以包含货币符号的十进制数据类型。

Operator 属性指定了进行比较的类型，如大于、等于等。下面是几个可以使用的比较操作类型。

- Equal：所验证的输入控件的值与其他控件的值或常数值之间的相等比较。
- NotEqual：所验证的输入控件的值与其他控件的值或常数值之间的不相等比较。
- GreaterThan：所验证的输入控件的值与其他控件的值或常数值之间的大于比较。
- GreaterThanEqual：所验证的输入控件的值与其他控件的值或常数值之间的大于或等于比较。
- LessThan：所验证的输入控件的值与其他控件的值或常数值之间的小于比较。
- LessThanEqual：所验证的输入控件的值与其他控件的值或常数值之间的小于或等于比较。
- DataTypeCheck：输入到所验证的输入控件的值与 BaseCompareValidator.Type 属性指定的数据类型之间的数据类型比较。如果无法将该值转换为指定的数据类型，那么验证失败。使用此运算符时，将忽略 ControlToCompare 和 ValueToCompare 属性。

ErrorMessage 属性用于设置当验证失败时显示的提示信息，通常将前景颜色设置为明显的颜色(如红色)，这样验证失败后会显示一个"显眼"的提示信息。

应用范例

在网页上填写信息时，有些信息相互之间必须满足一定的关系。例如，病人的出院日期不能早于他的入院日期。本实例中，首先创建一个网页，该网页包含两个 TextBox 控件，然后使用 CompareValidator 控件，验证用户在第二个 TextBox 中输入的数字是否大于在第一个 TextBox 中输入的数字。

网页文件程序清单

```
1.  <%@ Page Language="C#" AutoEventWireup="true" CodeFile="5_2.aspx.cs" Inherits="_5_2" %>
2.  <!DOCTYPE html PUBLIC "-//W3C//DTD XHTML 1.0 Transitional//EN"
    "http://www.w3.org/TR/xhtml1/DTD/xhtml1-transitional.dtd">
3.  <html xmlns="http://www.w3.org/1999/xhtml" >
4.  <head runat="server">
5.      <title>演示 CompareValidator 控件的使用</title>
6.  </head>
7.  <body>
8.      <form id="form1" runat="server">
9.      最大值：<asp:TextBox runat="server" ID="TextBox1"
        TextMode="SingleLine"></asp:TextBox>
10.     <p></p>
11.     最小值：<asp:TextBox runat="server" ID="TextBox2"
        TextMode="SingleLine"></asp:TextBox>
12.     <asp:CompareValidator id="CompareValidator1" runat="server"
13.         ForeColor="Red"
14.         ControlToValidate="TextBox1"
15.         ControlToCompare="TextBox2"
16.         Type="Double"
17.         Operator="GreaterThanEqual"
```

```
18.        ErrorMessage="最大值不能小于最小值！">
19.      </asp:CompareValidator>
20.    </form>
21. </body>
22. </html>
```

程序说明

第 9 行和第 11 行定义了两个 TextBox 控件，分别对应最大值和最小值，第 12～19 行定义了一个 CompareValidator 控件，用于比较这两个 TextBox 中输入的值。

范例结果演示

如果用户第二次输入的数值小于第一次的数值，则在网页出现出错提示，如图 5-2 所示。

图 5-2　比较大小

5.2.4　RangeValidator 控件

RangeValidator 控件用于测试输入控件的值是否在指定范围内，直接继承于 BaseCompareValidator。其类继承关系如下所示：

```
System.Object
    System.Web.UI.Control
        System.Web.UI.WebControls.WebControl
            System.Web.UI.WebControls.Label
                System.Web.UI.WebControls.BaseValidator
                    System.Web.UI.WebControls.BaseCompareValidator
                        System.Web.UI.WebControls.RangeValidator
```

在实际应用中，有时需要用户在一定范围内输入某个值，如用户的年龄(应该大于 1 小于 200)，这时就需要使用 RangeValidator 控件。RangeValidator 控件的使用语法定义如下所示。

```
<asp: RangeValidator
    id="控件的名字"
    ControlToValidate="要被验证的控件名字"
    MaximumValue ="最大值"
    MinimumValue ="最小值"
    ErrorMessage="验证错误时的提示信息"
    runat="server" >
```

</asp: RangeValidator>

其中，MaximumValue 值指定有效值的最大值，MinimumValue 值指定有效值的最小值。当 ControlToValidate 属性指定的控件的值在这个范围内时，就验证通过，否则就验证失败了。ErrorMessage 指定了验证失败时要显示的错误信息。RangeValidator 控件可以验证下列类型值的有效范围。

- String：字符串数据类型。
- Integer：32 位有符号整数数据类型。
- Double：双精度浮点数数据类型。
- Date：日期数据类型。
- Currency：一种可以包含货币符号的十进制数据类型。

应用范例

用户在网站上进行注册时，网站会对用户在网页输入的年龄进行检查。到目前为止，还没有可靠证据表明人类寿命可以超越 200 岁，因此如果年龄超过了 200，我们就有理由认为这是错误的，如果年龄小于等于 0 也是错误的(哲学家或许认为有 0 岁的人，但这不在我们的考虑范围之内)。

网页文件程序清单

```
1.  <%@ Page Language="C#" AutoEventWireup="true" CodeFile="5_3.aspx.cs" Inherits="_5_3" %>
2.  <!DOCTYPE html PUBLIC "-//W3C//DTD XHTML 1.0 Transitional//EN"
    "http://www.w3.org/TR/xhtml1/DTD/xhtml1-transitional.dtd">
3.  <html xmlns="http://www.w3.org/1999/xhtml" >
4.  <head runat="server">
5.      <title>演示 RangeValidator</title>
6.  </head>
7.  <body>
8.      <form id="form1" runat="server">
9.      <div>
10.     年龄
11.         <asp:TextBox ID="TextBox1" runat="server"></asp:TextBox>
12.         <asp:RangeValidator ID="RangeValidator1" runat="server"
            ControlToValidate="TextBox1" ErrorMessage="年龄不能小于 1 或大于 200"
            MaximumValue="200" MinimumValue="1"></asp:RangeValidator></div>
13.     </form>
14. </body>
15. </html>
```

程序说明

第 11 行定义了一个 TextBox 控件，用于接收用户输入的年龄。第 12 行定义了一个 RangeValidator 控件，用于验证用户输入的数字是否介于 1～200 之间。如果超过了这个范围，那么给出提示信息。

范例结果演示

运行该程序，在编辑框中输入 345，然后回车，网页如图 5-3 所示。

图 5-3　演示 RangeValidator 控件

5.2.5　RegularExpressionValidator 控件

RegularExpressionValidator 控件用于验证相关输入控件的值是否匹配正则表达式指定的模式，直接继承于 BaseValidator。其类继承关系如下所示：

```
System.Object
    System.Web.UI.Control
        System.Web.UI.WebControls.WebControl
            System.Web.UI.WebControls.Label
                System.Web.UI.WebControls.BaseValidator
                    System.Web.UI.WebControls.RegularExpressionValidator
```

在实际的应用中，经常需要用户输入一些固定格式的信息，如电话号码、邮政编码、网址等内容。为了保证用户输入符合规定的要求，如电话号码，美国、欧洲和中国的表示方法都各不相同，此时就需要使用 RegularExpressionValidator 控件进行验证。RegularExpression-Validator 控件的使用语法定义如下所示。

```
<asp:RegularExpressionValidator
    id="控件的名字"
    ControlToValidate="要被验证的控件名字"
    ValidationExpression="验证表达式"
    ErrorMessage="验证错误时的提示信息"
    runat="server" >
</asp: RegularExpressionValidator>
```

其中，ValidationExpression 是输入值应该符合的格式正则表达式。关于格式正则表达式的定义非常复杂，这里建议使用集成开发环境中的属性窗口编辑正则表达式。Visual Studio 2010 中预定义了部分常用的正则表达式，对于大多数的情况已经足够了。

应用范例

用户在网页中输入电子邮件时，网站往往会对用户输入的电子邮件进行检查。本实例中，演示如何使用 RegularExpressionValidator 验证电子邮件的格式是否正确，步骤如下：

(1) 在该网站 http://localhost/asp3.5basic/chap05，新增一个页面 5_4.aspx，切换到网页的"源"视图。

(2) 在<title>标签之间输入网页的标题"演示 RegularExpressionValidator"。

(3) 切换到"设计"视图，在网页的第一行输入"电子邮件："，从"工具箱"中向页面拖放控件，添加一个 TextBox 控件和一个 RegularExpressionValidator 控件。最终的结果如图 5-4 所示。

图 5-4 正则表达式验证设计视图

(4) 选中 RegularExpressionValidator 控件，在其属性窗体中设置 ControlToValidate 属性为 TextBox1，设置 Error Message 为"电子邮件地址必须采用 name@domain.xyz 格式。"。

(5) 在 RegularExpressionValidator 控件仍处于选定状态时，在"属性"窗口中单击 ValidationExpression 框中的省略号按钮。打开"标准表达式"对话框，在"标准表达式"列表中，单击"Internet 电子邮件地址"。电子邮件地址的正则表达式随即将放入"验证表达式"框中，如图 5-5 所示。

(6) 单击"确定"按钮，完成编辑正则表达式。

范例结果演示

运行该网页，效果如图 5-6 所示。

图 5-5 正则表达式编辑器

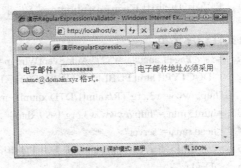

图 5-6 正则表达式

5.2.6 CustomValidator 控件

如果现有的 ASP.NET 验证控件无法满足需求，我们可以定义一个自定义的服务器端验证函数，然后使用 CustomValidator 控件来调用它。该类直接继承于 BaseValidator，其类继承关系如下所示。

```
System.Object
    System.Web.UI.Control
        System.Web.UI.WebControls.WebControl
            System.Web.UI.WebControls.Label
                System.Web.UI.WebControls.BaseValidator
                    System.Web.UI.WebControls. CustomValidator
```

CustomValidator 使用的语法定义如下所示。

```
<asp: CustomValidator
    id="控件的名字"
    ControlToValidate="要被验证的控件名字"
    OnServerValidate="服务器端验证函数"
    ErrorMessage="验证错误时的提示信息"
    Text = "验证失败时验证控件中显示的文本"
    Display = "获取或设置验证控件中错误信息的显示行为"
    runat="server" >
</asp: RegularExpressionValidator>
```

其中，OnServerValidate 是一个自定义的服务器端验证函数，用于在服务器端验证用户输入的信息是否符合该函数中定义的限制条件。还可以通过编写 ECMAScript (JavaScript)函数，重复服务器端方法的逻辑，从而添加客户端验证，在提交页面之前检查用户输入内容。

应用范例

有时候，系统提供的验证控件不能满足我们的要求，这时就需要使用自定义的验证控件。第 4 章介绍了在 TextBox 的 OnTextChanged 或者 Button 的 OnClick 事件中通过函数来验证密码的位数，现在可以使用 CustomValidator 控件来进行验证。

网页文件程序清单

```
1.   <%@ Page Language="C#" AutoEventWireup="true" CodeFile="5_5.aspx.cs" Inherits="_5_5" %>
2.   <!DOCTYPE html PUBLIC "-//W3C//DTD XHTML 1.0 Transitional//EN"
     "http://www.w3.org/TR/xhtml1/DTD/xhtml1-transitional.dtd">
3.   <html xmlns="http://www.w3.org/1999/xhtml" >
4.   <head runat="server">
5.      <title>演示 CustomValidator 控件的使用</title>
6.   </head>
7.   <body>
8.      <form id="form1" runat="server">
9.       出生日期：<asp:TextBox runat="server" ID="TextBox1"
         TextMode="SingleLine"></asp:TextBox>
10.         <asp:CustomValidator ID="CustomValidator1" runat="server"
         OnServerValidate="TextValidate"
11.            ControlToValidate="TextBox1" ErrorMessage="以 m/d/yyyy 格式输入一个日期">
12.         </asp:CustomValidator>
13.      </form>
```

14.　</body>
15.　</html>

程序说明

第 9 行定义了一个 TextBox 控件，它用于接收用户输入的日期，要求用户输入的格式为 m/d/yyyy。第 10 行使用 CustomValidator 来验证用户输入的信息，它定义的验证函数为 TextValidate。第 11 行设置 CustomValidator 要验证的控件为 TextBox1，如果出错，错误信息为 ErrorMessage 中的内容。

代码文件程序清单

```
1.    protected void TextValidate(object source, ServerValidateEventArgs args)
2.    {
3.        try
4.        {
5.            DateTime.ParseExact(args.Value, "d", null);
6.            args.IsValid = true;
7.        }
8.        catch
9.        {
10.            args.IsValid = false;
11.        }
12.    }
```

程序说明

第 1 行中，source 参数是对引发此事件的自定义验证控件的引用。属性 args.Value 将包含要验证的用户输入内容。如果值是有效的，那么将 args.IsValid 设置为 true；否则设置为 false。第 5 行验证输入的字符串是否为指定的日期格式。

范例结果演示

运行该程序，输入非法日期，则出现如图 5-7 所示的错误信息。

图 5-7　演示 CustomValidator 控件

5.2.7　ValidationSummary 控件

ValidationSummary 控件用于显示页面中的所有验证错误的摘要，直接继承于

WebControl。其类继承关系如下所示：

```
System.Object
    System.Web.UI.Control
        System.Web.UI.WebControls.WebControl
            System.Web.UI.WebControls.ValidationSummary
```

当页面上有很多验证控件时，可以使用一个 ValidationSummary 控件在一个位置总结来自 Web 页上所有验证程序的错误信息。ValidationSummary 控件的使用语法定义如下所示：

```
<asp:ValidationSummary
    id="控件的名字"
    DisplayMode="BulletList | List | SingleParagraph"
    ShowSummary="true | false"
    ShowMessageBox="true | false"
    HeaderText="标题文字"
    runat="server"/>
```

其中，DisplayMode 属性用于设置验证摘要的显示模式，可以使用以下几个值：

- BulletList：默认的显示模式，每个消息都显示为单独的项。
- List：每个消息显示在单独的行中。
- SingleParagraph：每个消息显示为段落中的一个句子。

ShowSummary 属性用于指定是显示还是隐藏 ValidationSummary 控件，如果属性值为 true，那么显示 ShowSummary 控件，否则不显示该控件。

ShowMessageBox 属性用于指定是否显示一个消息对话框显示验证的摘要信息，如果属性值为 true，那么显示消息对话框，否则不显示消息对话框。

HeaderText 属性用于获取或设置显示在摘要上方的标题文本。

应用范例

本实例中，创建一个允许访问者申请预订的页面，用户在该页面需要输入预订日期、预订人数和电子邮件地址。对于"预定日期"编辑框，使用 CustomValidator 控件进行验证；对于"预定人数"编辑框，使用 RequiredFieldValidator 控件限制用户不得输入空信息，同时使用 RangeValidator 控件限制用户输入的人数在 1～20 之间；对于"电子信箱"编辑框，使用 RequiredFieldValidator 控件限制用户不得输入空信息，同时使用 RegularExpressionValidator 验证电子邮件的格式是否正确。ValidationSummary 控件用于显示页面中特定组验证控件的错误摘要。

本范例的具体步骤如下：

(1) 在本章创建的网站中新增一个页面 5_6.aspx，切换到网页的"源"视图。

(2) 在<title>标签之间输入网页的标题"演示验证控件的使用"。

(3) 切换到"设计"视图，从"工具箱"中向页面拖放控件，使用空格和回车设置控件的位置。

(4) Button 的 Text 属性设置为"提交"，ValidationGroup 属性设置为 BookValidators，

Label 的 Text 属性设置为空。三个编辑框的 ID 自上而下依次为 TextBox1、TextBox2 和 TextBox3，其余控件的属性采用默认属性。

(5) 双击"提交"按钮，在它的 Button1_Click 事件中加入如下代码：

```
1.    protected void Button1_Click(object sender, EventArgs e)
2.    {
3.        if (Page.IsValid)
4.        {
5.            Label1.Text = "您的预定已成功！";
6.        }
7.        else
8.            Label1.Text = "页面无效！";
9.    }
```

程序说明

第 3 行判断页面是否有效，只要不是所有的验证控件都验证通过，则 Page.IsValid 的返回值就是 false。第 5 行和第 8 行向用户显示用户的所有输入是否都是有效的。

(6) 切换到"设计"视图，在 TextBox3 控件后面添加一个 RequiredFieldValidator 控件 RequiredFieldValidator1。该控件的 ControlToValidate 设置为 TextBox3，Error Message 设置为"必须填写电子邮件地址"。

(7) 从"工具箱"的"验证"组中，拖动一个 RegularExpressionValidator 控件并将该控件放在 RequiredFieldValidator1 旁边，该控件的 ID 为 RegularExpressionValidator1。该控件的 ControlToValidate 设置为 TextBox3，Error Message 设置为"电子邮件地址必须采用 name@domain.xyz 格式。"。

(8) 确保 RegularExpressionValidator 控件处于选定状态时，在"属性"窗口中单击 ValidationExpression 框中的省略号按钮。打开"标准表达式"对话框，在"标准表达式"列表中，单击"Internet 电子邮件地址"。

(9) 在 TextBox2 后面添加一个 RequiredFieldValidator 控件 RequiredFieldValidator2，该控件的 ControlToValidate 设置为 TextBox2，Text 设置为"*"，ErrorMessage 设置为"请指出团队人数"，ValidationGroup 设置为 BookValidators。

(10) 在 RequiredFieldValidator2 控件后面添加一个 RangeValidator 控件 RangeValidator1，其 ControlToValidate 属性设置为 TextBox2，Text 设置为"输入一个介于 1 和 20 之间的数字"，ErrorMessage 设置为"为团队人数输入一个介于 1 和 20 之间的数字。"，MaximumValue 输入 20，MinimumValue 输入 1，Type 设置为 Integer，ValidationGroup 设置为 BookValidators。

(11) 从"工具箱"的"验证"组中，将一个 CustomValidator 控件拖到该页上并将该控件放在"预定日期"TextBox 右边，该控件的 ControlToValidate 属性设置为 TextBox1，Text 设置为"日期错误"，ErrorMessage 设置为"以 m/d/yyyy 格式输入一个日期"，ValidationGroup 设置为 BookValidators。

(12) 从"工具箱"的"验证"组中，将一个 ValidationSummary 控件拖到网页上并放在 Label 控件下方，设置该控件的 ValidationGroup 属性为 BookValidators。最终得到的设计视图如图 5-8 所示。

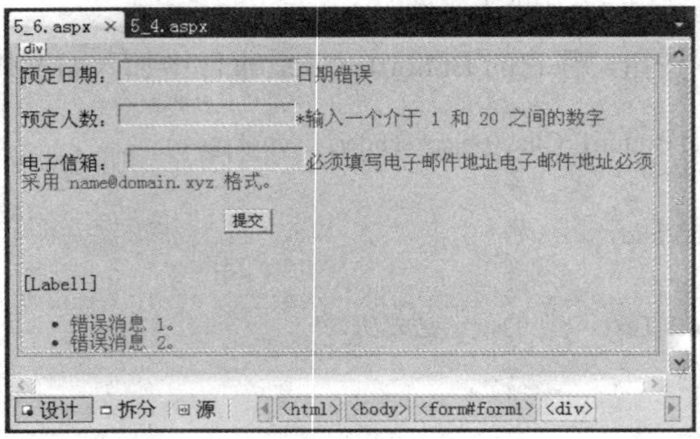

图 5-8　设计视图

(13) 双击 CustomValidator 控件，为其 ServerValidate 事件创建一个处理程序，然后添加以下代码：

```
1.    protected void CustomValidator1_ServerValidate(object source, ServerValidateEventArgs args)
2.    {
3.        try
4.        {
5.            DateTime.ParseExact(args.Value, "m/d/yyyy", null);
6.            args.IsValid = true;
7.        }
8.        catch
9.        {
10.            args.IsValid = false;
11.        }
12.    }
```

程序说明

第 3～7 行判断用户输入的日期是否符合指定的格式，这里的格式为 m/d/yyyy，如 11/9/2008，表示 2008 年 11 月 9 日。如果输入有效，则 args 的 IsValid 属性为 true。如果在执行 ParseExact 函数时出现异常，那么说明用户输入的时间不符合指定的格式，用户的输入是无效的。

(14) 设置 CustomValidator 控件的 ClientValidationFunction 属性为 ValidateDate，这是它在客户端的验证函数，该脚本放在网页文件中。代码如下：

```
1.    <script type="text/javascript">
2.        function ValidateDate(oSrc, args)
3.        {
4.            var r = args.Value.match(/^(\d{1,2})(−|\/)(\d{1,2})\2(\d{1,4})$/);
5.            args.IsValid = r;
6.        }
7.    </script>
```

程序说明

第 4 行判断输入的字符串是否符合正则表达式，关于正则表达式的内容超出了本书的范畴，这里读者只要知道第 4 行的正则表达式用于检查用户输入的字符串是否符合 m/d/yyyy 格式就可以了。

范例结果演示

运行该程序，程序的初始界面如图 5-9 所示。

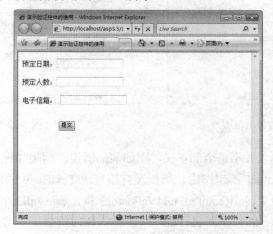

图 5-9　初始界面

不输入任何信息，单击"提交"按钮，网页如图 5-10 所示。

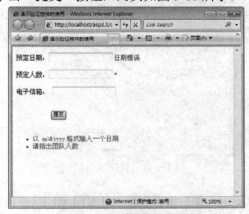

图 5-10　非空验证

读者可能会感到奇怪，在设计该网页时，TextBox3 后面也添加了非空验证，为什么没有对 TextBox3 的内容进行验证？这是因为通过 ValidationSummary 控件设置了分组验证，并且设置该控件的 ValidationGroup 属性为 BookValidators。而用于验证 TextBox3 内容的两个验证控件 RequiredFieldValidator1 和 RegularExpressionValidator1 都没有设置 ValidationGroup 属性，因此在进行验证时，这两个验证控件将不起作用。

在网页的编辑框中，输入正确的日期和超出范围的人数，单击"提交"按钮，网页如图 5-11 所示。

输入正确的预定日期和预定人数，但不输入电子信箱或者输入不符合格式要求的电子信箱，单击"提交"按钮，网页如图 5-12 所示。

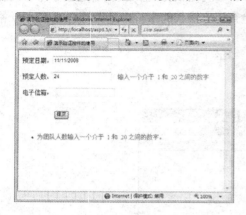

图 5-11　人数超出范围　　　　　　　　　　　图 5-12　验证通过

其实这时用户的输入并不是全部正确，正如前面所说，因为 RequiredFieldValidator1 和 RegularExpressionValidator1 不起作用，所以没有检查出 TextBox3 的内容无效。

在网页的设计视图中，把 RequiredFieldValidator2 和 RangeValidator1 控件的 EnableClientScript 属性设置为 false，然后重新运行程序，不输入任何信息，单击"提交"按钮，网页如图 5-13 所示。

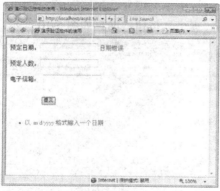

图 5-13　只验证日期

这时发现，无论在"预定人数"编辑框输入什么信息，只要预定日期不符合要求，都不会对该控件执行验证。读者可能会感到奇怪，我们暂不解释，先来看下一个操作。

在"预定日期"编辑框输入正确格式的日期，在"预定人数"编辑框输入错误的信息或者什么都不输入，单击"提交"按钮，网页如图 5-14 所示。

联想前一个操作，读者可能恍然大悟了。因为"预定人数"编辑框的验证控件 RequiredFieldValidator2 和 RangeValidator1 控件的 EnableClientScript 属性为 false，因此它们只进行服务器端验证，而验证"预定日期"编辑框内容的 CustomValidator 验证控件执行客户端验证和服务器端验证。因此，如果用户的预定日期输入错误，那么在客户端就发现了错误，不会发送到服务器端，只有客户端全部正确后，才会进行服务器端验证。这时

RequiredFieldValidator2 和 RangeValidator1 控件才会执行验证操作。

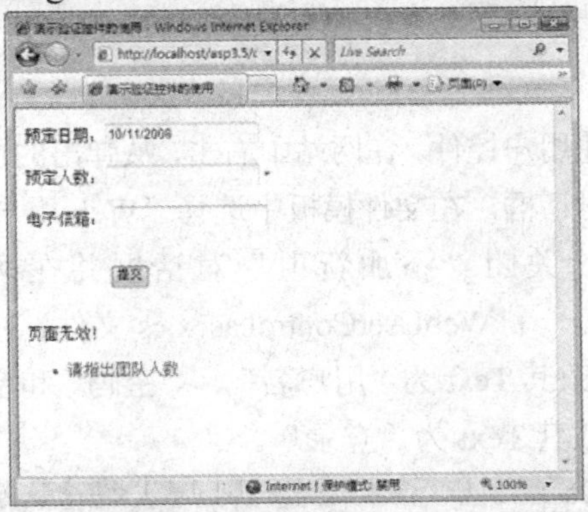

图 5-14　预定人数错

5.3　用　户　控　件

在开发网站的时候，程序员有时会发现某种具有同样功能控件组合会经常出现在网站的页面中，如具有查询数据功能的控件，这时聪明的程序员可能会试图采用某种技术来编写一个可重复利用的控件，并且希望这种控件能够像 ASP.NET 系统提供的标准控件那样可以很方便地拖放到网页中，从而减少重复代码的编写工作，以提高开发效率。ASP.NET 提供了一种称为用户控件的技术可以让程序员根据自己的需要来开发出自定义的控件，并把这种开发出来的自定义控件称为用户控件。本节将介绍用户控件的相关知识。

5.3.1　用户控件概述

一个用户控件就是一个简单的 ASP.NET 页面，不过它可以被另外一个 ASP.NET 页面包含进去。用户控件存放在文件扩展名为.ascx 的文件中。.ascx 文件中没有<html>标记，也没有<body>标记和<form>标记，因为用户控件是要被.aspx 文件所包含，而这些标记在一个.aspx文件都只能包含一个。一般来说，用户控件和 ASP.NET 网页有如下区别：

- 用户控件的文件扩展名为.ascx。
- 用户控件中没有@ Page 指令，而是包含@ Control 指令，该指令对配置及其他属性进行定义。
- 用户控件不能作为独立文件运行，而必须像处理任何控件一样，将它们添加到 ASP.NET 页中。

用户控件中没有 html、body 或 form 元素。这些元素必须位于宿主页中。

用户控件提供了这样一种机制，它使得程序员可以建立能够非常容易地被 ASP.NET 页面使用或者重新利用的代码部件。在 ASP.NET 应用程序中使用用户控件的一个主要的优点是用户控件支持一个完全面向对象的模式，使得程序员有能力去捕获事件。而且，用户控件支持程序员使用一种语言编写 ASP.NET 页面中的一部分代码，而使用另外一种语言编写

ASP.NET 页面另外一部分代码,因为每一个用户控件可以使用和主页面不同的语言来编写。

5.3.2 创建用户控件

　　下面介绍一下如何创建用户控件。在网站中右击,从弹出的快捷菜单中选择"添加新项"命令,打开"添加新项"对话框,在文件模板中选择"Web 用户控件",如图 5-15 所示。

　　单击"添加"按钮,关闭"添加新项"对话框并在网站项目目录下添加一个 WebUserControl.ascx 文件和一个 WebUserControl.ascx.cs 文件。在 WebUserControl.ascx 中添加三个 Label 控件,分别修改其 Text 为"用户名"、"密码"和空,添加两个 TextBox 控件,添加一个 Button 控件,修改其 Text 为"登录"。

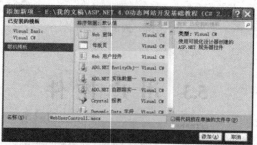

图 5-15　创建 Web 用户控件图

添加"登录"按钮的 Click 事件,在 WebUserControl.ascx.cs 文件中添加的代码如下:

```
1.   protected void Button1_Click(object sender, EventArgs e)
2.   {
3.       if (this.TextBox1.Text == "test" && this.TextBox2.Text == "test")
4.           Label3.Text = "登录成功";
5.       else
6.           Label3.Text = "登录不成功";
7.   }
```

程序说明

　　第 3 行判断用户名和密码是否和系统指定的用户名和密码相同,通常情况下,用户名和密码都是取自于数据库。这里为了简便,指定用户名和密码均为 test。

　　在 WebUserControl.ascx.cs 文件中添加用于设置和获取登录结果属性,代码如下所示:

```
1.   public string Result
2.   {
3.       set
4.       {
5.           this.Label3.Text = value;
6.       }
7.       get
8.       {
9.           return this.Label3.Text;
```

```
10.     }
11. }
```

程序说明

第 3～6 行设置 Result 的 set 属性，第 7～10 行设置 Result 的 get 属性。这样就可以通过 Result 存取 Label3 的内容。

5.3.3 用户控件的使用

在上一节中讲述了如何创建用户控件。本节将要讲述如何引用已创建的用户控件，并以引用上一节创建的用户控件为例来介绍用户控件的使用。

在网站中新建 5_7.aspx 页面，从右边的"解决方案管理器"中找到 WebUserControl.ascx 文件，按住左键把它拖放到 5_7.aspx 页面中，这样就把一个用户控件添加到页面中了。添加一个 Lable 控件，修改其 Text 为"没有登录"，再添加一个 Button 控件，修改其 Text 为"获取用户登录状态"，最终得到的设计视图如图 5-16 所示。

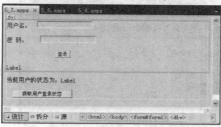

图 5-16   实例 5_7 设计视图

在 5_7.aspx.cs 的 Page_Load 事件中添加如下代码：

```
1.  protected void Page_Load(object sender, EventArgs e)
2.  {
3.      if (!Page.IsPostBack)
4.      {
5.          this.WebUserControl1.Result = "没有登录";
6.      }
7.  }
```

程序说明

第 3 行判断网页是否是第一次加载，如果是第一次加载，则在第 5 行设置 WebUserControl1 对象的 Result 变量为"没有登录"。

添加"获取用户登录状态"控件的 Click 事件，在 UserControl.aspx.cs 中添加的代码如下：

```
1.  protected void Button1_Click(object sender, EventArgs e)
2.  {
3.      this.Label1.Text = this.WebUserControl1.Result;
4.  }
```

这几行很简单，这里就不再介绍了。程序运行的效果如图 5-17 所示。

　　在用户名和密码中都输入 test，并单击"登录"按钮，其运行效果如图 5-18 所示。
单击"获取用户登录状态"按钮，其运行效果如图 5-19 所示。

图 5-17　用户控件示例的初始状态图　　　　图 5-18　用户控件示例登录后的状态图

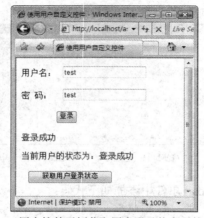

图 5-19　用户控件示例获取用户登录状态后的状态图

5.4　思考与练习

一、填空题

1. 数据验证包括两种方式，分别是＿＿＿＿＿＿和＿＿＿＿＿＿。
2. 验证某个控件的内容是否被改变，需要使用＿＿＿＿＿＿＿控件。
3. 对两个值进行比较验证，需要使用＿＿＿＿＿＿控件。
4. 验证相关输入控件的值是否匹配正则表达式指定的模式，需要使用＿＿＿＿控件。
5. 用户控件存放在文件扩展名为＿＿＿＿＿＿的文件中。这种类型的文件中没有<html>
标记，也没有<body>标记和<form>标记。

二、选择题

1. 下面( )选项不是数据验证控件。
   A. ValidationSummary   B. RequireFieldValidator
   C. CompareValidator   D. CustomValidator

2. 下面( )选项不是 ValidationSummary 控件验证摘要的显示模式。
   A. BulletList   B. List   C. Wrap   D. SingleParagraph

3. 验证控件错误信息的显示方式包括( )。
   A. 内联方式   B. 摘要方式   C. 外联方式   D. FirstBulletNumber

4. 验证某个值是否在要求的范围内，需要使用( )控件。
   A. RequiredFieldValidator   B. CompareValidator
   C. RangeValidator   D. CustomValidator

5. 用户控件中没有( )指令，而是包含( )指令，该指令对配置及其他属性进行定义。
   A. @Page   B. @Control   C. \@Html   D. body

三、上机操作题

1. 创建一个网页，验证用户在 TextBox 控件中输入的内容是否为数字类型。该网页的运行效果如图 5-20 所示。

2. 创建一个网页，用户在编辑框中输入日期，要求用户输入的日期在 2007 年 3 月之后，9999 年 9 月之前。该网页的运行效果如图 5-21 所示。

 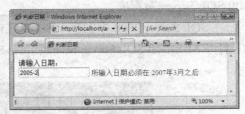

图 5-20 数字输入   图 5-21 判断日期

3. 创建一个用户控件，用于输入身份证号码，并验证输入的身份证号码是否符合规范。该控件的设计界面如图 5-22 所示。

4. 创建一个网页，引用该控件，让用户输入身份证号码。该网页的运行效果如图 5-23 所示。

图 5-22 ID 验证用户控件   图 5-23 验证身份证号码

第6章　ADO.NET数据库编程

动态网站系统的驱动都是靠后台的数据操作，因此数据访问对于网站系统非常重要。ASP.NET 作为一个强大框架提供了很强的数据访问能力，本章将主要介绍 ASP.NET 的数据访问技术的相关知识。

本章重点：

- ADO.NET 的常用对象
- 如何连接数据源
- DataSet 对象如何操作数据库
- XML 的基本知识

6.1　创建数据库

在对数据库中的数据进行操作前首先要创建数据库，本节将通过实例介绍如何创建 Microsoft SQL Server 数据库。

下面在 SQL Server 2008 中创建一个名为 Literature 的数据库，步骤如下。

(1) 打开 Microsoft SQL Server Management Studio，弹出"连接到服务器"对话框，如图 6-1 所示。

图 6-1　"连接到服务器"对话框

(2) 选择合适的服务器名称和身份验证方式后，单击"连接"按钮，连接到 SQL Server 服务器。连接成功后，进入程序的主界面，如图 6-2 所示。

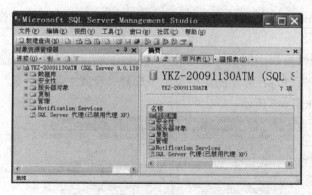

图 6-2　程序主界面

(3) 在"对象资源管理器"中右击"数据库"，从弹出的快捷菜单中选择"新建数据库"命令，弹出如图 6-3 所示的对话框。

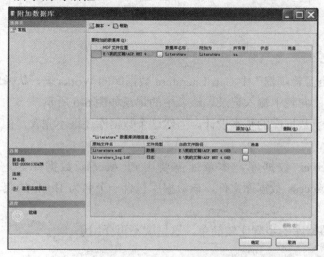

图 6-3　新建数据库

(4) 在"数据库名称"文本框中输入想要创建的数据库，这里输入的名称为 Literature，单击"确定"按钮创建 Literature 数据库。此时会发现在"对象资源管理器"的"数据库"节点中增加了一个名为 Literature 的数据库，如图 6-4 所示。

图 6-4　对象资源管理器

(5) 展开 Literature 节点，右击"表"节点，从弹出的快捷菜单中选择"新建表"命令，开始进行表编辑操作。

(6) 在右侧的属性窗口中把表的名称改为 Works，然后在编辑表的窗口中加入 4 列。

(7) 右击"编号"列，在弹出的快捷菜单中选择"设置主键"命令，"编号"成为该表的主键。此时该表如图 6-5 所示。

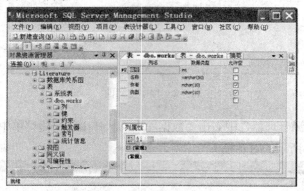

图 6-5　设置主键之后的 Works 表

(8) 在"对象资源管理器"中右击 Literature 数据库的 Works 表，从弹出的快捷菜单中选择"打开表"命令，向表中输入记录。该表中的记录如图 6-6 所示。

至此，就完成了数据库的基本设计。当然这个数据库还很不完善，但是对于本章来说，已经够用了。

除了 SQL Server 数据库，本章还需要用到 Access 数据库。这里创建一个名为 BookStore.mdb 的 Access 数据库文件，该数据库包含一个名为 Book 的表。该表的内容如图 6-7 所示。

创建 Access 数据库的步骤比较简单，这里就不再介绍了。

图 6-6　向 Works 表中添加记录

图 6-7　Book 表

6.2　ADO.NET 概述

随着应用程序开发模式的发展和演变，新的应用程序模型要求越来越松散的耦合，ADO.NET 是对 Microsoft ActiveX Data Objects(ADO)一个跨时代的改进，它提供了平台互操作性和可伸缩的数据访问功能。在.NET 框架中，传送的数据采用可扩展标记语言(eXtensible

Markup Language，XML)格式，因此任何能够读取 XML 格式的应用程序都可以进行数据处理。事实上，接收数据的组件不一定要是 ADO.NET 组件，它可以是一个基于 Microsoft Visual Studio 的解决方案，也可以是运行在其他平台上的任何应用程序。

6.2.1　ADO.NET 简介

ADO.NET 是一组向.NET 程序员公开数据访问服务的类。ADO.NET 为创建分布式数据共享应用程序提供了一组丰富的组件。它提供了对关系数据、XML 和应用程序数据的访问，因此是.NET Framework 不可缺少的一部分。ADO.NET 支持多种开发需求，包括创建由应用程序、工具、语言或 Internet 浏览器使用的前端数据库客户端和中间层业务对象。

ADO.NET 满足了当前应用程序开发模型的多种要求，它在编程模型方面尽可能地和 ADO 保持相近，这样原 ADO 开发人员可以轻松地掌握这种最新技术。当然在很多方面来说，ADO.NET 和 ADO 还是存在很大的区别的：相对于 ADO 来说，ADO.NET 更适用于分布式及 Internet 等大型应用程序环境；在传送数据方面，ADO.NET 更主要提供对结构化数据的访问能力，而 ADO 则只强调完成各个数据源之间的数据传送功能。另外，ADO.NET 集成了大量用于数据库处理的类，这些类代表了那些具有典型数据库功能(索引、视图、排序等)的容器对象，而 ADO 则主要以数据库为中心，它不像 ADO.NET 那样能构成一个完整的结构。ADO.NET 中使用了 ADO 中的某些对象，如 Connection 对象和 Command 对象；还引入了一些新的对象，如 DataSet 对象、DataAdapter 对象和 DataReader 对象等。

图 6-8 所示是 ADO.NET 的整体结构图，在这里可以很清楚地看到其内部组成。还可以看得出数据访问一般有两种方式：一种是通过 DataReader 对象来直接访问；另一种则是通过 DataSet 和 DataAdapter 来访问。

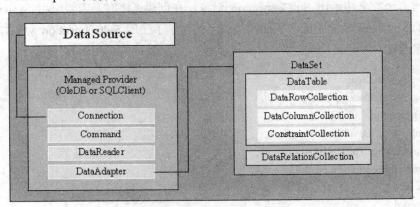

图 6-8　ADO.NET 整体结构图

6.2.2　ADO.NET 组件结构

Connection、Command、DataReader、DataAdapter 对象是.NET 数据提供程序模型的核心元素。下面将分别描述这些对象，数据集 DataSet 将在 6.3 节详细介绍。

1. Connection 对象

在 ADO.NET 中，可以使用 Connection 对象进行数据库的连接。对于不同的数据源需要使用不同的类建立连接，若要连接到 Microsoft SQL Server 7.0 以上版本，则选择 SqlConnection 对象；若要连接 OLE DB 数据源或者 Microsoft SQL Server 6.x 版本或较早版本，则选择 OleDbConnection 对象。Connection 对象根据不同的数据源可以分为以下几类：

- System.Data.OleDb.OleDbConnection
- System.Data.SqlClient.SqlConnection
- System.Data.Odbc.OdbcConnection
- System.Data.OracleClient.OracleConnection

本节主要讲解 SqlConnection，其他连接与此类似。

SqlConnection 连接字符串常用参数如表 6-1 所示。

表 6-1 SqlConnection 连接字符串常用参数

参　　数	说　　明
Data Source Server	SQL Server 数据库服务器的名称，可以是(local)、localhost，也可以是具体的名字
Initial Catalog	数据库的名称
Integrated Security	决定连接是否是安全的，取值可以是 True、False 或 SSPI
User ID	SQL Server 登录账户
Password	SQL Server 账户的登录密码

使用构造函数来初始化 SqlConnection 对象，在创建连接时，需要引用 System.Data 和 System.Data.SqlClient 命名空间。下面的代码示例演示了使用 SqlConnection 对象如何创建和打开数据库连接。

```
1.   using System.Data;
2.   using System.Data.SqlClient;
3.   string connStr;
4.   connStr = @" Data Source=localhost;
5.   Initial Catalog=The DataBase of yours;
6.   Integrated Security=True|False;
7.   User ID = "";
8.   Password = ""
9.   ";
10.  SqlConnection conn = new SqlConnection (connStr);
```

第 4 行设置服务器的名称，localhost 表示是本地服务器，本书使用的数据库服务器都是本地服务器。第 5 行设置具体的数据库的名称，第 6 行指定安全策略，Integrated Security 设置为 True，表示采用信任连接方式，即用 Windows 组账号(在 ASP 环境中是访问 IIS 服务账号 IUSR_计算机名，在 ASP.NET 环境中账号是 ASPNET)登录至 SQL Server 数据库服务器。

如果没有采用 Windows 组账号登录 SQL Server 数据库服务器，这时需要在连接字中指定 User ID(uid)和 Password(pwd)，如第 7 行和第 8 行所示。登录时 SQL Server 会将此用户 ID 和口令进行验证。此外，还需要把 Integrated Security 设置为 False，表示不采用信任连接方式(即不采用 Windows 验证方式)，而采用 SQL Server 自己的验证方式。第 10 行使用 SqlConnection 的构造函数创建新的连接。

SqlConnection 实例创建后，其初始状态是"关闭"的，可以调用 Open()函数来打开连接。在对数据操作完以后，调用 Close()函数关闭连接。

2. DataAdapter 对象

DataAdapter 对象充当数据库和 ADO.NET 对象模型中非连接对象之间的桥梁，能够用来保存和检索数据。DataAdapter 对象类的 Fill 方法用于将查询结果引入 DataSet 或 DataTable 中，以便能够脱机处理数据。

根据不同的数据源 DataAdapter 对象，可以分为以下四类。

- SqlDataAdapter：用于对 SQL Server 数据库执行命令。
- OleDBDataAdapter：用于对支持 OleDB 的数据库执行命令。
- OdbcDataAdapter：用于对支持 Odbc 的数据库执行命令。
- OracleDataAdapter：用于对支持 Oracle 的数据库执行命令。

本节主要讲解 SqlDataAdapter，其他与此相似。

SqlDataAdapter 对象的属性如表 6-2 所示。

表 6-2　SqlDataAdapter 对象的属性

属　　性	说　　明
SelectCommand	从数据源中检索记录
InsertCommand	从 DataSet 中把插入的记录写入数据源
UpdateCommand	从 DataSet 中把修改的记录写入数据源
DeleteCommand	从数据源中删除记录

SqlDataAdapter 对象的常用方法如表 6-3 所示。

表 6-3　SqlDataAdapter 对象的常用方法

方　　法	说　　明
Fill(DataSet dataset)	类型为 int，通过添加或更新 DataSet 中的行填充一个 DataTable 对象。返回值是成功添加或更新的行的数量
Fill(DataSet dataset, string datatable)	根据 DataTable 名填充 DataSet
Update(DataSet dataset)	类型为 int，更新 DataSet 中指定表的所有已修改行。返回成功更新的行的数量

可以使用构造函数生成 SqlDataAdapter 对象，SqlDataAdapter 的构造函数如表 6-4 所示。

表 6-4　SqlDataAdapter 的构造函数

构 造 函 数	说　　明
SqlDataAdapter ()	不用参数创建 SqlDataAdapter 对象
SqlDataAdapter(SqlCommand cmd)	根据 SqlCommand 语句创建 SqlDataAdapter 对象
SqlDataAdapter(string sqlCommandText, SqlConnection conn)	根据 SqlCommand 语句和数据源连接创建 SqlDataAdapter 对象
SqlCommand(string sqlCommandText,string sqlConnection)	根据 SqlCommand 语句和 sqlConnection 字符串创建 SqlDataAdapter 对象

下面的代码使用 SqlDataAdapter 检索 Literature 数据库中 Works 表的数据记录：

1. using System.Data;
2. using System.Data.SqlClient;
3. string connStr;
4. connStr = @" Data Source=localhost;
5. Initial Catalog=Literature;
6. Integrated Security=True;
7. User ID = sa;
8. Password =";
9. SqlConnection conn = new SqlConnection (connStr);
10. string selStr;
11. selStr = "select * from Employees";
12. SqlDataAdapter da = new DataAdapter(selStr,conn);

第 1～9 行创建 SqlConnection 对象，这部分前面已经介绍过，这里就不再重复了。第 11 行设置 Select 语句，查询 Works 表，第 12 行创建 SqlDataAdapter 对象。

3. Command 对象

Command 对象使用 SELECT、INSERT、UPDATE、DELETE 等 SQL 命令与数据源通信。此外，Command 对象还可以调用存储过程操作数据库。根据不同的数据源，可以分为以下四类。

- SqlCommand：用于对 SQL Server 数据库执行命令。
- OleDBCommand：用于对支持 OleDB 的数据库执行命令。
- OdbcCommand：用于对支持 Odbc 的数据库执行命令。
- OracleCommand：用于对支持 Oracle 的数据库执行命令。

本节主要讲解 SqlCommand，其他与此相似。

SqlCommand 的属性如表 6-5 所示。

表 6-5　SqlCommand 的属性

属　　性	说　　明
CommandText	类型为 string，命令对象包含的 SQL 语句、存储过程或表
CommandTimeOut	类型为 int，终止执行命令并生成错误之前的等待时间
CommandType	类型为枚举类型，Text: SQL 语句，StoredProcedure: 存储过程，TableDirect: 要读取的表。默认值为 Text
Connection	获取 SqlConnection 实例，使用该对象对数据库通信
SqlParameterCollection	提供给命令的参数

SqlCommand 的方法如表 6-6 所示。

表 6-6　SqlCommand 的方法

方　　法	说　　明
Cancle	类型为 void，取消命令的执行
CreateParameter	创建 SqlParameter 对象的实例
ExecuteNonQuery	类型为 int，执行不返回结果的 SQL 语句，包括 INSERT、UPDATE、DELETE、CREATE TABLE、CREATE PROCEDURE 以及不返回结果的存储过程
ExecuteReader	类型为 SqlDataReader，执行 SELECT、TableDirect 命令或有返回结果的存储过程
ExecuteScalar	类型为 Object，执行返回单个值的 SQL 语句，如 Count(*)、Sum()、Avg()等聚合函数
ExecuteXmlReader	类型为 XmlReader，执行返回 Xml 语句的 SELECT 语句

可以使用构造函数生成 SqlCommand 对象，也可以使用 SqlConnection 对象的 CreateCommand()函数生成。

SqlCommand 的构造函数如表 6-7 所示。

表 6-7　SqlCommand 的构造函数

构　造　函　数	说　　明
SqlCommand()	不用参数创建 SqlCommand 对象
SqlCommand(string CommandText)	根据 SQL 语句创建 SqlCommand 对象
SqlCommand(string CommandText, SqlConnection conn)	根据 SQL 语句和数据源连接创建 SqlCommand 对象
SqlCommand(string CommandText, SqlConnection conn,SqlTransaction tran)	根据 SQL 语句、数据源连接和事务对象创建 SqlCommand 对象

下面通过代码来介绍如何创建 SqlCommand 对象。

(1) 使用 SqlCommand(string CommandText)构造函数创建 SqlCommand 对象，并且设置 CommandText 的类型为 Text，即默认形式。

```
1.   string connStr = @" Data Source=localhost;Initial Catalog= Literature;Integrated
2.   Security=True;User ID = sa;Password =";
3.   SqlConnection conn = new SqlConnection (connStr);
4.   SqlCommand cmd = new SqlCommand();
5.   cmd.Connection = conn;
6.   cmd.CommandText = "select * from Employees";
```

上面的代码中，第 4 行创建 SqlCommand 对象，第 5 行设置关联的 SqlConnection，这里为 conn。cmd 对象的 CommandType 为默认值 Text，这表示 CommandText 的内容为 SQL 语句。第 6 行设置 CommandText 为 Select 语句。

(2) 调用 Connection 对象的 CreateCommand 方法，创建 SqlCommand 对象。

```
1.   string connStr = @" Data Source=localhost;Initial Catalog= Literature;Integrated
2.   Security=True;User ID = sa;Password =";
3.   SqlConnection conn = new SqlConnection (connStr);
4.   SqlCommand cmd = conn.CreateCommand();
5.   cmd.CommandText = "select * from Employees";
```

这段代码中，第 1 行和第 2 行设置连接字符串信息；第 3 行创建 SqlConnection 对象；第 4 行调用该对象的 CreateCommand 方法，创建 SqlCommand 对象；第 5 行设置 CommandText 为 Select 语句。

4. DataReader 对象

DataReader 对象是 ADO.NET 中非常重要的一类对象，它可以很好地完成数据库的读取操作。DataReader 对象可以从数据库中读取由 SELECT 命令返回的只读、只进的数据集。对于需要从数据库查询返回的结果中进行检索且一次处理一个记录的程序来说，这个类显得尤为重要。采取这种方式每次处理时在内存只有一行内容，所以不仅提高了应用程序的性能还有助于减少系统的开销。根据不同的数据源，可以分为以下四类。

- SqlDataReader：用于对 SQL Server 数据库读取行的只进流的方法。
- OleDBDataReader：用于支持 OleDB 的数据库读取数据行的只进流的方法。
- OdbcDataReader：用于支持 Odbc 的数据库读取数据行的只进流的方法。
- OracleDataReader：用于支持 Oracle 数据库读取数据行的只进流的方法。

本节主要讲解 SqlDataReader，其他与此相似。

SqlDataReader 的属性如表 6-8 所示。

表 6-8　SqlDataReader 的属性

属　　性	说　　明
Depth	获取一个值，用于指示当前行的嵌套深度
FieldCount	获取当前行中的列数
HasRows	获取一个值，该值指示 SqlDataReader 是否包含一行或多行

（续表）

属　　性	说　　明
IsClosed	检索一个布尔值，该值指示是否已关闭指定的 SqlDataReader 实例
Item	获取以本机格式表示的列的值
RecordsAffected	获取执行 Transact-SQL 语句所更改、插入或删除的行数
Connection	获取与 SqlDataReader 关联的 SqlConnection

SqlDataReader 的常用方法如表 6-9 所示。

表 6-9　SqlDataReader 的常用方法

方　　法	说　　明
Close	关闭 SqlDataReader 对象
GetDataTypeName	获取源数据类型的名称
GetName	获取指定列的名称
GetSqlValue	获取一个表示基础 SqlDbType 变量的 Object
GetSqlValues	获取当前行中的所有属性列
IsDBNull	已重写。获取一个值，该值指示列中是否包含不存在的或已丢失的值
NextResult	已重写。当读取批处理 Transact-SQL 语句的结果时，使数据读取器前进到下一个结果
Read	已重写。使 SqlDataReader 前进到下一条记录

若要创建 SqlDataReader，必须调用 SqlCommand 对象的 ExecuteReader 方法，而不要直接使用构造函数。在使用 SqlDataReader 时，关联的 SqlConnection 正忙于为 SqlDataReader 服务，对 SqlConnection 无法执行任何其他操作，只能将其关闭。除非调用 SqlDataReader 的 Close 方法，否则会一直处于此状态。例如，在调用 Close 之前，无法检索输出参数。当 SqlDataReader 关闭后，只能调用 IsClosed 和 RecordsAffected 属性，其他属性和方法均已失效。

应用范例

本范例中，使用 DataReader 获取 Literature 数据库 Works 表的内容。首先创建一个名为 chap06 的网站，在网站中添加一个名为 6_1.aspx 的网页，然后在 6_1.aspx.cs 中添加如下代码。

```
1.    protected void Page_Load(object sender, EventArgs e)
2.    {
3.        String sqlconn = "Server=localhost; DataBase=Literature; Integrated Security=SSPI ";
4.        SqlConnection myConnection = new SqlConnection(sqlconn);
5.        myConnection.Open();
6.        SqlCommand myCommand = new SqlCommand("select * from Works", myConnection);
7.        SqlDataReader myReader;
8.        myReader = myCommand.ExecuteReader();
9.        Response.Write("<h3>使用 SqlCommand 类读取数据</h3><hr>");
10.       Response.Write("<table border=1 cellspacing=0 cellpadding=2>");
```

```
11.        Response.Write("<tr bgcolor=#DAB4B4>");
12.        for (int i = 0; i < myReader.FieldCount; i++)
13.        {
14.            Response.Write("<td>" + myReader.GetName(i) + "</td>");
15.        }
16.        Response.Write("</tr>");
17.        while (myReader.Read())
18.        {
19.            Response.Write("<tr>");
20.            for (int i = 0; i < myReader.FieldCount; i++)
21.            {
22.                Response.Write("<td>" + myReader[i].ToString() + "</td>");
23.            }
24.            Response.Write("</tr>");
25.        }
26.        Response.Write("</table>");
27.        myReader.Close();
28.        myConnection.Close();
29.    }
```

程序说明

第 1 行设置连接字符串，这里使用的数据库是 Literature 数据库，第 5 行打开数据库连接，第 6 行创建一个 SqlCommand 的实例。第 7 行和第 8 行创建一个 DataReader 对象，并使用 Works 表的内容填充该对象。第 12～15 行显示 Works 表各列的名字。第 17 行调用了 SqlDataReader 的 Read 方法，获取数据之前，必须不断地调用 Read 方法，它负责前进到下一条记录。获得数据之后，在第 20～23 行把获取的数据打印出来。第 27 行关闭 SqlDataReader，第 28 行关闭与数据库的连接，释放使用的资源。

范例结果演示

运行该程序，结果如图 6-9 所示。

图 6-9　获取 Works 表的数据

6.3 　DataSet 对 象

　　DataSet 对象是支持 ADO.NET 的断开式、分布式数据方案的核心对象。DataSet 是数据的内存驻留表示形式，无论数据源是什么，它都会提供一致的关系编程模型。它可以用于多种不同的数据源，用于 XML 数据，或用于管理应用程序本地的数据。DataSet 表示包括相关表、约束和表间关系在内的整个数据集。

6.3.1 　DataSet 概述

　　DataSet 是 ADO.NET 的核心组件之一，也是各种开发基于.NET 平台程序语言开发数据库应用程序最常接触的类。DataSet 在 ADO.NET 实现从数据库抽取数据中起到关键作用，在从数据库完成数据抽取后，DataSet 就是数据的存放地，它是各种数据源中的数据在计算机内存中映射成的缓存，所以有时说 DataSet 可以看成是一个数据容器。也有人把 DataSet 称为内存中的数据库，因为在 DataSet 中可以包含很多数据表以及这些数据表之间的关系。

　　DataSet 从数据源中获取数据以后就断开了与数据源之间的连接。允许在 DataSet 中定义数据约束和表关系，增加、删除和编辑记录，还可以对 DataSet 中的数据进行查询、统计等。当完成了各项操作以后还可以把 DataSet 中的数据送回数据源。

　　DataSet 的产生满足了多层分布式程序的需要，它能够在断开数据源的情况下对存放在内存中的数据进行操作，这样可以提高系统整体性能，而且有利于扩展。

　　创建 DataSet 的方式有两种，第一种方式如下所示：

```
DataSet dataSet = new DataSet();
```

这种方式是先建立一个空的数据集，然后再把建立的数据表放到该数据集里。

　　另外一种方式则采用以下的声明形式：

```
DataSet dataSet = new DataSet("表名");
```

这种方式是先建立数据表，然后再建立包含数据表的数据集。

DataSet 里包含了几种类以用于数据操作，用图 6-10 所示的模型来描述。

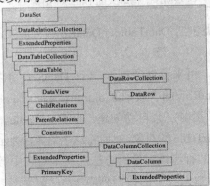

图 6-10　DataSet 对象的数据模型

为了方便对 DataSet 对象的操作，DataSet 还提供了一系列的属性和方法。表 6-10 列举了 DataSet 的常用属性，表 6-11 列举了 DataSet 的常用方法。

表 6-10   DataSet 的常用属性

属　　性	说　　明
CaseSensitive	获取或设置一个值，该值指示 DataTable 对象中的字符串比较是否区分大小写
DataSetName	获取或设置当前 DataSet 的名称
ExtendedProperties	获取与 DataSet 相关的自定义用户信息的集合
HasErrors	获取一个值，指示在此 DataSet 的任何 DataTable 对象中是否存在错误
Prefix	获取或设置一个 XML 前缀，该前缀是 DataSet 的命名空间的别名
Relations	获取用于将表链接起来并允许从父表浏览到子表的关系的集合
Tables	获取包含在 DataSet 中的表的集合

表 6-11   DataSet 的常用方法

方　　法	说　　明
Clear	通过移除所有表中的所有行来清除任何数据的 DataSet
Copy	复制该 DataSet 的结构和数据
GetXml	返回存储在 DataSet 中的数据的 XML 表示形式
GetXmlSchema	返回存储在 DataSet 中的数据的 XML 表示形式的 XML 架构
HasChanges	获取一个值，该值指示 DataSet 是否有更改，包括新增行、已删除的行或已修改的行
Merge	将指定的 DataSet、DataTable 或 DataRow 对象的数组合并到当前的 DataSet 或 DataTable 中
ReadXml	将 XML 架构和数据读入 DataSet
ReadXmlSchema	将 XML 架构读入 DataSet
WriteXml	从 DataSet 写 XML 数据，还可以选择写架构
WriteXmlSchema	写 XML 架构形式的 DataSet 结构

DataSet 中经常使用的类包括 DataTable、DataRow、DataColumn。下面分别介绍这些类的相关知识。

DataTable 称为数据表，用来存储数据。一个 DataSet 可以包含多个 DataTable，每个 DataTable 又可包含多行(DataRow)和列(DataColumn)。DataTable 的创建有以下两种方式：

(1) 当数据加载 DataSet 里时，会自动创建一些 DataTable。

(2) 以编程方式创建 DataTable 的对象，然后将这个对象添加到 DataSet 的 Tables 集合中去。

DataRow 表示数据表里的行，该对象的方法提供了对表中数据的插入、删除、更新和查询等功能。DataColumn 表示数据表中的数据列(字段)，定义了表的数据结构。

应用范例

本范例中，使用 DataTable、DataColumn 和 DataRow 来显示数据库 Literature 中 Works 表的数据。

程序清单

```
1.    protected void Page_Load(object sender, EventArgs e)
2.    {
3.        String sqlconn = " Server=localhost; DataBase=Literature; Integrated Security=SSPI ";
4.        SqlConnection myConnection = new SqlConnection(sqlconn);
5.        myConnection.Open();
6.        SqlCommand myCommand = new SqlCommand("select * from Works", myConnection);
7.        SqlDataAdapter Adapter = new SqlDataAdapter();
8.        Adapter.SelectCommand = myCommand;
9.        DataSet myDs = new DataSet();
10.       Adapter.Fill(myDs);
11.       Response.Write("<h3>使用 DataTable、DataColumn 和 DataRow</h3><hr>");
12.       Response.Write("<table border=1 cellspacing=0 cellpadding=2>");
13.       DataTable myTable = myDs.Tables[0];
14.       Response.Write("<tr bgcolor=#DAB4B4>");
15.       foreach (DataColumn myColumn in myTable.Columns)
16.       {
17.           Response.Write("<td>" + myColumn.ColumnName + "</td>");
18.       }
19.       Response.Write("</tr>");
20.       foreach (DataRow myRow in myTable.Rows)
21.       {
22.           Response.Write("<tr>");
23.           foreach (DataColumn myColumn in myTable.Columns)
24.           {
25.               Response.Write("<td>" + myRow[myColumn] + "</td>");
26.           }
27.           Response.Write("</tr>");
28.       }
29.       Response.Write("</table>");
30.       myConnection.Close();
31.   }
```

程序说明

上面代码中，第 3 行连接字符串，第 5 行打开数据库连接，第 6～10 行从 Literature 数据库中读取 Works 数据表中的数据，然后填充在 DataSet 中。第 13 行设置通过 myDs.Tables[0] 返回数据集中的第一个数据表，也可以通过指定表名字的形式获得，如 myDs. Tables["authors"]。第 14～18 行显示列名字，字段的名字通过 DataColumn 的 ColumnName 属性获得。第 20～29 行输出所有的字段值，第 30 行关闭与数据库的连接。

访问数据表中的全部内容通过两个 foreach 循环实现，第一个循环用于读取 DataTable 中的每一行，第二个循环则输出行中的每一个字段的值。字段值通过 myRow[myColumn]返回。

范例结果演示

以上程序的运行界面如图 6-11 所示。

图 6-11　使用 DataTable、DataColumn 和 DataRow

6.3.2　插入记录

利用 DataSet 对象还可以完成数据库内容的增加、删除和更新。当插入数据时，具体的执行步骤如下。

(1) 建立数据库连接。

(2) 建立 SqlCommand 对象，设置要执行的 SQL 语句。

(3) 建立并实例化一个 SqlDataAdapter 对象。为 SqlDataAdapter 的 InsertCommand 属性创建一个执行 Insert 语句的 SqlCommand，并赋值给 InsertCommand 属性。

(4) 建立一个 DataSet 对象，用于接收执行 SQL 命令返回的数据集。

(5) 填充数据集。

(6) 通过 DataSet 对象获取要操作数据表的 DataTable 对象。

(7) 通过 DataTable 对象的 NewRow 方法创建一个新的数据行，并对新行赋值。

(8) 通过 DataTable 对象 Rows 集合的 Add 方法把新建的 DataRow 对象添加到 Rows 集合中。

(9) 调用 SqlDataAdapter 对象的 Update 方法把修改提交到数据库中。

应用范例

本范例在 Literature 数据库 Works 数据表中添加一条记录，该记录的编号为 1000000006，名称为《暮江吟》，作者是白居易，类型是诗歌。

程序清单

```
1.    protected void Page_Load(object sender, EventArgs e)
2.    {
3.        String sqlconn = "  Server=localhost; DataBase=Literature; Integrated Security=SSPI ";
4.        SqlConnection myConnection = new SqlConnection(sqlconn);
5.        myConnection.Open();
6.        SqlCommand myCommand = new SqlCommand("select * from Works", myConnection);
7.        SqlCommand sqlInsertCommand1 = new SqlCommand();
8.        sqlInsertCommand1.CommandText = @"INSERT INTO Works(编号,名称，作者，类型)
          VALUES (@no, @name, @author, @type); ";
9.        sqlInsertCommand1.Connection = myConnection;
10.       sqlInsertCommand1.Parameters.Add(new SqlParameter("@no",
          System.Data.SqlDbType.Int, 4, "编号"));
11.       sqlInsertCommand1.Parameters.Add(new SqlParameter("@name",
          System.Data.SqlDbType.Text, 50, "名称"));
12.       sqlInsertCommand1.Parameters.Add(new SqlParameter("@author",
          System.Data.SqlDbType.NChar, 10, "作者"));
13.       sqlInsertCommand1.Parameters.Add(new SqlParameter("@type",
          System.Data.SqlDbType.NChar, 10, "类型"));
14.       SqlDataAdapter Adapter = new SqlDataAdapter();
15.       Adapter.SelectCommand = myCommand;
16.       Adapter.InsertCommand = sqlInsertCommand1;
17.       DataSet myDs = new DataSet();
18.       Adapter.Fill(myDs);
19.       DataTable myTable = myDs.Tables[0];
20.       DataRow myRow = myTable.NewRow();
21.       myRow["编号"] = 1000000006;
22.       myRow["名称"] = "暮江吟";
23.       myRow["作者"] = "白居易";
24.       myRow["类型"] = "诗歌";
25.       myTable.Rows.Add(myRow);
26.       Adapter.Update(myDs);
27.       myDs.Clear();
28.       myConnection.Close();
29.       myConnection.Open();
30.       Adapter.Fill(myDs);
31.       Response.Write("<h3>插入数据</h3><hr>");
32.       Response.Write("<table border=1 cellspacing=0 cellpadding=2>");
33.       Response.Write("<tr bgcolor=#DAB4B4>");
34.       foreach (DataColumn myColumn in myTable.Columns)
35.       {
36.           Response.Write("<td>" + myColumn.ColumnName + "</td>");
37.       }
38.       Response.Write("</tr>");
```

```
39.        foreach (DataRow row in myTable.Rows)
40.        {
41.            Response.Write("<tr>");
42.            foreach (DataColumn myColumn in myTable.Columns)
43.            {
44.                Response.Write("<td>" + row[myColumn] + "</td>");
45.            }
46.            Response.Write("</tr>");
47.        }
48.        Response.Write("</table>");
49.        myConnection.Close();
50.    }
```

程序说明

上面的代码中，第 1 行设置连接字符串，第 5 行打开数据库连接，第 7 行和第 8 行设置 InsertCommand，第 9～17 行创建 sqlInsertCommand1 对象，并把该对象赋值给 SqlDataAdapter 的 InsertCommand 属性，这一步非常关键，因为插入数据的时候要使用该对象。如果没有设置 InsertCommand 属性，插入数据的时候会发生错误。sqlInsertCommand1 对象的 CommandText 属性设置非常的复杂，使用了带参数的 SQL 语句，通过 sqlInsertCommand1. Parameters.Add 方法设置了参数。第 20 行获取 DataTable，第 21～28 行完成插入操作，首先通过 myTable.NewRow() 语句创建了一个 DataRow 对象，然后为每个字段赋值。myTable.Rows.Add(myRow) 把新建的 DataRow 对象添加到 Rows 集合中。Adapter.Update (myDs) 把数据集中的内容更新到数据库中。第 29～32 行关闭数据库重新读取数据。第 33～49 行把获得的数据显示到网页上，这部分代码前面已经介绍过，这里就不再重复了。

范例结果演示

运行该程序，如图 6-12 所示，可以看到已经成功地添加了一个记录。

图 6-12　插入数据

6.3.3　更新记录

更新数据集和插入、删除数据的操作类似，首先获得 DataSet 的某个数据表的 DataTable 对象，然后再获得要更新数据的行对象 DataRow，最后直接对 DataRow 对象进行修改，并更新数据库即可完成数据的修改工作。

应用范例

下面的例子中，更新 Literature 数据库中 Works 数据表中编号为 1000000006 的记录，把该记录的作者修改为"香山居士"。

程序清单

```
1.   protected void Page_Load(object sender, EventArgs e)
2.   {
3.       String sqlconn = "Data Source=localhost;Initial Catalog=Literature;Integrated Security=True";
4.       SqlConnection myConnection = new SqlConnection(sqlconn);
5.       myConnection.Open();
6.       SqlCommand myCommand = new SqlCommand("select * from Works", myConnection);
7.       SqlCommand sqlUpdateCommand = new SqlCommand();
8.       sqlUpdateCommand.CommandText = "Update Works set 作者 = @author WHERE 编号 = @no";
9.       sqlUpdateCommand.Connection = myConnection;
10.      sqlUpdateCommand.Parameters.Add(new SqlParameter("@no", System.Data.SqlDbType.Int, 4, "编号"));
11.      sqlUpdateCommand.Parameters.Add(new SqlParameter("@author", System.Data.SqlDbType.NChar, 10, "作者"));
12.      SqlDataAdapter Adapter = new SqlDataAdapter();
13.      Adapter.SelectCommand = myCommand;
14.      Adapter.UpdateCommand = sqlUpdateCommand;
15.      DataSet myDs = new DataSet();
16.      Adapter.Fill(myDs);
17.      Response.Write("<h3>更新数据</h3><hr>");
18.      DataTable myTable = myDs.Tables[0];
19.      foreach (DataRow row in myTable.Rows)
20.      {
21.          if (row["编号"].ToString() == "1000000006")
22.          {
23.              row["作者"] = "香山居士";
24.              Adapter.Update(myDs);
25.              Response.Write("更新成功");
26.              myConnection.Close();
27.              break;
28.          }
29.      }
30.      Response.Write("<h3>Works 表中的数据</h3><hr>");
```

```
31.        Response.Write("<table border=1 cellspacing=0 cellpadding=2>");
32.        Response.Write("<tr bgcolor=#DAB4B4>");
33.        foreach (DataColumn myColumn in myTable.Columns)
34.        {
35.            Response.Write("<td>" + myColumn.ColumnName + "</td>");
36.        }
37.        Response.Write("</tr>");
38.        foreach (DataRow myRow in myTable.Rows)
39.        {
40.            Response.Write("<tr>");
41.            foreach (DataColumn myColumn in myTable.Columns)
42.            {
43.                Response.Write("<td>" + myRow[myColumn] + "</td>");
44.            }
45.            Response.Write("</tr>");
46.        }
47.        Response.Write("</table>");
48.        myConnection.Close();
49.   }
```

程序说明

上面的代码中，第 1～6 行和插入记录基本相同，这里就不再介绍了。第 7～11 行设置更新命令，以及更新命令需要的参数。第 14 行设置 SqlDataAdapter 的 UpdateCommand 命令。第 23 行和第 24 行更新编号为 1000000006 的记录。

范例结果演示

执行的结果如图 6-13 所示。

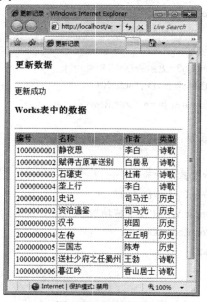

图 6-13　更新数据

6.3.4　删除记录

当要删除数据时，可以通过 DataRow 对象的 Delete 方法删除当前行。需要注意的是，如果试图通过 Rows 集合的 Remove 方法或者 RemoveAt 方法删除行，实际上并不能正确地进行删除。

应用范例

下面的例子中，删除 Literature 数据库中 Works 数据表中编号为 1000000006 的记录。

程序清单

```
1.   protected void Page_Load(object sender, EventArgs e)
2.   {
3.       String sqlconn = "Data Source=localhost;Initial Catalog=Literature;Integrated
         Security=True";
4.       SqlConnection myConnection = new SqlConnection(sqlconn);
5.       myConnection.Open();
6.       SqlCommand myCommand = new SqlCommand("select * from Works", myConnection);
7.       SqlCommand sqlDeleteCommand = new SqlCommand();
8.       sqlDeleteCommand.CommandText = "DELETE FROM Works WHERE (编号 = @no) ";
9.       sqlDeleteCommand.Connection = myConnection;
10.      SqlParameter parInput = sqlDeleteCommand.Parameters.Add(new SqlParameter("@no",
         System.Data.SqlDbType.Int));
11.      parInput.Value = 1000000006;
12.      SqlDataAdapter Adapter = new SqlDataAdapter();
13.      Adapter.SelectCommand = myCommand;
14.      Adapter.DeleteCommand = sqlDeleteCommand;
15.      DataSet myDs = new DataSet();
16.      Adapter.Fill(myDs);
17.      Response.Write("<h3>删除数据</h3><hr>");
18.      DataTable myTable = myDs.Tables[0];
19.      bool bDeleted = false;
20.      foreach (DataRow row in myTable.Rows)
21.      {
22.          if (row["编号"].ToString() == "1000000006")
23.          {
24.              row.Delete();
25.              Adapter.Update(myDs);
26.              Response.Write("删除成功");
27.              myConnection.Close();
28.              bDeleted = true;
29.              break;
30.          }
31.      }
32.      if (!bDeleted)
```

```
33.                Response.Write("没有找到要删除的记录");
34.            Response.Write("<h3>Works 表中的数据</h3><hr>");
35.            Response.Write("<table border=1 cellspacing=0 cellpadding=2>");
36.            Response.Write("<tr bgcolor=#DAB4B4>");
37.            foreach (DataColumn myColumn in myTable.Columns)
38.            {
39.                Response.Write("<td>" + myColumn.ColumnName + "</td>");
40.            }
41.            Response.Write("</tr>");
42.            foreach (DataRow myRow in myTable.Rows)
43.            {
44.                Response.Write("<tr>");
45.                foreach (DataColumn myColumn in myTable.Columns)
46.                {
47.                    Response.Write("<td>" + myRow[myColumn] + "</td>");
48.                }
49.                Response.Write("</tr>");
50.            }
51.            Response.Write("</table>");
52.            myConnection.Close();
53.    }
```

程序说明

上面的代码中，第 7～11 行设置删除命令的参数，其中，第 11 行设置被删除记录的编号，这里为 1000000006。第 20 行是一个循环，在该循环中查找要删除的行，找到该记录后，在第 24 行和第 25 行删除该记录。

范例结果演示

执行的结果如图 6-14 所示。如果没有正确地设置 DeleteCommand 属性，在提交数据到服务器时，会引发一个错误，如图 6-15 所示。

图 6-14　删除数据

图 6-15　删除数据失败

6.4　XML

在开发 Web 程序时，有时还需要处理 XML 形式的数据。XML 即可扩展标记语言。它是网络应用开发的一项新技术。XML 同 HTML 一样都是一种标记语言，但是 XML 的数据描述的能力要比 HTML 强很多，XML 具有描述所有已知和未知数据的能力。XML 扩展性比较好，可以为新的数据类型制定新的数据描述规则，作为对标记集的扩展。

因此，在利用 ASP.NET 开发的系统中，非常有必要利用 XML 这项 Web 程序开发的新技术。XML 既可以作为数据资源的形式存在于服务器端，又可以作为服务器端与客户端的数据交换语言。

6.4.1　XML 基础

关于 XML 的知识有很多，但由于本书并不是专门介绍 XML 的，基于篇幅的限制，下面就简要介绍一下 XML 相关知识以引导读者对 XML 的学习。

一个 XML 文档由以下几个部分组成。

(1) XML 的声明

XML 声明具有如下形式：

```
<?xml version="1.0" encoding="GB2312"?>
```

XML 标准规定声明必须放在文档的第一行。声明其实也是处理指令的一种，一般都具有以上代码的形式。表 6-12 列举了声明的常用属性及其赋值。

表 6-12　XML 声明的常用属性及其赋值

属　　性	常　用　值	说　　　　明
Version	1.0	声明中必须包括此属性，而且必须放在第一位。它指定了文档所采用的 XML 版本号，现在 XML 的最新版本为 1.0 版本
Encoding	GB2312	文档使用的字符集为简体中文
	BIG5	文档使用的字符集为繁体中文
	UTF−8	文档使用的字符集为压缩的 Unicode 编码
	UTF−6	文档使用的字符集为 UCS 编码
Standalone	yes	文档是独立文档，没有 DTD 文档与之配套
	no	表示可能有 DTD 文档为本文档进行位置声明

(2) 处理指令 PI

处理指令 PI 为处理 XML 的应用程序提供信息。处理指令 PI 的格式为：

```
<? 处理指令名 处理指令信息?>
```

(3) XML 元素

元素是组成 XML 文档的核心。格式如下：

<标记>内容</标记>

XML 语法规定每个 XML 文档都要包括至少一个根元素。根标记必须是非空标记，包括整个文档的数据内容。数据内容则是位于标记之间的内容。

XML 文档是文本文件，通常以".xml"结尾。下面是一个简单的 XML 文档 Poem.xml。代码如下所示：

```
1.  <?xml version="1.0" encoding="utf-8"?>
2.  <poems>
3.     <poem>
4.         <title>短歌行</title>
5.         <author>曹操</author>
6.     </poem>
7.     <poem>
8.         <title>垄上行</title>
9.         <author>李白</author>
10.    </poem>
11.    <poem>
12.        <title>无题</title>
13.        <author>李商隐</author>
14.    </poem>
15. </poems>
```

程序说明

第 1 行的<?xml version="1.0" encoding="utf-8"?>必须存在，用于声明这是一个 XML 文档，并指出该 XML 文档的版本号，encoding 指定文档的编码方式，这里指定为 Unicode 类型。第 2 行定义了文档里面的第一个元素<poems>。通常称第一个元素为根元素。第 15 行定义了根元素的结束标记。所有的 XML 文档都必须有一个唯一标记作为根元素，其他元素都必须嵌套在这个根元素内。

6.4.2　DOM 接口

XML 语言仅是一种信息交换的载体，又是一种信息交换的方法。而要使用 XML 文档则必须通过使用一种称为接口的技术。正如使用 ODBC 接口访问数据库一样，使用 DOM 接口应用程序对进行 XML 文档的访问变得简单了许多。

DOM(Document Object Model)是一个程序接口，应用程序和脚本可以通过这个接口访问和修改 XML 文档数据。

DOM 接口定义了一系列对象来实现对 XML 文档数据的访问和修改。DOM 接口将 XML 文档转换为树形的文档结构，应用程序通过树形文档对 XML 文档进行层次化的访问，从而实现了对 XML 文档的操作，如访问树的节点、创建新节点等。

微软大力支持 XML 技术，在.NET 框架中实现了对 DOM 规范的良好支持，并提供了一些扩展技术，使得程序员对 XML 文档的处理更加简便。而基于.NET 框架的 ASP.NET，可以充分使用.NET 类库来实现对 DOM 的支持。

.NET 类库中支持 DOM 的类主要存在于 System.Xml 和 System.Xml.XmlDocument 命名空间中。这些类分为两个层次：基础类和扩展类。基础类组包括了用来编写操纵 XML 文档的应用程序所需要的类；扩展类被定义用来简化程序员的开发工作的类。

在基础类中包含了以下三个类：

- XmlNode 类用来表示文档树中的单个节点，它描述了 XML 文档中各种具体节点类型的共性，它是一个抽象类，在扩展类层次中有它的具体实现。
- XmlNodeList 类用来表示一个节点的有序集合，它提供了对迭代操作和索引器的支持。
- XmlNamedNodeMap 类用来表示一个节点的集合，该集合中的元素可以使用节点名或索引来访问，支持了使用节点名称和迭代器来对属性集合的访问，并且包含了对命名空间的支持。

扩展类中主要包括了几个由 XmlNode 类派生出来的类，如表 6-13 所示。

表6-13 扩展类中包含的主要的类

类	说　　明
XmlAttribute	表示一个属性。此属性的有效值和默认值在 DTD 或架构中进行定义
XmlAttributeCollection	表示属性集合，这些属性的有效值和默认值在 DTD 或架构中进行定义
XmlComment	表示 XML 文档中的注释内容
XmlDocument	表示 XML 文档
XmlDocumentType	表示 XML 文档的 DOCTYPE 声明节点
XmlElement	表示一个元素
XmlEntity	表示 XML 文档中一个解析过或未解析过的实体
XmlEntityReference	表示一个实体的引用
XmlLinkedNode	获取紧靠该节点(之前或之后)的节点
XmlReader	表示提供对 XML 数据进行快速、非缓存、只进访问的读取器
XmlText	表示元素或属性的文本内容
XmlTextReader	表示提供对 XML 数据进行快速、非缓存、只进访问的读取器
XmlTextWriter	表示提供快速、非缓存、只进方法的编写器，该方法生成包含 XML 数据(这些数据符合 W3C 可扩展标记语言 XML 1.0 和 XML 中命名空间的建议)的流或文件
XmlWriter	表示一个编写器，该编写器提供一种快速、非缓存和只进的方式来生成包含 XML 数据的流或文件

下面介绍如何使用这些类对 XML 文档进行操作。

1. 创建 XML 文档

创建 XML 文档的方法有以下两种。

(1) 创建不带参数的 XmlDocument。下面的代码显示了如何创建一个不带参数的 XmlDocument。

```
XmlDocument doc = new XmlDocument();
```

创建文档后，可通过 Load 方法从字符串、流、URL、文本读取器或 XmlReader 派生类中加载数据到该文档中。还存在另一种加载方法，即 LoadXML 方法，此方法从字符串中读取 XML。

(2) 创建一个 XmlDocument 并将 XmlNameTable 作为参数传递给它。XmlNameTable 类是原子化字符串对象的表。该表为 XML 分析器提供了一种高效的方法，即对 XML 文档中所有重复的元素和属性名使用相同的字符串对象。创建文档时，将自动创建 XmlNameTable，并在加载此文档时用属性和元素名加载 XmlNameTable。如果已经有一个包含名称表的文档，且这些名称在另一个文档中会很有用，那么可使用将 XmlNameTable 作为参数的 Load 方法创建一个新文档。使用此方法创建文档后，该文档使用现有 XmlNameTable，后者包含所有已从其他文档加载到此文档中的属性和元素。它可用于有效地比较元素和属性名。以下代码示例是创建带参数的 XmlDocument 实例。

```
System.Xml.XmlDocument doc = new XmlDocument(xmlNameTable);
```

2. 将 XML 读入文档

XML 信息从不同的格式读入内存。读取源包括字符串、流、URL、文本读取器或 XmlReader 的派生类。

Load 方法将文档置入内存中并包含可用于从每个不同的格式中获取数据的重载方法。还存在 LoadXML 方法，该方法从字符串中读取 XML。

3. 修改 XML 文档

在.NET 框架下使用 DOM，程序员可以有多种方法来修改 XML 文档的节点、内容和值。常用的修改 XML 文档的方法如下：

- 使用 XmlNode.Value 方法更改节点值。
- 通过用新节点替换节点来修改全部节点集。这可使用 XmlNode.InnerXml 属性完成。
- 使用 XmlCharacterData.AppendData 方法、XmlCharacterData.InsertData 方法或 XmlCharacterData.ReplaceData 方法将附加字符添加到从 XmlCharacter 类继承的节点。
- 对从 XmlCharacterData 继承的节点类型使用 DeleteData 方法移除某个范围的字符来修改内容。
- 使用 SetAttribute 方法更新属性值。如果不存在属性，SetAttribute 创建一个新属性；如果存在属性，则更新属性值。

4. 保存 XML 文档

可以使用 Save 方法保存 XML 文档，它有以下四个重载方法。

- Save(string filename)：将文档保存到文件 filename 的位置。
- Save(System.IO.Stream outStream)：保存到流 outStream 中，流的概念存在于文件操作中。
- Save(System.IO.TextWriter writer)：保存到 TextWriter 中，TextWriter 也是文件操作中的一个类。
- Save(XmlWriter w)：保存到 XmlWriter 中。

应用范例

本范例演示如何使用 XmlDocument 类来读取 Poem.xml 的文件。首先在网站中创建一个名为 6_7.aspx 的网页，代码如下所示：

```
1.  <%@ Page Language="C#" AutoEventWireup="true" CodeFile="6_7.aspx.cs" Inherits="_6_7" %>

2.  <!DOCTYPE html PUBLIC "-//W3C//DTD XHTML 1.0 Transitional//EN"
    "http://www.w3.org/TR/xhtml1/DTD/xhtml1-transitional.dtd">
3.  <html xmlns="http://www.w3.org/1999/xhtml">
4.  <head runat="server">
5.      <title>演示 XmlDocument 的使用</title>
6.  </head>
7.  <body>
8.      <form id="Form1" method="post" runat="server">
9.          题目：<asp:TextBox ID="TextBox1" runat="server" Width="184px"></asp:TextBox>
10.             <p></p>
11.         作者：<asp:TextBox ID="TextBox2" runat="server" Width="184px"></asp:TextBox>
12.         <asp:Button ID="ButtonPrev" Style="z-index: 105; left: 272px; position: absolute; top:
            208px" runat="server" Width="96px" Height="32px" Text="上一个" Enabled="False"
            OnClick="ButtonPrev_Click" >
13.         </asp:Button>
14.         <asp:Button ID="ButtonNext" Style="z-index: 104; left: 152px; position: absolute;
            top: 208px" runat="server" Width="96px" Height="32px" Text="下一个"
            Enabled="False" OnClick="ButtonNext_Click">
15.         </asp:Button>
16.         <asp:Button ID="ButtonOpen" Style="z-index: 102; left: 32px; position: absolute; top:
            208px" runat="server" Width="96px" Height="32px" Text="打开"
            OnClick="ButtonOpen_Click"></asp:Button>
17.         <asp:Button ID="ButtonSave" Style="z-index: 100; left: 392px; position: absolute; top:
            208px" runat="server" Width="96px" Height="32px" Text="保存"
            OnClick="ButtonSave_Click"></asp:Button>
18.     </form>
19. </body>
20. </html>
```

程序说明

第 9 行和第 11 行定义了两个 TextBox 控件，用于显示诗歌的题目和作者，之所以使用 TextBox 而不是 Label 控件，是因为我们有可能需要修改题目和作者。第 12～17 行定义了四个 Button 控件，分别用于执行显示上一个、下一个记录和打开以及保存 xml 文档。这几个 Button 控件使用坐标值指定它们的绝对位置。

添加单击"打开"按钮时的事件处理代码，如下所示：

```
1.    protected void ButtonOpen_Click(object sender, EventArgs e)
2.    {
3.        XmlDocument doc = new XmlDocument();
4.        string xml = Server.MapPath("poem.xml");
5.        try
6.        {
7.            doc.Load(xml);
8.        }
9.        catch (Exception err)
10.       {
11.           TextBox1.Text = "XML 文档读取错误：" + err.ToString(); ;
12.       }
13.       Application["Doc"] = doc;
14.       Application["Pos"] = 0;
15.       show();
16.       ButtonNext.Enabled = true;
17.    ButtonOpen.Enabled = false;
18. }
```

程序说明

第 3 行创建 XmlDocument 类的实例，第 4 行获得 xml 文件的绝对路径，第 7 行把 films.xml 配置文件读入内存。在创建了 XmlDocument 对象后，在第 13 行将其保存在 Application 变量中，这样不必每次都创建这个对象了。第 15 行调用 show 方法显示第一个元素的值。

用于显示当前元素值的函数 show 的实现代码如下所示：

```
1.    private void show()
2.    {
3.        XmlDocument doc = (XmlDocument)Application["Doc"];
4.        XmlNodeList elemList1 = doc.GetElementsByTagName("title");
5.        int CurrentIndex = Convert.ToInt16(Application["Pos"]);
6.        if (CurrentIndex >= 0 && CurrentIndex < elemList1.Count)
7.        {
8.            TextBox1.Text = elemList1[CurrentIndex].InnerText;
9.        }
10.       XmlNodeList elemList2 = doc.GetElementsByTagName("author");
11.       if (CurrentIndex >= 0 && CurrentIndex < elemList2.Count)
12.       {
```

```
13.              TextBox2.Text = elemList2[CurrentIndex].InnerText;
14.          }
15.      }
```

程序说明

第 3 行获得保存在 Application 变量中的 XmlDocument 对象，第 4 行通过其 GetElements. ByTagName 方法获得所有 title 元素的列表。第 5 行中，XmlNodeList 对象的 Count 属性用于返回列表中的元素的数量，第 8 行通过 elemList1 的 InnerText 属性返回指定元素的值。第 10～14 行获得 author 元素值，方法和获得 title 元素值的方法类似。

当用户单击"下一个"按钮时，会执行如下所示的事件处理代码，用于显示下一个元素的值。

```
1.      protected void ButtonNext_Click(object sender, EventArgs e)
2.      {
3.          int CurrentIndex = Convert.ToInt16(Application["Pos"]);
4.          XmlDocument doc = (XmlDocument)Application["Doc"];
5.          XmlNodeList elemList1 = doc.GetElementsByTagName("title");
6.          CurrentIndex++;
7.          if (CurrentIndex >= elemList1.Count)
8.          {
9.              ButtonNext.Enabled = false;
10.         }
11.         else
12.         {
13.             Application["Pos"] = CurrentIndex;
14.         }
15.         show();
16.         ButtonPrev.Enabled = true;
17.     }
```

程序说明

第 3 行获得文档中当前记录的索引，第 4 行获得 XmlDocument 对象，第 5 行获得 poems 节点列表。当到达最后一个元素后，该按钮变为禁止状态，这部分功能在第 7～10 行实现。

当用户单击"上一个"按钮时，会执行如下所示的事件处理代码，用于显示上一个元素的值。当到达第一个元素后，该按钮变为禁止状态。

```
1.      protected void ButtonPrev_Click(object sender, EventArgs e)
2.      {
3.          int CurrentIndex = Convert.ToInt16(Application["Pos"]);
4.          CurrentIndex—;
5.          if (CurrentIndex < 0)
6.          {
7.              ButtonPrev.Enabled = false;
8.          }
```

```
9.          else
10.          {
11.              Application["Pos"] = CurrentIndex;
12.          }
13.          show();
14.          ButtonNext.Enabled = true;
15.      }
```

这部分代码实现的方法和前面类似，这里就不再介绍了。

当用户单击"保存"按钮时，会执行如下所示的事件处理代码：

```
1.    protected void ButtonSave_Click(object sender, EventArgs e)
2.    {
3.          int CurrentIndex = Convert.ToInt16(Application["Pos"]);
4.          XmlDocument doc = (XmlDocument)Application["Doc"];
5.          XmlNodeList elemList1 = doc.GetElementsByTagName("title");
6.          elemList1[CurrentIndex].InnerText = TextBox1.Text;
7.          XmlNodeList elemList2 = doc.GetElementsByTagName("author");
8.          elemList2[CurrentIndex].InnerText = TextBox2.Text;
9.          string xml = Server.MapPath("poem.xml");
10.   doc.Save(xml);
11.   }
```

程序说明

第 3 行获得当前要保存的记录在文档中的索引号，通过把 TextBox 的内容赋给 xml 文档的节点，更新了文档节点的内容，这部分操作在第 5~8 行实现。如果不调用 XmlDocument 类的 save 方法，文档节点所做的改动不会被保存，因此在第 10 行调用了该方法。

范例结果演示

以上程序的运行界面如图 6-16 所示。

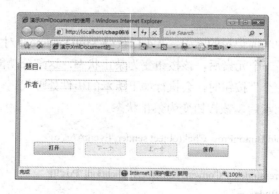

图 6-16   通过 XmlDocument 类读取 Xml 文档

单击"打开"按钮，把 XML 文件载入内存，在网页上显示出来，如图 6-17 所示。

图 6-17　导入文件

单击"下一个"按钮，显示 poem.xml 文件的下一个记录，如图 6-18 所示。

图 6-18　"下一个"记录

把"李白"改为"李太白"，单击"保存"按钮，该记录被更新。读者打开该文件，就可以发现"垄上行"作者已经被改为"李太白"了。

6.4.3　使用 XML 数据填充 DataSet

DataSet 对象被设计为具有非常多的 XML 特性。DataSet 对象在传输时是以 XML 流的形式，这使得在异构系统间传递数据更为方便。本节将介绍 DataSet 和 XML 之间的关系以及相互转换方法等内容。

1. DataSet 和 XML 的关系及相互转换

DataSet 对象中的数据和数据组织模式，本质上都是以 XML 和 XML Schema 来表示的。DataSet 可以使用 XML 进行读取、写入或序列化，因此 DataSet 与 XML 有密切的关系。DataSet 和 XML 之间的关系体现在以下几个方面：

- DataSet 中的数据可以以 XML 的格式输出。
- DataSet 中的数据可以从 XML 文件中读取。
- DataSet 的结构，包括表、列、关系和约束可以在 XML 架构中定义。
- 类型化的 DataSet 是使用 DataSet 和 XML 技术的完美结合。

在 ADO.NET 中，DataSet 和 XML 完全可以相互转换，这包括以下两个方面的内容：
- DataSet 中的数据可以完全采用 XML 格式进行输出。
- DataSet 中的数据可以完全来自 XML 文件。

DataSet 的内容可以从 XML 流或文档创建。DataSet 的 ReadXml 方法可以把 XML 文件中的内容读取到当前数据集中。而 WriteXml 方法把 DataSet 中的数据写入 XML 文件中。

应用范例

本范例中，首先使用 Literature 数据库 Works 表中的数据填充 DataSet，然后把 DataSet 的内容写入到 works.xml 文件中。

程序清单

```
1.     protected void Page_Load(object sender, EventArgs e)
2.     {
3.         String sqlconn = "Data Source=localhost;Initial Catalog=Literature;Integrated
           Security=True";
4.         SqlConnection myConnection = new SqlConnection(sqlconn);
5.         myConnection.Open();
6.         Response.Write("连接数据库成功<br/>");
7.         SqlCommand myCommand = new SqlCommand("select * from Works", myConnection);
8.         SqlDataAdapter Adapter = new SqlDataAdapter();
9.         Adapter.SelectCommand = myCommand;
10.        DataSet myDs = new DataSet();
11.        Adapter.Fill(myDs);
12.        Response.Write("填充数据集成功<br/>");
13.        myConnection.Close();
14.        Response.Write("关闭数据库<br/>");
15.        if(myDs != null)
16.        {
17.            string filename = Server.MapPath("works.xml");
18.            FileStream myFileStream = new FileStream(filename, FileMode.Create);
19.            Response.Write("创建 xml 文件成功<br/>");
20.            XmlTextWriter myXmlWriter = new XmlTextWriter(myFileStream,
               System.Text.Encoding.Unicode);
21.            myDs.WriteXml(myXmlWriter);
22.            Response.Write("把数据集的数据保存到 xml 文件中<br/>");
23.            myXmlWriter.Close();
24.        }
25.    }
```

程序说明

第 3 行设置连接字符串，第 5 行打开数据库连接。第 6 行在网页上显示打开数据库的信息。这段程序中，第 6 行、第 12 行、第 14 行、第 19 行、第 22 行显示程序执行的进度，对于大规模的程序，显示程序执行的进度可以避免用户陷入无休止的等待。第 7～12 行从

Literature 数据库中读取 Works 数据表中的数据，然后填充在 DataSet 中。第 13 行关闭与数据库的连接。

第 17 行和第 18 行创建一个名为 works.xml 的文件，第 21 行调用 DataSet 的 WriteXml 方法，把数据集的数据保存到 xml 文件中，该方法的参数为 XmlTextWriter 对象，该对象在第 20 行被创建。

此外，需要引入 System.Data.SqlClient、System.IO 和 System.Xml 命名空间，以简化对 SqlClient 空间中各个类的引用。

范例结果演示

运行该程序，结果如图 6-19 所示。

打开创建的 works.xml 文件，如图 6-20 所示。

图 6-19　把数据集中的数据导入到 xml 文件中

图 6-20　works.xml 文件的内容

2. DataSet 的 XML 架构

DataSet 的架构包括它的结构、所包含的表、约束和关系等，这些都是用 XML 架构来描述的。DataSet 的架构除了可以通过 DataAdapter 对象的 Fill 或 FillSchema 方法来创建之外，还可以从 XML 文档中加载，只要使用 DataSet 的 ReadXmlSchema 或者 InferXmlSchema 方法即可。下面的代码从 myschema.xsd 文件中读取 DataSet 的架构。

```
DataSet myDS = new DataSet();
myDS.ReadXmlSchema("myschema.xsd");
```

DataSet 也可以通过 WriteXmlSchema 方法把自己的架构输出到 xsd 文件中，其使用方法类似于把数据写入 xml 文件中。

应用范例

本范例把 DataSet 的架构保存到 Schema.xsd 文件中。

程序清单

```
1.  protected void Page_Load(object sender, EventArgs e)
2.  {
3.      String sqlconn = "Data Source=localhost;Initial Catalog=Literature;Integrated Security=True";
```

```
4.      SqlConnection myConnection = new SqlConnection(sqlconn);
5.      myConnection.Open();
6.      Response.Write("连接数据库成功<br/>");
7.      SqlCommand myCommand = new SqlCommand("select * from Works", myConnection);
8.      SqlDataAdapter Adapter = new SqlDataAdapter();
9.      Adapter.SelectCommand = myCommand;
10.      DataSet myDs = new DataSet();
11.      Adapter.Fill(myDs);
12.      Response.Write("填充数据集成功<br/>");
13.      myConnection.Close();
14.      Response.Write("关闭数据库<br/>");
15.      if (myDs != null)
16.      {
17.          string filename = Server.MapPath("Schema.xsd");
18.          FileStream myFileStream = new FileStream(filename, FileMode.Create);
19.          XmlTextWriter myXmlWriter = new XmlTextWriter(myFileStream,
             System.Text.Encoding.Unicode);
20.          myDs.WriteXmlSchema(myXmlWriter);
21.          myXmlWriter.Close();
22.      }
23.  }
```

程序说明

第 3～14 行用于填充数据集,这部分代码和前面程序清单中相同,这里就不再介绍了。
第 18 行创建一个 FileStream 对象,该对象用来对文件系统中的文件进行读取、写入、打开和
关闭操作,并对其他与文件相关的操作系统句柄进行操作。第 19 行创建一个 XmlTextWriter
对象,该对象创建一个 Unicode 编码格式的 xml 文件。第 20 行把数据集的架构保存到 xml
文件中。

范例结果演示

程序运行的效果如图 6-21 所示。

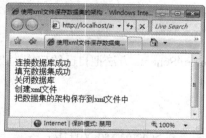

图 6-21   使用 xml 文件保存数据集的架构

6.5　思考与练习

一、填空题

1. ADO.NET 对象模型中有五个主要的组件，分别是_____、_____、_____、_____以及_____。

2. ADO.NET 体系结构的一个核心元素是.NET 数据提供程序，它是专门为_____以及快速地只进、只读访问数据而设计的组件。它是包括_____、_____、_____和_____对象的组件。

3. 如果没有采用 Windows 组账号登录 SQL Server 数据库服务器，这时需要在连接字中指定_____和_____。登录时 SQL Server 会将此_____和_____进行验证。

4. .NET Framework 4.0 版中有一个 AccessDataSource 控件，该控件继承自_____控件，用于连接_____数据库，但是该类不支持连接到受_____保护的_____数据库。

5. 数据适配器 DataAdapter 表示一组_____和一个_____，它们用于_____和_____。DataAdapter 经常和_____一起配合使用。

二、选择题

1. 下面(　　)选项不是 SqlCommand 命令对象提供的基本方法。
   A. ExecuteNonQuery　　　　　　　　B. Execute
   C. ExecuteReader　　　　　　　　　D. ExecuteScalar

2. DataReader 可以对数据库进行(　　)和(　　)的访问。
   A. 只读　　　　B. 只写　　　　　C. 只向前　　　　　D. 随机

3. SqlCommand 类的(　　)属性用于获取或设置要对数据源执行的 Transact-SQL 语句或存储过程。
   A. CommandText　　　　　　　　B. CommandTimeout
   C. Connection　　　　　　　　　D. SelectCommand

4. 当 DataReader 首先被填充时，它将被定位到(　　)记录，直至第一次调用它的 Read 方法。
   A. NULL　　　　B. 第一条　　　　C. 最后一条　　　　D. 随机

5. 关于 XML 描述正确的有(　　)。
   A. XML 数据可以跨平台使用并可以被人阅读理解。
   B. XML 数据的内容和结构有明确的定义。
   C. XML 数据之间的关系得以强化。
   D. XML 数据的内容和数据的表现形式分离。

三、上机操作题

1. 使用 OleDbCommand 对象，读取 Access 数据库文件 BookStore.mdb 中的数据，并显

示在网页上。运行该程序，如图 6-22 所示。

图 6-22　使用 OleDbCommand 类更新数据

2. 使用 DataAdapter 读取 Access 数据库文件 BookStore.mdb 中的全部记录，并通过 GridView 控件显示在网页上。运行该程序，如图 6-23 所示。

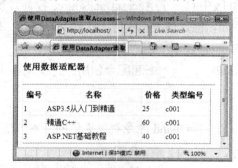

图 6-23　使用 DataAdapter 查询 Access 数据库

3. 使用 XmlDocument 创建一个名为 books.xml 的文件，然后把该文件的内容显示在网页上。

books.xml 文件的内容如下所示：

```xml
<?xml version="1.0" encoding="utf-8"?>
<books>
 <book>
        <title>ASP.NET 入门</title>
        <author>张三</author>
 </book>
 <book>
        <title>ASP.NET 精通</title>
        <author>李四</author>
 </book>
</books>
```

图 6-24　创建并读取 XML 文档

运行该程序，如图 6-24 所示。

第7章 数据源控件与数据绑定

ASP.NET 包含一些数据源控件，这些数据源控件允许用户使用不同类型的数据源，如数据库、XML 文件或中间层业务对象。数据源控件连接到数据源，从中检索数据，并使得其他控件可以绑定到数据源而无须代码。

数据绑定控件用于在界面上显示数据。ASP.NET 中提供了几种功能强大的数据绑定控件，包括 GridView 和 ListView 等。通过这些数据绑定控件，用户可以快速地开发基于数据库的应用程序。

本章重点：

- 数据源控件的基础知识和使用方法
- 针对不同的数据源使用合适的数据源控件
- 数据绑定的基本概念和类型
- 常见数据绑定控件

7.1 数据源控件

数据源控件用于连接数据源、从数据源中读取数据以及把数据写入数据源。数据源控件不呈现任何用户界面，而是充当特定数据源(如数据库、业务对象或 XML 文件)与 ASP.NET 网页上的其他控件之间的桥梁。数据源控件实现了丰富的数据检索和修改功能，其中包括查询、排序、分页、筛选、更新、删除以及插入。

7.1.1 数据源控件概述

Web 应用程序经常访问用于存储和检索动态数据的数据源。程序员可以通过编写代码来使用 ADO.NET 访问数据。此方法在 ASP.NET 的早期版本中很常见。但是 ASP.NET 允许用户以声明的方式执行数据绑定。在包括如下方案的大多数常见数据方案中，此方法根本不需要任何代码：

- 选择和显示数据
- 对数据进行排序、分页和缓存
- 更新、插入和删除数据
- 使用运行时参数筛选数据
- 使用参数创建主/详细信息方案

.NET Framework 包含支持不同数据绑定方案的数据源控件，这些控件可以使用不同的数据源。此外，数据源控件模型是可扩展的，因此还可以创建自己的数据源控件，实现与不同数据源的交互，或为现有的数据源提供附加功能。

.NET Framework 的内置数据源控件有以下几种。

- SqlDataSource：用于连接 Microsoft SQL Server、OLE DB、ODBC 或 Oracle 数据库。用于 SQL Server 时，支持高级缓存功能。当数据作为 DataSet 对象返回时，此控件还支持对数据进行排序、筛选和分页等操作。

- AccessDataSource：用于连接 Microsoft Access 数据库。当数据作为 DataSet 对象返回时，此控件还支持对数据进行排序、筛选和分页等操作。

- ObjectDataSource：该控件表示具有数据检索和更新功能的中间层对象，它支持其他数据源控件不支持的高级排序和分页操作。

- XmlDataSource：用于连接 XML 文件，该控件特别适用于和分层的 ASP.NET 服务器控件进行数据绑定，如 TreeView 或 Menu 控件。XmlDataSource 支持使用 XPath 表达式的筛选功能，并允许用户对数据应用 XSLT 转换。它还允许用户通过保存更改后的整个 XML 文档来更新数据。

- LinqDataSource：使用此控件，用户可以通过标记，在 ASP.NET 网页中使用语言集成查询(LINQ)，从数据对象中检索和修改数据。该控件支持自动生成选择、更新、插入和删除命令。此外，该控件还支持排序、筛选和分页。

- SiteMapDataSource：与 ASP.NET 站点导航结合使用。

- EntityDataSource：该控件支持基于实体数据模型(EDM)的数据绑定方案。此数据规范将数据表示为实体和关系集。它支持自动生成更新、插入、删除和选择命令以及排序、筛选和分页。

以上数据源控件中最为常用的是 SqlDataSource 控件，只要熟练地掌握了这个控件，其余的数据源控件的使用就不在话下了。

7.1.2　SqlDataSource 控件

SqlDataSource 控件使用 ADO.NET 类与 ADO.NET 支持的任何数据库进行交互。这类数据库包括 Microsoft SQL Server(使用 System.Data.SqlClient 提供程序)、System.Data.OleDb、System.Data.Odbc 和 Oracle(使用 System.Data.OracleClient 提供程序)。使用 SqlDataSource 控件，可以在 ASP.NET 页中访问和操作数据，而无须直接使用 ADO.NET 类。只需提供用于连接到数据库的连接字符串，并定义使用数据的 SQL 语句或存储过程即可。在运行时，SqlDataSource 控件会自动打开数据库连接，执行 SQL 语句或存储过程，返回选定数据(如果有)，然后关闭连接。

只有使用 SQL 查询来设置 SelectCommand 属性之后，才可以从数据库中检索数据。如果与 SqlDataSource 相关联的数据库支持存储过程，可以将 SelectCommand 属性设置为存储过程的名称。指定的 SQL 查询还可以是参数化的查询。可以将与参数化查询相关联的 Parameter 对象添加到 SelectParameters 集合中。当绑定到 SqlDataSource 的控件调用 DataBind 方法时，SqlDataSource 会自动调用 Select 方法，执行检索数据的操作。如果设置数据绑定控件的 DataSourceID 属性，那么该控件会根据需要自动绑定到数据源中的数据。如果设置数据绑定控件的 DataSource 属性，那么必须显式调用 DataBind 方法进行数据绑定。

用户可以执行一些数据操作，如更新、插入和删除，具体取决于数据库产品的功能以及 SqlDataSource 实例的配置。若要执行这些数据操作，必须设置要执行的操作的相应命令文本以及所有相关参数。例如，对于更新操作，需要将 UpdateCommand 属性设置为一个 SQL 字符串或一个存储过程的名称，并将所有必需的参数添加到 UpdateParameters 集合中。无论是由代码显式调用还是由数据绑定控件自动调用，在调用 Update 方法时，都会执行更新操作。对于 Delete 和 Insert 操作也遵循这种常规模式。

在 SelectCommand、UpdateCommand、InsertCommand 和 DeleteCommand 属性中，开发人员可以通过参数化的方式设置 SQL 查询和命令。这意味着查询或命令可以使用占位符，而不必使用文本值，并且可以将占位符绑定到应用程序或用户定义的变量。开发人员可以将 SQL 查询中的参数绑定到 Session 变量、通过 Web 窗体页的查询字符串传递的值以及其他服务器控件的属性值等。

默认情况下，SqlDataSource 控件与用于 SQL Server 的.NET Framework 数据提供程序一起使用，但 SqlDataSource 不是特定于 Microsoft SQL Server 的。对于任何一个数据库产品，只要有适用的托管 ADO.NET 提供程序，都可以将 SqlDataSource 控件与它连接。与 System.Data.OleDb 提供程序一起使用时，SqlDataSource 可以与任何符合 OLE DB 的数据库协同使用。与 System.Data.Odbc 提供程序一起使用时，SqlDataSource 可与任何 ODBC 驱动程序和数据库协同使用，其中包括 IBM DB2、MySQL 和 PostgreSQL。与 System.Data.OracleClient 提供程序一起使用时，SqlDataSource 可以与 Oracle 8.1.7 以及更高版本的数据库协同使用。

如果使用 SqlDataSource 在页上显示数据，可以使用数据源控件的数据缓存功能提高该页的性能。使用缓存可以减少数据库服务器上的处理量，但是要占用 Web 服务器上的内存。大多数情况下，这种代价是值得的。当 EnableCaching 属性设置为 true 且 CacheDuration 属性设置为某一秒数(该秒数是在放弃缓存项之前，缓存存储数据的时间)时，SqlDataSource 将自动缓存数据。

应用范例

本范例演示如何使用 SqlDataSource 和 ListBox 控件显示 Literature 数据库 Works 表中"名称"字段的内容，其步骤如下：

(1) 创建一个名为 chap07 的网站，在该网站中添加一个名为 7_1.aspx 的网页。

(2) 从"工具箱"的"数据"选项卡中，将 SqlDataSource 控件拖到页面上，如图 7-1 所示。

图 7-1　添加 SqlDataSource 控件

(3) 从"SqlDataSource 任务"中选择"配置数据源"命令，弹出如图 7-2 所示的对话框。

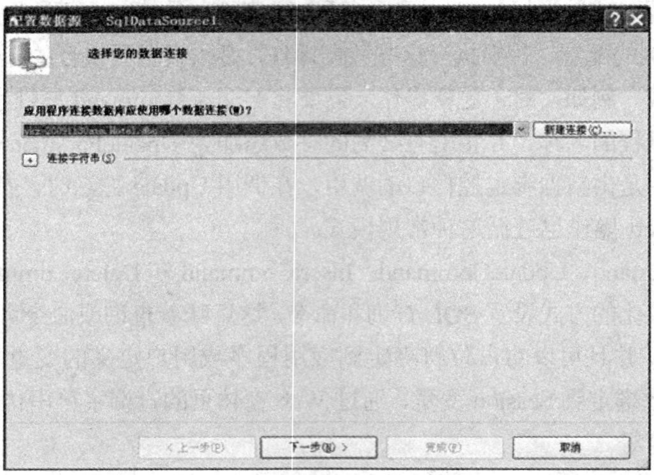

图 7-2　配置数据源(1)

(4) 单击"新建连接"按钮，弹出如图 7-3 所示的对话框。

图 7-3　选择数据源

(5) 在"数据源"列表中选择 Microsoft SQL Server，单击"确定"按钮，弹出"添加连接"对话框。在此对话框中，"服务器名"选择本地服务器，此时"连接到一个数据库"选项组中各项处于有效状态，选择"选择或输入一个数据库名"单选按钮，然后在下拉列表框中选择 Literature 数据库，如图 7-4 所示。

图 7-4　添加连接

(6) 单击"确定"按钮关闭对话框，回到"配置数据源"对话框，如图 7-5 所示。

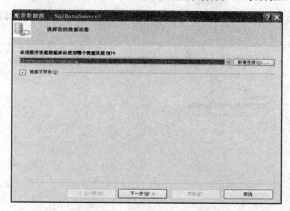

图 7-5　配置数据源(2)

(7) 单击"下一步"按钮，保存默认设置，单击"下一步"按钮，对话框如图 7-6 所示。

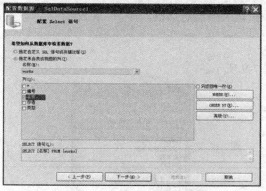

图 7-6　配置数据源(3)

(8) 在"列"选项中选择"名称"，单击"下一步"按钮，对话框如图 7-7 所示。

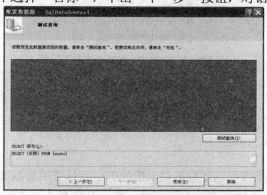

图 7-7　配置数据源(4)

(9) 可以单击"测试查询"按钮查看 SELECT 语句返回的结果。单击"完成"按钮关闭对话框。至此，SqlDataSource 数据源配置完成。

(10) 把 ListBox 控件添加到网页中，在"ListBox 任务"中单击"选择数据源"命令，弹出"数据源配置向导"对话框。在该对话框中设置数据源为 SqlDataSource1，"选择要在 ListBox 中显示的数据字段"和"为 ListBox 的值选择数据字段"均选择"名称"选项，如图 7-8 所示。

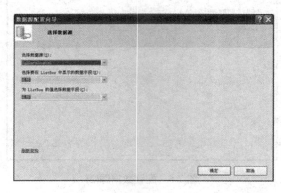

图 7-8　"数据源配置向导"对话框

(11) 单击"确定"按钮关闭该对话框。

范例结果演示

运行该程序，如图 7-9 所示。

图 7-9　显示 Works 表的"名称"字段

7.2　数据绑定简介

在 ASP.NET 中，不仅可以把数据显示控件绑定到传统的数据源，还可以绑定到几乎所有包含数据的结构。这些数据可以在运行时计算、从文件中读取或者从其他控件中得到。ASP.NET 可以利用两种类型的数据绑定：简单绑定和复杂绑定，这两种类型具有不同的特点。

简单数据绑定是将一个控件绑定到单个数据元素(如数据集表的列中的值)。这是用于诸如 TextBox 或 Label 之类的控件(通常是只显示单个值的控件)的典型绑定类型。事实上，控件上的任何属性都可以绑定到数据库中的字段。

简单数据绑定的步骤如下：

(1) 连接到数据源。

(2) 在窗体中，选择该控件并显示"属性"窗口。

(3) 展开 DataBindings 属性。最常绑定的属性在 DataBindings 属性下显示。例如，在大多数控件中，最经常绑定的是 Text 属性。

(4) 如果要绑定的属性不是常见的绑定属性，那么单击"高级"框中的"省略号"按钮，以显示带有该控件的完整属性列表的"高级数据绑定"对话框。

(5) 单击要绑定的属性的下拉箭头，显示可用数据源的列表。

(6) 展开要绑定到的数据源，直到找到所需的单个数据元素。例如，如果要绑定到数据集表中的某个列值，则展开该数据集的名称，然后展开该表名以显示列名。

(7) 单击要绑定到的元素的名称。

(8) 如果正在"高级数据绑定"对话框中工作，单击"关闭"按钮返回"属性"窗口。

应用范例

本范例演示如何使用简单数据绑定控件。用户在网页上选择希望从事的职业，选择完毕并单击"提交"按钮后，在 Label 控件中显示该用户选择的职业，步骤如下。

(1) 在网站 chap07 中增加一个名为 7_5.aspx 的网页。

(2) 切换到"设计"视图，在该网页上添加一个 DropDownList 控件、一个 Button 控件和一个 Label 控件，并在网页上输入提示信息。最终得到的网页如图 7-10 所示。

图 7-10　简单数据绑定设计视图

(3) 单击 DropDownList1 控件的"属性"窗体中 Items 项右边的...按钮，弹出"ListItem集合编辑器"对话框。在该对话框中单击"添加"按钮，在 Text 属性和 Value 属性中输入"计算机软件"，如图 7-11 所示。

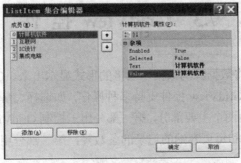

图 7-11　"ListItem 集合编辑器"对话框

使用同样的方法，依次添加"互联网"、"IC 设计"、"集成电路"等项，然后单击"确定"按钮，把输入的项添加到 DropDownList1 控件中，同时关闭对话框。

(4) 选择 Label1 控件，在 Text 属性中输入<%# DropDownList1.SelectedItem.Text %>。

(5) 双击"提交"按钮，进入该按钮的 Click 事件处理中，添加如下代码：

```
1.   protected void Button1_Click(object sender, EventArgs e)
2.   {
3.       Page.DataBind();
4.   }
```

程序说明

Page 类的 DataBind 方法将数据源绑定到被调用的服务器控件及其所有子控件。第 3 行通过该方法把 DropDownList1 控件的数据和 Label 绑定在一起，调用该方法后会自动更新控件显示的内容。

范例结果演示

运行该程序，初始页面如图 7-12 所示。

在 DropDownList1 列表中选择"IC 设计"，然后单击"提交"按钮，可以发现 Label1 控件的内容变为"IC 设计"，如图 7-13 所示。

图 7-12　简单数据绑定　　　　　　　　图 7-13　选择职业

复杂数据绑定是将一个控件绑定到多个数据元素(通常是数据库中的多个记录)，复杂绑定又被称作基于列表的绑定。复杂数据绑定的具体操作在后面进行详细介绍，这里就不介绍了。

7.3　GridView 控件

GridView 控件用于将数据源的数据以表格的形式显示出来。GridView 控件的每一行代表数据源中的一条记录。GridView 控件支持多种操作，如选择、编辑、删除、分页及排序等。GridView 控件的属性分为两个主要部分，第一部分用于控制 GridView 控件的整体显示效果，包括数据源、绑定表达式和每页容纳的记录的条数等；第二部分用于控制记录每个字段的显示效果。

当数据很多，不能一页显示完时就需要进行分页显示了。GridView 控件提供了很好的分页显示支持。属性 AllowPaging 决定是否使用分页显示，如果要使用分页显示，需要设置该属性值为 true，否则该属性为 false。使用 PagerSetting 属性可以设置分页显示的模式，可以通过设置 PagerSettings 类的 Mode 属性来自定义分页模式。Mode 属性的值包括如下四个。

- NextPrevious：上一页按钮和下一页按钮。
- NextPreviousFirstLast：上一页按钮、下一页按钮、第一页按钮和最后一页按钮。
- Numeric：可直接访问页面的带编号的链接按钮。
- NumericFirstLast：带编号的链接按钮、第一个链接按钮和最后一个链接按钮。

应用范例

本范例中，通过 GridView 读取 Literature 数据库的 Works 数据表的内容。这里使用分页显示记录，每页显示 5 条记录，并允许用户选择分页显示的模式。用户可以选择 NextPrevious 或 Numeric 模式来分页显示记录。实现该例子的步骤如下：

(1) 在网站 chap07 中创建一个名为 7_6.aspx 的网页。

(2) 在该网页中添加两个 RadioButton 控件、一个 GridView 控件和一个 Button 控件。该网页的具体代码如下所示。

```
1.  <%@ Page Language="C#" AutoEventWireup="true" CodeFile="7_6.aspx.cs" Inherits="_7_6" %>
2.  <!DOCTYPE html PUBLIC "-//W3C//DTD XHTML 1.0 Transitional//EN"
       "http://www.w3.org/TR/xhtml1/DTD/xhtml1-transitional.dtd">
3.  <html xmlns="http://www.w3.org/1999/xhtml">
4.  <head runat="server">
5.      <title>演示 GridView 的分页功能</title>
6.  </head>
7.  <body>
8.      <h3>
9.          演示 GridView 控件的分页显示功能</h3>
10.     <form id="form1" runat="server">
11.         <div>
12.             <asp:RadioButton ID="RadioButton1" runat="server" Text="使用 Numeric 模式"
                    GroupName="Mode" OnCheckedChanged="RadioButton1_CheckedChanged" />
13.             <asp:RadioButton ID="RadioButton2" runat="server" Text="使用 NextPrevious 模式"
                    GroupName="Mode" OnCheckedChanged="RadioButton2_CheckedChanged" />
14.             <p>
15.             </p>
16.             <asp:GridView ID="GridView1" runat="server" Height="268px" Width="419px"
                    AutoGenerateColumns="true"
17.                 AllowPaging="True" PageSize="5" PagerStyle-HorizontalAlign="Right"
                    OnPageIndexChanging="GridView1_PageIndexChanging">
18.                 <PagerSettings NextPageText="后一页" PreviousPageText="前一页" />
19.                 <PagerStyle BorderColor="Black" HorizontalAlign="Right" />
20.             </asp:GridView>
21.             <br />
```

```
22.                <asp:Button  ID="Button1" runat="server" OnClick="Button1_Click" Text="显示"
                /></div>
23.         </form>
24.     </body>
25. </html>
```

程序说明

第 16~20 行定义了一个 GridView 控件。其中，第 17 行设置 GridView 控件的 AllowPaging 属性为 true，PageSize 属性为 5，表示每页只显示 5 条记录。第 18 行设置 PagerSetting 属性，NextPageText 属性设置为"后一页"，PreviousPageText 属性设置为"前一页"，当显示模式设置为链接分页显示模式时，这两个属性设置的值将显示在页面上，用户单击后可以进行页面切换。

(3) 在 7_6.aspx.cs 文件中添加如下所示的事件处理代码：

```
1.  public partial class PageTest : System.Web.UI.Page
2.  {
        //定义一个 DataView 对象，用于保存数据视图
3.      private DataView m_DataView;
4.      protected void GridView1_PageIndexChanging(object sender, GridViewPageEventArgs e)
5.      {
            //设置 GridView 显示的页号
6.          GridView1.PageIndex = e.NewPageIndex;
7.          GridView1.DataSource = m_DataView;
8.          GridView1.DataBind();
9.      }
10.     protected void RadioButton1_CheckedChanged(object sender, EventArgs e)
11.     {
            //设置 GridView 的分页模式为数字模式
12.         GridView1.PagerSettings.Mode = PagerButtons.Numeric;
13.         GridView1.DataSource = m_DataView;
14.         GridView1.DataBind();
15.     }
16.     protected void RadioButton2_CheckedChanged(object sender, EventArgs e)
17.     {
            //设置 GridView 的分页模式为链接显示
18.         GridView1.PagerSettings.Mode = PagerButtons.NextPrevious;
19.         GridView1.DataSource = m_DataView;
20.         GridView1.DataBind();
21.     }
22.     protected void Button1_Click(object sender, EventArgs e)
23.     {
24.         String sqlconn = "Data Source=localhost;Initial Catalog=Literature;Integrated
            Security=True";
25.         SqlConnection myConnection = new SqlConnection(sqlconn);
```

26.　　　　myConnection.Open();

27.　　　　SqlCommand myCommand = new SqlCommand("select * from Works", myConnection);

　　　　　//填充数据集

28.　　　　SqlDataAdapter Adapter = new SqlDataAdapter();

29.　　　　Adapter.SelectCommand = myCommand;

30.　　　　DataSet myDs = new DataSet();

31.　　　　Adapter.Fill(myDs);

　　　　　//获取数据视图，保存在成员变量中

32.　　　　m_DataView = myDs.Tables[0].DefaultView;

33.　　　　myConnection.Close();

　　　　　//默认选中第一个 RadioButton

34.　　　　RadioButton1.Checked = true;

35.　　　　GridView1.DataSource = m_DataView;

36.　　　　GridView1.DataBind();

37.　　　}

38.　　}

程序说明

第 3 行定义了一个 DataView 对象，该对象在进行分页显示时被使用。第 22～37 行定义了 Button1 控件的 Click 事件。其中，第 24 行设置连接字符串，第 26 行打开数据库连接，第 27～32 行打开 Literature 数据库的 Works 数据表，使用 DataAdapter 对象填充数据集。第 33～36 行对 GridView 控件进行了数据绑定，并根据当前 GridView1 控件的属性设置显示模式。

在设置分页显示的模式时，必须首先设置显示模式，然后再进行数据绑定。如果把设置分页显示模式代码放置在数据绑定代码后，那么分页显示的模式将不会立刻生效。第 12 行设置分页显示模式为数字分页显示模式，第 18 行设置分页显示模式为数字链接显示模式。

第 4～9 行定义 GridView 控件的 PageIndexChanging 事件处理代码，该事件的作用是：当用户单击了页面上的页面导航数字(或者链接)，将会触发 PageIndexChanging 事件。在 PageIndexChanging 事件处理代码中，可以把当前的页面索引设置新的页面索引。该索引值从事件参数 e.NewPageIndex 中获得。

范例结果演示

以上代码的运行界面如图 7-14 和图 7-15 所示。

图 7-14　使用数字分页显示模式的运行界面　　　图 7-15　使用链接分页显示模式的运行界面

7.4　ListView 控件

ListView 控件使用用户定义的模板显示数据源的值。通过该控件，用户能够选择、排序、删除、编辑和插入记录。

ListView 控件用于显示数据源的值。它类似于 GridView 控件，区别在于它使用用户定义的模板而不是行字段来显示数据。创建用户自己的模板使用户可以更灵活地控制数据的显示方式。

ListView 控件具有以下特点：

- 支持绑定到数据源控件，如 SqlDataSource 和 ObjectDataSource。
- 可通过用户定义的模板和样式自定义外观。
- 内置排序和选择功能。
- 内置更新、插入和删除功能。
- 支持通过使用 DataPager 控件进行分页的功能。
- 支持以编程方式访问 ListView 对象模型，从而可以动态设置属性、处理事件。
- 支持多个键字段。

为了使 ListView 控件显示内容，必须为控件的不同部分创建模板。LayoutTemplate 和 ItemTemplate 是必需的。其他所有模板都是可选的。用户需要根据不同的需求创建相应的模板。例如，必须为支持插入记录的 ListView 控件定义 InsertItemTemplate 模板。下面列出了可以为 ListView 控件创建的模板。

- LayoutTemplate：容器对象(如 table、div 或 span 元素)的根模板，该容器对象将包含 ItemTemplate 或 GroupTemplate 模板中定义的内容。它还可能包含一个 DataPager 对象。
- ItemTemplate：显示每项数据绑定的内容。
- ItemSeparatorTemplate：在各项之间呈现的内容。
- GroupTemplate：容器对象，如表行(tr)、div 或 span 元素，其中将包含 ItemTemplate 和 EmptyItemTemplate 模板中定义的内容。组中显示的项数由 GroupItemCount 属性指定。
- GroupSeparatorTemplate：在项目组之间呈现的内容。
- EmptyItemTemplate：在使用 GroupTemplate 模板时，空项呈现的内容。例如，如果 GroupItemCount 属性设置为 5，从数据源返回的总项数为 8，那么 ListView 控件显示的第二组数据将包含 ItemTemplate 模板指定的 3 个项和 EmptyItemTemplate 模板指定的两个项。
- EmptyDataTemplate：在数据源未返回数据时呈现的内容。
- SelectedItemTemplate：所选数据项呈现的内容，用以区分所选项和其他项。
- AlternatingItemTemplate：交替项呈现的内容，以便更容易区分连续项。
- EditItemTemplate：编辑项时呈现的内容。对于正在编辑的数据项，将呈现 EditItemTemplate 模板以取代 ItemTemplate 模板。

- InsertItemTemplate：插入项时呈现的内容。插入项时，将在 ListView 控件显示的项的开始或末尾处呈现 InsertItemTemplate 模板，以取代 ItemTemplate 模板。可以使用 ListView 控件的 InsertItemPosition 属性指定在何处呈现 InsertItemTemplate 模板。

通过为 ListView 控件创建模板，可允许用户编辑、插入或删除单个数据项。若要使用户能够编辑数据项，需要在 ListView 控件中添加一个 EditItemTemplate 模板。在将一个项切换至编辑模式时，ListView 控件将使用编辑模板显示该项。该模板应包含一些数据绑定控件，以便用户可以在其中编辑各个值。例如，该模板可以包含用户在其中编辑现有值的文本框。

若要使用户能够插入新项，需要在 ListView 控件中添加一个 InsertItemTemplate 模板。与编辑模板一样，插入模板也应该包含允许输入数据的数据绑定控件。InsertItemTemplate 模板呈现在所显示项的开始或末尾。通过使用 ListView 控件的 InsertItemPosition 属性，可以指定 InsertItemTemplate 模板的呈现位置。

通常需要向模板中添加一些按钮，以允许用户指定要执行的操作。例如，可以向项模板中添加 Delete(删除)按钮，以允许用户删除该项；通过在模板中添加 Edit(编辑)按钮，可允许用户切换到编辑模式；在 EditItemTemplate 中，可以添加允许用户保存更改的 Update(更新)按钮。此外，还可以添加 Cancel(取消)按钮，以允许用户在不保存更改的情况下切换回显示模式。通过设置按钮的 CommandName 属性，可以定义按钮将执行的操作。下面列出了一些 CommandName 属性值，ListView 控件已内置了针对这些值的行为。

- Select：显示所选项的 SelectedItemTemplate 模板的内容。
- Insert：在 InsertItemTemplate 模板中，将数据绑定控件的内容保存在数据源中。
- Edit：把 ListView 控件切换到编辑模式，并使用 EditItemTemplate 模板显示项。
- Update：在 EditItemTemplate 模板中，指定应将数据绑定控件的内容保存在数据源中。
- Delete：从数据源中删除项。
- Cancel：取消当前操作。显示 EditItemTemplate 模板时，如果该项是当前选定的项，那么取消操作会显示 SelectedItemTemplate 模板；否则将显示 ItemTemplate 模板。显示 InsertItemTemplate 模板时，取消操作将显示空的 InsertItemTemplate 模板。
- 自定义值：默认情况下，不执行任何操作。用户可以为 CommandName 属性提供自定义值。随后在 ItemCommand 事件中测试该值并执行相应的操作。

应用范例

本范例将演示如何使用 ListView 控件对数据进行增、删、改操作。数据源为 Literature 数据库 Works 表的内容，步骤如下。

(1) 创建一个名为 7_11.aspx 的网页，在网页中添加一个 ListView 控件 ListView1 和一个 SqlDataSource 控件 SqlDataSource1。

(2) 配置 SqlDataSource1 的数据源，这部分内容前面多次提过，这里就不再重复了。

(3) 设置 ListView1 的数据源为 SqlDataSource1。此时网页的代码如下所示：

```
1.  <%@ Page Language="C#" AutoEventWireup="true" CodeFile="7_11.aspx.cs" Inherits="_7_11" %>
2.  <!DOCTYPE html PUBLIC "-//W3C//DTD XHTML 1.0 Transitional//EN"
    "http://www.w3.org/TR/xhtml1/DTD/xhtml1-transitional.dtd">
```

```
3.  <html xmlns="http://www.w3.org/1999/xhtml">
4.  <head runat="server">
5.      <title>使用 ListView 控件增、删、改数据库记录</title>
6.  </head>
7.  <body>
8.      <form id="form1" runat="server">
9.      <div>
10.     <asp:ListView ID="ListView1" runat="server" DataSourceID="SqlDataSource1">
11.         </asp:ListView>
12.     <asp:SqlDataSource ID="SqlDataSource1" runat="server" ConnectionString="Data
        Source=HZIEE-2E53F913F;Initial Catalog=Literature;Integrated Security=True"
        ProviderName="System.Data.SqlClient"
                <%--删除指定编号的记录--%>
13.         DeleteCommand="DELETE FROM [Works] WHERE [编号] = @编号"
                <%--插入新的记录--%>
14.         InsertCommand="INSERT INTO [Works] ([编号], [名称], [作者], [类型]) VALUES
        (@编号, @名称, @作者, @类型)"
                <%--选择所有的记录--%>
15.         SelectCommand="SELECT * FROM [Works]"
                <%--更新指定编号的记录--%>
16.         UpdateCommand="UPDATE [Works] SET [名称] = @名称, [作者] = @作者, [类型]
        = @类型  WHERE [编号] = @编号">
                <%--设置删除命令的参数--%>
17.         <DeleteParameters>
18.             <asp:Parameter Name="编号" Type="Int32" />
19.         </DeleteParameters>
                <%--设置更新命令的参数--%>
20.         <UpdateParameters>
21.             <asp:Parameter Name="名称" Type="String" />
22.             <asp:Parameter Name="作者" Type="String" />
23.             <asp:Parameter Name="类型" Type="String" />
24.             <asp:Parameter Name="编号" Type="Int32" />
25.         </UpdateParameters>
                <%--设置插入命令的参数--%>
26.         <InsertParameters>
27.             <asp:Parameter Name="编号" Type="Int32" />
28.             <asp:Parameter Name="名称" Type="String" />
29.             <asp:Parameter Name="作者" Type="String" />
30.             <asp:Parameter Name="类型" Type="String" />
31.         </InsertParameters>
32.     </asp:SqlDataSource>
33.     </div>
34.     </form>
35.  </body>
36. </html>
```

程序说明

第 10 行指定了 ListView 控件的数据源，第 12～31 行定义了这个数据源。其中第 12 行指定了数据源的 ID 和连接字符串。第 13 行指定了数据库的删除命令，当用户在 ListView 控件上执行删除操作时，执行的就是这条命令。第 14 行指定了数据的插入命令。第 15 行指定数据提供者的名字和数据库的选择命令，这里把该表所有的字段显示出来。第 16 行指定了数据库的更新命令，用户在编辑状态时，单击"更新"按钮执行该命令。第 17～19 行定义删除命令的参数，第 20～25 行定义更新命令的参数，第 26～31 行定义插入命令的参数。

（4）接下来使用可视化的方式配置 ListView1 控件。右击 ListView1 控件，在弹出的快捷菜单中选择"显示智能标记"命令，出现"ListView 任务"浮动窗体，单击该窗体上的"配置 ListView"链接，显示"配置 ListView"对话框，如图 7-16 所示。

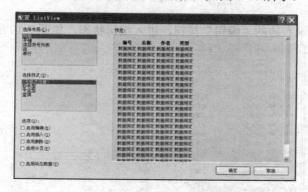

图 7-16　"配置 ListView"对话框

（5）在"选项"下面，选中"启用编辑"、"启用插入"和"启用删除"复选框。读者可以根据自己的喜好选择布局和样式，这里选择"网格"布局和"蓝调"样式，然后单击"确定"按钮，关闭对话框。

范例结果演示

运行程序，初始界面如图 7-17 所示。

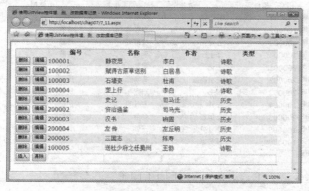

图 7-17　程序初始运行界面

在网页的最后一行输入一条记录，然后单击"插入"按钮插入该记录，此时网页如图 7-18

所示。

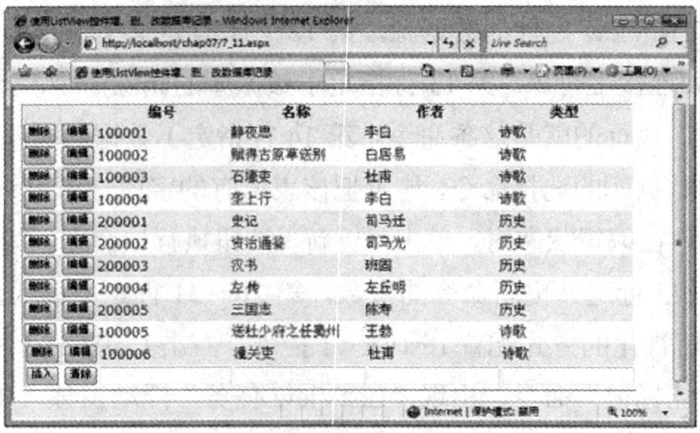

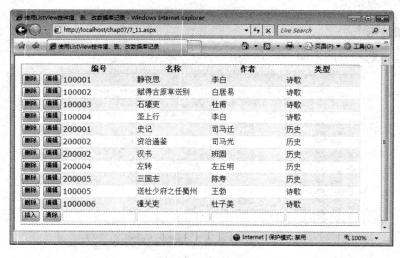

图 7-18　插入新记录

单击新插入的记录右边的"编辑"按钮，进入编辑状态，如图 7-19 所示。

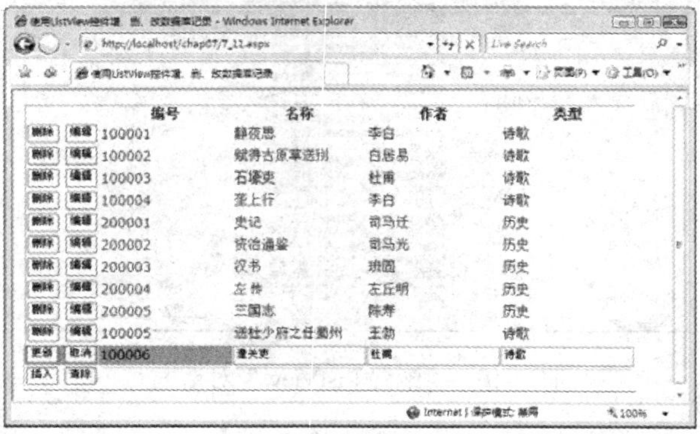

图 7-19　编辑记录

把作者由"杜甫"改为"杜子美"，单击"更新"按钮，此时网页如图 7-20 所示。

图 7-20　更新记录

单击最后一条记录右边的"删除"按钮，删除该记录，此时网页如图 7-21 所示。

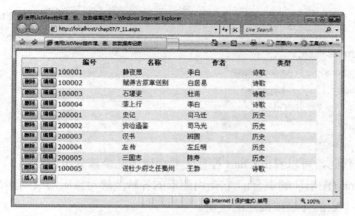

图 7-21　删除记录

7.5　Chart 控 件

Chart 控件是 Visual Studio 2010 中新增的一个图表型控件。该控件在 Visual Studio 2008 中就已经存在了，只是需要通过下载然后将它注册配置到 Visual Studio 2008 的工具箱中才能使用。而现在 Chart 控件已经内置于 Visual Studio 2010 中了，这意味着不用注册或连接任何配置文件项，就可以使用这个控件。所有的配置现在都由 ASP.NET 4.0 预先注册好了。在 Visual Studio 2010 开发环境中，我们会发现在图 7-22 所示的工具箱"数据"项下，存在了一个新的内置 Chart 控件。我们可以像使用其他控件一样将它直接拖到设计视图中就可以使用。

图 7-22　工具箱

Chart 控件功能非常强大，可实现柱状直方图、曲线走势图、饼状比例图等，甚至可以是混合图表、二维或三维图表，可以带或不带坐标系，可以自由配置各条目的颜色、字体等。声明一个 Chart 控件的代码如下所示。

```
<asp:Chart ID="Chart1" runat="server">
    <Series>
        <asp:Series Name="Series1"> </asp:Series>          //定义名为 Series1 的数据显示列
    </Series>
    <ChartAreas>
```

```
          <asp:ChartArea Name="ChartArea1"></asp:ChartArea>    //定义名为 ChartArea1 的
                                                               //绘图区域
       <ChartAreas>
       <Annotations>… </Annotations>
       < Legends >…        </Legends>
       <Titles >…          </Titles>
    </asp:Chart>
```

通过上面的代码，可以看出 Chart 控件主要由以下几个部分组成。

(1) Annotations(图形注解集合)：它是由图形的各种注解对象所形成的集合。所谓注解对象，类似于对某个点的详细或批注的说明。

(2) CharAreas(图表区域集合)：它可以理解为一个图表的绘图区。例如，想在一幅图上呈现两个不同属性的内容，可以建立两个 CharArea 绘图区域。当然，Chart 控件并不限制添加多少个绘图区域，可以根据需要进行添加。对于每一个绘图区域可以设置各自的属性。需要注意的是，绘图区域只是一个可以绘图的区域范围，它本身并不包括各种属性数据。

(3) Legends(图例集合)：它标注图形中各个线条或颜色的含义，同样，一个图片也可以包含多个图例说明，分别说明各个绘图区域的信息。

(4) Series(图表序列集合)：图表序列，应该是整个绘图中最关键的内容了，简单地说，就是实际的绘图数据区域，实际呈现的图形形状，它是由此集合中的每个图表来构成的，可以往集合里添加多个图表，每个图表可以有自己的绘制形状、样式、独立的数据等。需要注意的是，每个图表可以指定它的绘图区域 CharArea，让此图表呈现在某个绘图区域，也可以让几个图表在同一个绘图区域叠加。

(5) Titles(图表标题集合)：它用于图表的标题设置，同样可以添加多个标题，以及设置标题的样式及文字、位置等属性。

以上这些组成 Chart 控件的主要部分，也就是该控件的主要属性。除了这些，还有两个比较常用的属性。

- Tooltip(提示)：用于在标签、图形关键点、标题等，当鼠标移至其上时，会显示给用户一些相关的详细说明信息。
- Url(链接)：设置此属性后在鼠标单击时，可以跳转到其他相应的页面。

对于简单的图表，只要 Char 控件默认生成 Series 和 CharAreas 两个属性标签就可以了，不用对 ChartArea 进行太多的修改，只要在<asp:Series>中添加数据点就可以。数据点被包含在<Points>和</Points>标签中，使用<asp:DataPoint/>来定义。数据点有以下几个重要的属性。

- AxisLabel：获取或设置为数据列或空点的 X 轴标签文本。此属性仅在自定义标签尚未就有关 Axis 对象指定时使用。
- XValues：设置或获取一个图表上数据点的 X 轴坐标值。
- YValues：设置或获取一个图表中数据点的 Y 轴坐标值。

应用范例

本范例将演示如何使用 Chart 控件绘制 NBA 获胜场次统计的图表，步骤如下。

创建一个名为 7_12.aspx 的网页，在网页中添加一个 Chart 控件 Chart1，代码如下所示。

```
1.  <asp:Chart ID="Chart1" runat="server">
2.     <Series>
3.        <asp:Series Name="Series1" YValuesPerPoint="4">
4.           <Points>
5.              <asp:DataPoint AxisLabel="火箭" YValues="17" >
6.              <asp:DataPoint AxisLabel="湖人" YValues="15" />
7.              <asp:DataPoint AxisLabel="公牛" YValues="6" />
8.              <asp:DataPoint AxisLabel="步行者" YValues="4" />
9.              <asp:DataPoint AxisLabel="76 人" YValues="3" />
10.             <asp:DataPoint AxisLabel="波士顿" YValues="3" />
11.             <asp:DataPoint AxisLabel="骑士" YValues="3" />
12.          </Points>
13.       </asp:Series>
14.    </Series>
15.    <ChartAreas>
16.       <asp:ChartArea Name="ChartArea1"></asp:ChartArea>
17.    </ChartAreas>
18. </asp:Chart>
```

程序说明

第 1 行定义了一个服务器图表控件 Chart1 控件。第 2～14 行使用<Series>和</Series>标签定义数据列范围。其中第 3 行定义数据列的名称和数据点 Y 轴具有的最大数目；第 4～12 行使用<Points>和</Points>标签包含需要显示的数据点。第 5～11 行，定义了 7 个数据点并设置 X 轴上的显示文字和 Y 轴上的数据点的值。第 15～17 行使用<ChartAreas>和</ChartAreas>标签定义绘图区域。第 16 行定义一个绘图区域的名称 ChartArea1。

范例结果演示

运行程序，初始界面如图 7-23 所示。

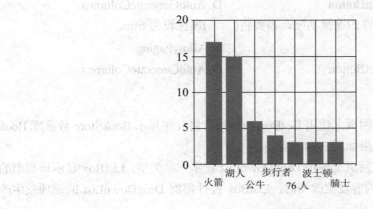

图 7-23 运行结果

7.6　思考与练习

一、填空题

1. 数据源控件不呈现任何用户界面，而是充当_____与_____之间的桥梁。

2. SqlDataSource 数据源控件用于连接_____、_____、_____或_____数据库。

3. AccessDataSource 控件用于连接_____数据库。当数据作为 DataSet 对象返回时，此控件还支持对数据进行排序、筛选和分页等操作。

4. ObjectDataSource 控件表示具有_____和_____的中间层对象，它支持其他数据源控件不支持的_____和_____。

5. 用户必须通过创建_____为 Repeater 控件提供布局。

二、选择题

1. 用于连接数据库的常用数据源控件包括(　　　)。

    A. SqlDataSource　　　　　　　　　　　　B. AccessDataSource

    C. ObjectDataSource　　　　　　　　　　　D. XmlDataSource

2. 只有使用 SQL 查询来设置(　　)属性之后，才可以从数据库中检索数据。如果与 SqlDataSource 相关联的数据库支持(　　)，可以将(　　)属性设置为(　　)的名称。

    A. SelectCommand　　　　　　　　　　　　B. ConnectionString

    C. 存储过程　　　　　　　　　　　　　　　D. 函数

3. AccessDataSource 控件的独有特征之一是不设置(　　)属性。用户只需要使用(　　)属性设置 Access.mdb 文件的位置即可，AccessDataSource 将负责到数据库的连接。

    A. SelectCommand　　　　　　　　　　　　B. ConnectionString

    C. DataFile　　　　　　　　　　　　　　　D. DataSource

4. 要使用 GridView 控件的排序功能，需要将(　　)属性设为 true。

    A. AllowSorting　　　　　　　　　　　　　B. AllowPaging

    C. AutoGenerateSelectButton　　　　　　　D. AutoGenerateColumns

5. 要使用 GridView 控件的选择功能，需要将(　　)属性设为 true。

    A. AllowSorting　　　　　　　　　　　　　B. AllowPaging

    C. AutoGenerateSelectButton　　　　　　　D. AutoGenerateColumns

三、上机操作题

1. 创建一个网页，在该网页上使用 ListBox 控件按价格升序显示 BookStore 数据库 Book 中书籍的名称。程序运行结果如图 7-24 所示。

2. 创建一个网页，在该网页上使用 DropDownList 显示作品类型，ListBox 显示该类型的作品。当 DropDownList 的内容发生改变时，ListBox 控件根据 DropDownList 的选项发生改变。程序运行结果如图 7-25 所示。

图 7-24　根据价格升序显示书籍　　　　　　图 7-25　默认选择的作品类型

改变作品类型，此时 ListBox 中的内容会自动发生改变，如图 7-26 所示。

3. 创建一个网页，在该网页上使用 ListView 控件分页显示 Literature 数据库 Works 表的内容，每页 5 条记录。程序运行结果如图 7-27 所示。

图 7-26　改变作品类型　　　　　　　　图 7-27　分页显示

第8章 LINQ 技 术

语言集成查询(LINQ)是微软公司提供的一种统一数据查询模式，并与.NET 开发语言进行了高度的集成，其在很大程度上简化了数据查询的编码和调试工作，提高了数据处理的性能。LINQ 引入了标准的、易于学习的查询和更新数据模式，可以对其进行扩展以支持几乎任何类型的数据存储。Visual Studio 2010 包含 LINQ 提供程序的程序集，这些程序集支持将LINQ 与.NET Framework、SQL Server 数据库、ADO.NET 数据集一起使用。

本章重点：
- LINQ 的概念
- 在 C#中使用 LINQ
- 在 ADO.NET 中使用 LINQ
- LinqDataSource 控件

8.1 LINQ 简 介

传统意义上针对数据的查询都是以简单的字符串表示，而没有编译时的类型检查或IntelliSense 支持。此外，程序员还必须针对以下各种数据源学习不同的查询语言：SQL 数据库、XML 文档，以及各种 Web 服务等。微软推出了一项革命性的技术创新——语言集成查询。

LINQ 是 Language Integrated Query 的简称，它是集成在.NET 编程语言中的一种特性，已成为编程语言的一个组成部分。由于 LINQ 的出现，程序员可以使用关键字和运算符实现针对强类型化对象集的查询操作。在编写查询过程时，程序员可以得到很好的编译时语法检查、丰富的元数据、智能感知、静态类型等强类型语言的好处，同时它还可以方便地对内存中的信息进行查询而不仅仅只是外部数据源。

最初，LINQ 的产生源于 Anders Hejlsberg(C#的首席设计师)和 Peter Golde 考虑如何扩展C#以更好地集成数据查询。当时，Peter 任 C#编译器开发主管，他在研究扩展 C#编译器的可能性，特别是支持可验证的 SQL 之类特定于域的语言语法的加载项。而 Anders 则设想更深入、更特定级别的集成，他试图构造一组"序列运算符"，这些运算符号能够在实现 IEnumerable的任何集合以及实现 IQueryable 的远程类型查询上运行。最终，序列运算符获得大多数支持，并且 Anders 于 2004 年初向 Bill Gates 的 Thinkweek 递交了一份关于该构思的文件，该构思获得了充分肯定。

LINQ 是一系列技术，包括 LINQ、DLINQ、XLINQ 等。其中 LINQ to 对象是对内存进行操作，LINQ to SQL 是对数据库的操作，LINQ to XML 是对 XML 数据进行操作。图 8-1描述了 LINQ 技术的体系结构。

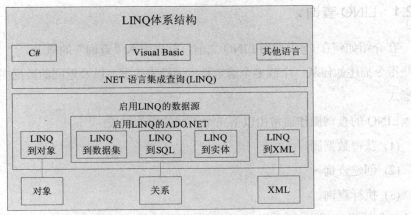

图 8-1　LINQ 体系结构

　　LINQ 技术采用类似于 SQL 语句的句法，它的句法结构是以 from 开始，结束于 select 或 group 子句。开头的 from 子句可以跟随 0 个或者更多个 from 或 where 子句。每个 from 子句都是一个产生器，它引入了一个迭代变量在序列上搜索；每个 where 子句是一个过滤器，它从结果中排除一些项。最后的 select 或 group 子句指定了依据迭代变量得出的结果的外形。select 或 group 子句前面可有一个 orderby 子句，它指明返回结果的顺序。最后 into 子句可以通过把一条查询语句的结果作为产生器插进子序列查询中的方式来拼接查询。

　　下面的代码利用 LINQ 技术从数组 aBunchOfWords 查询出长度为 5 的字符串，最后把查询结果输出到客户端。

```
1.  string[] aBunchOfWords = {"One","Two", "Hello", "World", "Four", "Five"};
2.  var result =
3.  from s in aBunchOfWords
4.  where s.Length == 5
5.  select s;
6.  foreach (var s in result)
7.  {
8.      Response.Write(s);
9.  }
```

　　上面代码中，第 1 行定义字符串集合，第 3 行表示从 aBunchOfWords 数组中查询字符串，第 4 行指定查询条件是字符串长度是 5，第 5 行返回查询结果，第 6～9 行输出结果。从中可以看出，LINQ 在对象领域和数据领域之间架起了一座桥梁。LINQ 查询既可在新项目中使用，也可在现有项目中与非 LINQ 查询一起使用。

8.2　C#中的 LINQ 入门

　　本节介绍如何在 C# 4.0 中使用查询操作。为了简便，这里使用的例子都是控制台程序。

8.2.1　LINQ 查询

在介绍如何在 C#中使用 LINQ 之前，首先引入"查询"的概念。"查询"是一组指令，这些指令描述如何从一个或多个给定数据源检索数据，以及返回的数据应该使用的格式和组织形式。

LINQ 的查询操作通常由以下三个不同的操作组成：

(1) 获得数据源。

(2) 创建查询。

(3) 执行查询。

下面这段示例代码演示了查询操作的三个部分。

```
1.  int[] scores = { 90, 71, 82, 93, 75, 82 };
2.  IEnumerable<int> scoreQuery =
3.      from score in scores
4.      where score > 80
5.      select score;
6.  foreach (int testScore in scoreQuery)
7.  {
8.      Console.WriteLine(testScore);
9.  }
```

在这段代码中，第 1 行创建数据源，这里的数据源是 scores 整型数组；第 2～5 行创建查询，第 6～9 行执行查询。

通常，源数据会在逻辑上组织为相同种类的元素序列。例如，SQL 数据库表包含一个行序列，ADO.NET DataTable 包含一个 DataRow 对象序列。在 XML 文件中，有一个 XML 元素序列(不过这些元素按分层形式组织为树结构)。内存中的集合包含一个对象序列。

从应用程序的角度来看，源数据的具体类型和结构并不重要。应用程序始终将源数据视为一个 IEnumerable<(Of <(T)>)>或 IQueryable<(Of <(T)>)>集合。例如上面的示例代码中由于数据源是数组，而它隐式支持泛型接口，因此它可以用 LINQ 进行查询。在 LINQ to XML 中，源数据显示为一个 IEnumerable<XElement>。在 LINQ to DataSet 中，它是一个 IEnumerable<DataRow>。在 LINQ to SQL 中，它是定义用来表示 SQL 表中数据的 IEnumerable 或 IQueryable。

在 LINQ 中，查询的执行与查询本身截然不同，如果只是创建查询变量，那么不会检索出任何数据。图 8-2 展示了完整的查询操作。

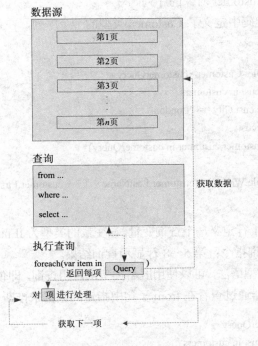

图 8-2　查询操作步骤

　　查询变量本身支持存储查询命令，而只有执行查询才能获取数据信息。根据执行的时间，查询分为以下两种：

　　(1) 延迟执行，在定义完查询变量后，实际的查询执行会延迟到在 foreach 语句中循环访问查询变量时发生。

　　(2) 强制立即执行，对一系列源元素执行聚合函数的查询必须首先循环访问这些元素。Count、Max、Average 和 First 就属于此类型查询。这些类型的查询返回单个值，而不是 IEnumerable 集合。

8.2.2　LINQ 和泛型

　　LINQ 查询基于泛型类型，虽然不需深入了解泛型即可开始编写查询，但还是需要了解以下两个基本概念。

　　(1) 当创建泛型集合类，如 List<(Of <(T)>)>的实例时，把 T 替换为列表将包含的对象的类型。例如，字符串列表表示为 List<string>，Customer 对象列表表示为 List<Customer>。泛型列表是强类型的，与将其元素存储为 Object 的集合相比，它提供了更多的好处。例如，如果程序员尝试将 Customer 添加到 List<string>，就会在编译时出现一条错误。泛型集合易于使用的原因是运行时不必执行强制类型转换。

　　(2) IEnumerable<(Of<(T)>)>是一个接口，通过该接口，可以使用 foreach 语句来枚举泛型集合类。

　　LINQ 查询变量的类型为 IEnumerable<(Of<(T)>)>或派生类型，如 IQueryable<(Of <(T)>)>。当看到类型为 IEnumerable<Customer>的查询变量时，这意味着在执行该查询时，该查询将生成包含零个或多个 Customer 对象的序列。

例如，下面的代码中定义了 Customer 类型的一个序列，在查询结果中将返回 Customer 类型的一个序列。

```
1.  IEnumerable<Customer> customerQuery =
2.      from cust in customers
3.      where cust.City == "London"
4.      select cust;
5.  foreach (Customer customer in customerQuery)
6.  {
7.      Console.WriteLine(customer.LastName + ", " + customer.FirstName);
8.  }
```

上面代码中，第 1 行定义一个查询变量，该变量的类型为 IEnumerable<Customer>；第 2～4 行定义了具体的查询指令；第 5～8 行显示查询结果。

为了避免使用泛型语法，可以使用匿名类型来声明查询，即使用 var 关键字来声明查询。var 关键字指示编译器通过查看在 from 子句中指定的数据来推断查询变量的类型。例如：

```
1.  var customerQuery =
2.      from cust in customers
3.      where cust.City == "London"
4.      select cust;
5.  foreach (var customer in customerQuery)
6.  {
7.      Console.WriteLine(customer.LastName + ", " + customer.FirstName);
8.  }
```

除第 1 行外，这段代码和前面的代码相同。这里查询变量的类型和 customers 相同，而 customers 的类型为 IEnumerable<Customer>。因此，这段代码和前面的代码具有相同的效果。

8.2.3　查询表达式

对于编写查询的开发人员来说，LINQ 最明显的“语言集成”部分是查询表达式。查询表达式使用引入的声明性查询语法编写。通过使用查询语法，开发人员可以使用最少的代码对数据源执行复杂的筛选、排序和分组操作，也可以查询和转换 SQL 数据库、ADO.NET 数据集、XML 文档和流以及.NET 集合中的数据。

查询表达式是用查询语法表示的查询，它是一流的语言构造。它就像任何其他表达式一样，可以用在 C#表达式有效的任何上下文中。查询表达式由一组子句组成，这些子句使用类似于 SQL 或 XQuery 的声明性语法编写，每个子句又包含一个或多个 C#表达式，而这些表达式本身又可能是查询表达式或包含查询表达式。

查询表达式必须以 from 子句开头，并且必须以 select 或 group 子句结尾。在第一个 from 子句和最后一个 select 或 group 子句之间，查询表达式可以包含一个或多个下列可选子句：where、orderby、join 及 let，甚至可以包括附加的 from 子句。还可以使用 into 关键字使 join

或 group 子句的结果能够充当同一查询表达式中附加查询子句的源。

● from 子句

查询表达式必须以 from 子句开头。它同时指定了数据源和范围变量。在对源序列进行遍历的过程中，范围变量表示源序列中的每个后续元素。将根据数据源中元素的类型对范围变量进行强类型化。

● select 子句

使用 select 子句可产生所有其他类型的序列。简单的 select 子句只是产生与数据源中包含的对象具有相同类型的对象的序列。例如下面的代码：

```
1.   IEnumerable<Country> sortedQuery =
2.       from country in countries
3.       orderby country.Area
4.       select country;
```

在上面的代码中，第 1 行定义查询变量；第 2 行定义数据源，该查询的数据源包含 country 对象；第 3 行的 orderby 子句将元素重新排序；第 4 行的 select 子句产生重新排序的 country 对象的序列。

● group 子句

使用 group 子句可产生按照指定的键进行分组的序列。键可以采用任何数据类型。例如，可以指定结果按 City 分组，以便使位于伦敦和巴黎的所有客户位于各自的组中，代码如下：

```
1.   var queryCustomersByCity =
2.       from cust in customers
3.       group cust by cust.City;
4.   foreach (var customerGroup in queryCustomersByCity)
5.   {
6.       Console.WriteLine(customerGroup.Key);
7.       foreach (Customer customer in customerGroup)
8.       {
9.           Console.WriteLine("    {0}", customer.Name);
10.      }
11.  }
```

上面代码中，第 3 行使用 City 对查询结果进行分组；第 4～11 行遍历查询结果。在使用 group 子句结束查询时，结果保存在嵌套的列表中。列表中的每个元素是一个列表，该子列表中包含根据 Key 键划分的每个小组的对象。在循环访问生成组序列的查询时，必须使用嵌套的 foreach 循环。外部循环用于循环访问每个组，内部循环用于循环访问每个组的成员。

如果必须引用组操作的结果，可以使用 into 关键字来创建可进一步查询的标识符。下面的查询只返回那些包含两个以上的客户的组：

```
1.   var custQuery =
2.       from cust in customers
3.       group cust by cust.City into custGroup
```

```
4.        where custGroup.Count() > 2
5.        orderby custGroup.Key
6.        select custGroup;
```

第 3 行使用 into 关键字表示把 group 分组的结果保存在 custGroup 中；第 4 行设置查询的条件为返回客户多于 2 的分组。

● where 子句

where 子句是查询的筛选器，最常用的查询操作是应用布尔表达式形式的筛选器。此筛选器使查询只返回那些表达式结果为 true 的元素。实际上，筛选器指定从源序列中排除哪些元素。在下面的示例中，只返回那些地址位于伦敦的 customers：

```
1.    var queryLondonCustomers =
2.        from cust in customers
3.        where cust.City == "London"
4.        select cust;
```

上面的代码中，第 3 行设置查询的条件为客户的地址是否在伦敦。通过 where 子句，排除客户地址不在伦敦的客户。

如果要使用多个筛选条件，需要使用逻辑运算符号，如&&、||等。例如，下面的代码只返回位于"伦敦"且姓名为"Devon"的客户：

```
where cust.City=="London" && cust.Name == "Devon"
```

● orderby 子句

使用 orderby 子句可以很方便地对返回的数据进行排序。orderby 子句对返回的序列中的元素，根据指定的排序类型，使用默认比较器进行排序。例如，下面查询返回的结果为按 Name 属性进行排序的序列：

```
1.    var queryLondonCustomers3 =
2.        from cust in customers
3.        where cust.City == "London"
4.        orderby cust.Name ascending
5.        select cust;
```

上面代码中，第 4 行使用 orderby 进行排序。Customer 类型的 Name 属性是一个字符串，所以默认比较器执行从 A～Z 的字母排序。此外，ascending 表示按递增的顺序进行排列，为默认方式；descending 表示逆序排列，若要把筛选的数据进行逆序排列，则必须在查询语句中加上该修饰符。

● 连接

连接运算创建数据源中没有显式建模的序列之间的关联。例如，可以执行连接来查找符合以下条件的所有客户：位于巴黎，且从位于伦敦的供应商处订购产品。在 LINQ 中，join 子句始终针对对象集合而非直接针对数据库表。在 LINQ 中，不必像在 SQL 中那样频繁使用 join，因为 LINQ 中的外键在对象模型中表示为包含项集合的属性。例如，Customer 对象包含 Order 对象的集合。不必执行连接，只需使用点表示法访问订单。

> from order in Customer.Orders...

- 投影

select 子句生成查询结果并指定每个返回的元素的类型。例如，可以指定结果包含整个
Customer 对象、仅一个成员、成员的子集，还是某个基于计算或新对象创建的完全不同的类
型。当 select 子句生成源元素副本以外的内容时，该操作称为"投影"。使用投影转换数据
是 LINQ 查询表达式的一种强大功能。

应用范例

下面的代码演示了从国家集合中查找面积大于 500 万平方千米的国家。

程序清单

```
1.  public class Country
2.  {
3.        public string name { get; set; }
4.        public int area { get; set; }
5.  }
6.  static void Main(string[] args)
7.  {
8.        List<Country> countries = new List<Country>
9.        {
10.            new Country {name = "中国",area = 966},
11.            new Country {name = "俄罗斯", area = 1707},
12.            new Country {name = "印度", area = 328},
13.            new Country {name = "阿根廷", area = 278},
14.            new Country {name = "伊朗", area = 163}
15.        };
16.        IEnumerable<string> countryQuery =
17.        from c in countries
18.        where c.area > 500
19.        orderby c.area descending
20.        select c.name;
21.        Console.WriteLine("领土面积大于 500 万平方千米的国家有：");
22.        foreach (var c in countryQuery)
23.        {
24.            Console.WriteLine(c);
25.        }
26.        Console.ReadLine();
27. }
```

程序说明

第 1～5 行定义了一个名为 Country 的类，该类包含两个成员变量：name 是一个 string

变量，表示国家的名字；area 是一个 int 变量，表示国家的面积。第 8～15 行初始化一个 List。第 16～20 行定义了一个查询表达式。其中，第 16 行定义了一个查询变量 countryQuery，第 17 行定义了查询表达式的 from 子句，countries 是由 Country 组成的列表，这里被指定为查询的数据源，c 是范围变量，因为 countries 是 Country 对象数组，所以范围变量 c 也被类型化为 Country，这样就可以在第 18 行使用点运算符来访问该类型的 area 成员。第 19 行设置查询的排序方式是按照面积大小降序排列。第 20 行使用投影操作，改变数据源的类型。第 22～25 行通过循环遍历符合要求的变量，并把符合要求的国家的名字显示到屏幕上。

范例结果演示

运行该程序，如图 8-3 所示。

图 8-3　显示符合要求的国家

8.2.4　LINQ 实现的基础

LINQ 的实现离不开其他一些功能的协同配合，如隐式类型变量、匿名类型、扩展方法和 Lambda 表达式等。这些都和 LINQ 有着密切的关系，或者从某种角度来说，这些功能是能够使 LINQ 实现的基础。

(1) 查询表达式：查询表达式使用类似于 SQL 或 XQuery 的声明性语法来查询 IEnumerable 集合。LINQ 提供程序定义了标准查询运算符，这些运算符是一组扩展方法。在编译时，查询语法转换为对这些扩展方法的调用。应用程序通过使用 using 指令指定适当的命名空间来控制标准查询运算符的范围。

(2) 隐式类型：借助隐式类型，不必在声明并初始化查询变量时显式指定类型，可以使用 var 修饰符来通知编译器推断并分配类型。

(3) 对象和集合初始化：通过对象和集合初始值设定项，初始化对象时无须为对象显式调用构造函数。初始值设定项通常用在将源数据投影到新数据类型的查询表达式中。

(4) 匿名类型：匿名类型由编译器构建，且类型名称只可用于编译器。匿名类型提供了一种在查询结果中临时分组一组属性的简便方法，无须定义单独的命名类型。

(5) 扩展方法：扩展方法是一种可与类型关联的静态方法，因此可以像实例方法那样调用它。实际上，此功能使程序员能够将新方法"添加"到现有类型，而不会实际修改它们。标准查询运算符是一组扩展方法，它们为实现 IEnumerable<(Of <(T)>)>的任何类型提供 LINQ 查询功能。

(6) Lambda 表达式：Lambda 表达式是一种内联函数，该函数使用=>运算符将输入参数与函数体分离，并且可以在编译时转换为委托或表达式树。在 LINQ 编程中，使用 Lambda 表达式对标准查询运算符进行直接方法调用。

(7) 自动实现的属性：通过自动实现的属性，可以更简明地声明属性。

以上这些功能是实现 LINQ 的基础，有关详细的信息可以参考 MSDN 中的相关内容。

8.3　LINQ to ADO.NET

LINQ to ADO.NET 主要用来操作关系数据，包括 LINQ to DataSet、LINQ to SQL 和 LINQ to 实体。其中，LINQ to DataSet 可以将丰富的查询功能建立到 DataSet 中；LINQ to SQL 提供运行时基础结构，用于将关系数据库作为对象管理；LINQ to 实体则通过实体数据模型，把关系数据在.NET 环境中公开为对象，这使得对象层成为实现 LINQ 支持的理想目标。

8.3.1　LINQ to SQL

在 LINQ to SQL 中，关系数据库的数据模型映射为编程语言表示的对象模型。当应用程序运行时，LINQ to SQL 会将对象模型中的语言集成查询转换为 SQL，然后将它们发送到数据库进行执行。当数据库返回结果时，LINQ to SQL 会将它们再次转换为编程语言处理的对象。

通过使用 LINQ to SQL，可以像访问内存中的集合一样访问 SQL 数据库。例如，下面的代码使用 LINQ 进行数据库查询操作。

```
1.   BookSample bookSample= new BookSample (@"BookStore.mdf");
2.   var bookQuery =
3.         from book in bookSample. Book
4.         where book.作者 == "张三"
5.         select book.名称;
6.   foreach (var book in bookQuery)
7.   {
8.         Response.Write (book);
9.   }
```

其中，第 1 行创建 bookSample 对象表示 BookStore 数据库，第 3 行将 Book 表作为目标，第 4 行筛选出作者为"张三"的 Book 记录，第 5 行执行投影操作，返回一个表示作品名称的字符串。

使用 LINQ to SQL 可以完成几乎所有使用 T-SQL 可以执行的功能，LINQ to SQL 可以完成的常用功能包括选择、插入、更新和删除。

以上四大功能包含了数据库应用程序的所有功能，LINQ to SQL 全部能够实现。因此，在掌握了 LINQ 技术后，就不需要再针对特殊的数据库学习特别的 SQL 语法了(不同的数据库 SQL 语法有很多的不同，正是基于这一点才导致了 LINQ 技术的出现)。

LINQ to SQL 的使用主要可以分为以下两大步骤：

第 1 个步骤是创建对象模型。要实现 LINQ to SQL，首先必须根据现有关系数据库的元数据创建对象模型。对象模型就是按照开发人员所用的编程语言来表示的数据库。关于如何创建对象模型，在后面的章节会详细介绍。

第 2 个步骤是使用对象模型。在创建了对象模型之后，就可以在该模型中描述信息请求和操作数据了。下面是使用已创建的对象模型的典型步骤。

(1) 创建查询用于从数据库中检索信息。

(2) 重写 Insert、Update 和 Delete 的默认行为。

(3) 设置适当的选项以检测和报告并发冲突。

(4) 建立继承层次结构。

(5) 提供合适的用户界面。

(6) 调试并测试应用程序。

以上只是使用对象模型的典型步骤，其中很多步骤都是可选的，在实际应用中，有些步骤可能并不会使用到。

8.3.2　对象模型和对象模型的创建

对象模型是关系数据库在编程语言中表示的数据模型，对对象模型的操作就是对关系数据库的操作。表 8-1 列举了 LINQ to SQL 对象模型中最基本的元素及其与关系数据库模型中的元素的关系。

表 8-1　LINQ to SQL 对象模型中最基本的元素与关系数据模型中元素的关系

LINQ to SQL 对象模型	关系数据模型
实体类	表
类成员	列
关联	外键关系
方法	存储过程或函数

创建对象模型，就是基于关系数据库来创建这些 LINQ to SQL 对象模型中最基本的元素。创建对象模型方法有以下三种：

(1) 使用对象关系设计器。对象关系设计器提供了用于从现有数据库创建对象模型的丰富用户界面，它包含在 VS 2010 中，最适合小型或中型数据库。

(2) 使用 SQLMetal 代码生成工具，这个工具适合大型数据库的开发，因此对于普通读者来说，这种方法就不常用了。

(3) 直接编写创建对象的代码。

下面详细介绍如何使用对象关系设计器创建对象模型。

对象关系设计器(O/R 设计器)提供了一个可视化设计图面，用于创建基于数据库中对象的 LINQ to SQL 实体类和关联(关系)。换句话说，O/R 设计器用于在应用程序中创建映射到数据库对象的对象模型。它还生成一个强类型 DataContext，用于在实体类与数据库之间发送和接收数据。O/R 设计器还提供了相关功能，用于将存储过程和函数映射到 DataContext 方法以便返回数据和填充实体类。最后，O/R 设计器提供了对实体类之间的继承关系进行设计的能力。

强类型 DataContext 对应于类 DataContext，它表示 LINQ to SQL 框架的主入口点，充当

SQL Server 数据库与映射到数据库的 LINQ to SQL 实体类之间的管道。DataContext 类包含用于连接数据库以及操作数据库数据的连接字符串信息和方法。默认情况下，DataContext 类包含多个可以调用的方法，例如用于将已更新数据从 LINQ to SQL 类发送到数据库的 SubmitChanges 方法。还可以创建其他映射到存储过程和函数的 DataContext 方法。也就是说，调用这些自定义方法将运行数据库中 DataContext 方法所映射到的存储过程或函数。与可以添加方法对任何类进行扩展一样，也可以将新方法添加到 DataContext 类。下面就通过一个例子来说明如何使用对象关系设计器来创建 LINQ to SQL 实体类。

应用范例

本范例演示如何使用对象关系设计器来创建 LINQ to SQL 实体类，这里使用的数据源为 Literature 数据库的 Works 表，步骤如下。

(1) 创建一个名为 chap08 的网站。

(2) 如果网站上还没有 App_Code 文件夹，在解决方案资源管理器中右击相应的项目，在弹出的快捷菜单中选择"添加 ASP.NET 文件夹"命令，然后单击 App_Code 子菜单，创建该文件夹。

(3) 右击 App_Code 文件夹，在弹出的快捷菜单中选择"添加新项"命令，弹出"添加新项"对话框。在"Visual Studio 已安装的模板"下选择"LINQ to SQL 类"模板，重命名为 Reviews.dbml 文件，如图 8-4 所示。

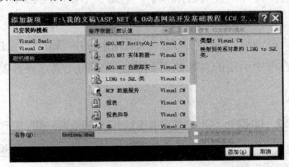

图 8-4 添加 LINQ to SQL 类

(4) 单击"添加"按钮关闭该对话框，在服务器资源管理器中依次展开"数据连接" |ykz-20091130atm.Literature.dbo|"表"，如图 8-5 所示。

图 8-5 服务器资源管理器

(5) 将 works 表拖动到"对象关系设计器"窗口中，如图 8-6 所示。该表及其列在设计器窗口中由名为 works 的实体表示。保存 Reviews.dbml 文件。

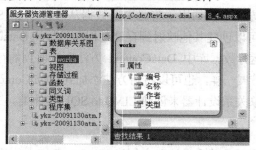

图 8-6　Reviews.dbml 设计视图

(6) 在解决方案资源管理器中，打开 Reviews.designer.cs 文件，可以发现此时该文件已包含 ReviewsDataContext 和 works 的类。ReviewsDataContext 类表示数据库，而 works 类表示数据库表。ReviewsDataContext 类的无参数构造函数从 Web.config 文件读取连接字符串。打开 Web.config 文件可以发现，已在 connectionStrings 元素中添加了连接字符串。

8.3.3　查询数据库

创建了对象模型后，就可以查询数据库了。下面介绍如何在 LINQ to SQL 项目中查询数据库。

LINQ to SQL 中的查询与 LINQ 中的查询使用相同的语法，只不过它们操作的对象有所差异，LINQ to SQL 查询中引用的对象映射到数据库中的元素。表 8-2 列出了两者相似和不同之处。

表 8-2　LINQ to SQL 中的查询与 LINQ 中的查询的相似和不同

项	LINQ 查询	LINQ to SQL 查询
保存查询的局部变量的返回类型 (对于返回序列的查询而言)	泛型 IEnumerable	泛型 IQueryable
指定数据源	使用开发语言直接指定	相同
筛选	使用 Where/where 子句	相同
分组	使用 Group…by/groupby	相同
选择	使用 Select/select 子句	相同

LINQ to SQL 会将编写的查询转换成等效的 SQL 语句，然后把它们发送到服务器进行处理。具体来说，应用程序将使用 LINQ to SQL API 来请求查询执行，LINQ to SQL 提供程序随后会将查询转换成 SQL 文本，并委托 ADO 提供程序执行。ADO 提供程序将查询结果作为 DataReader 返回，而 LINQ to SQL 提供程序将 ADO 结果转换成用户对象的 IQueryable 集合。图 8-7 描绘了 LINQ to SQL 的查询过程。

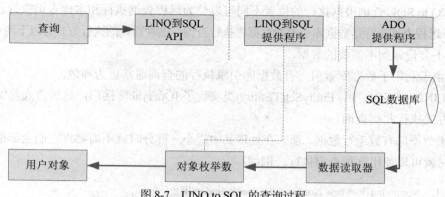

图 8-7　LINQ to SQL 的查询过程

应用范例

在本范例中，从实体类 works 中获取查询的数据，并把数据在网页中显示。

在本章创建的网站中新添一个名为 8_1.aspx 的网页，在该网页上添加一个 GridView 控件，然后在网页的 Page_Load 函数中加入如下代码：

```
1.   ReviewsDataContext data = new ReviewsDataContext ();
2.   var WorksQuery = from w in data.works
3.                    select w;
4.   GridView1.DataSource = WorksQuery;
5.   GridView1.DataBind();
```

程序说明

第 1 行实例化 ReviewsDataContext 类，创建一个名为 data 的对象。第 2 行和第 3 行创建一个查询，数据源为 Literature 数据库 works 表。第 4 行把查询作为 GridView 控件的数据源。第 5 行执行数据绑定。

范例结果演示

运行该程序，弹出的网页如图 8-8 所示。

图 8-8　查询数据库

LINQ to SQL 查询根据执行的位置不同可以分为远程查询执行和本地查询执行。

(1) 远程查询执行是数据库引擎对数据库执行查询。这种查询的执行方式有以下两个优点。

● 不会检索到不需要的数据。

● 由于利用了数据库索引，有数据库引擎执行的查询通常更为高效。

在 LINQ to SQL 中，EntitySet(TEntity)类实现了 IQueryable 接口，这种方式确保了可以以远程方式执行此类查询。

如果数据库有数千行数据，那么在处理其中很小一部分时就不需要将它们全部都检索出来。这时就可以使用远程查询执行。例如：

```
1.  Northwind db = new Northwind(@"northwind.mdf");
2.  Customer c = db.Customers.Single(x => x.CustomerID == "19283");
3.  foreach (Order ord in
4.      c.Orders.Where(o => o.ShippedDate.Value.Year == 1998))
5.  {
6.      // Do something.
7.  }
```

第 1 行创建一个 Northwind 类的对象；第 2 行和第 4 行采用 Lambda 表达式来编写查询，使用 Lambda 表达式可以使查询代码更简洁明了。这段代码可以采用远程执行方式，LINQ to SQL 会把查询转化为 SQL 文本发送到数据库服务器执行。

(2) 本地查询执行是在本地执行查询，即对本地缓存进行查询。在某些情况下，可能需要在本地缓存中保留完整的相关实体集，为此，EntitySet(TEntity)类提供了 Load 方法，用于显式加载 EntitySet(TEntity)的所有成员。在 EntitySet(TEntity)加载后，后续查询将在本地执行，这样也有以下两个优点：

● 如果此完整集必须在本地使用或使用多次，那么可以避免远程查询和与之相关的延迟。

● 实体可以序列化为完整的实体。

下面这段代码演示了如何在本地执行查询。

```
1.  Northwind db = new Northwind(@"northwind.mdf");
2.  Customer c = db.Customers.Single(x => x.CustomerID == "19283");
3.  c.Orders.Load();
4.  foreach (Order ord in
5.      c.Orders.Where(o => o.ShippedDate.Value.Year == 1998))
6.  {
7.      // Do something.
8.  }
```

这段代码中第 3 行利用 Load 方法把获得的实体数据加载到本地，然后在本地对放在缓存中的对象进行查询。其余部分和前面的代码相同，这里就不再介绍了。

有关 LINQ to SQL 查询的知识就这么多，下面通过几个实例来介绍 LINQ to SQL 查询的综合应用。

8.3.4　更改数据库

本节介绍如何对数据库进行更改。程序员可以利用 LINQ to SQL 对数据库进行插入、更新和删除操作。在 LINQ to SQL 中执行插入、更新和删除操作的方法是：向对象模型中添加对象、更改和移除对象模型中的对象，然后 LINQ to SQL 会把所做的操作转化成 SQL，最后把这些 SQL 提交到数据库执行。默认情况下，LINQ to SQL 会自动生成动态 SQL 来实现插入、读取及更新的操作，不过有时还可能需要程序员自定义应用程序以满足实际的业务需要。

1. 插入操作

向数据库插入行的操作步骤如下：

(1) 创建一个包含要提交到列数据的新对象。

(2) 将这个新对象添加到与数据库中目标表关联的 LINQ to SQL Table 集合。

(3) 将更改提交到数据库。

应用范例

本范例仍然使用在前面创建的 works 实体类，利用 LINQ to SQL 向该实体类的对象插入一条数据。

在本章创建的网站中新增一个名为 8_2.aspx 的网页，在该网页中加入一个 GridView 控件，然后在网页的 Page_Load 函数中加入如下代码：

```
1.   ReviewsDataContext data = new ReviewsDataContext ();
2.   works pro = new works();
3.   pro.编号 = 100006;
4.   pro.产地 = "潼关吏";
5.   pro.作者 = "杜甫";
6.   pro.类型 = "散文";
7.   data.works.InsertOnSubmit(pro);
8.   data.SubmitChanges();
9.   var WorksQuery = from w in data.works
10.                  select w;
11.  GridView1.DataSource = WorksQuery;
12.  GridView1.DataBind();
```

程序说明

这段代码中，第 2 行声明了一个 works 类的对象 pro，并赋值；第 3~6 行给 pro 对象赋值；第 7 行调用 InsertOnSubmit 方法向 LINQ to SQL Table(TEntity)集合中插入该条数据；第 8 行调用 SubmitChanges 方法提交更改。

范例结果演示

运行该程序，弹出的网页如图 8-9 所示。

图 8-9　插入记录

2. 更新操作

更新数据库中的行的操作步骤如下：

(1) 查询数据库中要更新的行。

(2) 对得到的 LINQ to SQL 对象中成员值进行所需要的更改。

(3) 将更改提交到数据库。

应用范例

读者可能会发现《潼关吏》的作品类型应该是诗歌而不是散文，在下面的范例中改正这个错误。

在本章创建的网站中新增一个名为 8_3.aspx 的网页，在该网页中加入一个 GridView 控件，然后在网页的 Page_Load 函数中加入如下代码：

```
1.  ReviewsDataContext data = new ReviewsDataContext();
2.  var query =
3.      from pro in data.works
4.      where pro.编号 == 100006
5.      select pro;

6.  foreach (works pro in query)
7.  {
8.      pro.类型 = "诗歌";
9.  }
10. data.SubmitChanges();

11. var WorksQuery = from w in data.works
12.                  select w;
13. GridView1.DataSource = WorksQuery;
14. GridView1.DataBind();
```

程序说明

第 2～5 行利用 LINQ to SQL 从数据库查询到一行数据，然后在第 6～9 行更新获得的对象的某些列的值，第 10 行把更新提交到数据库以对数据库进行更新。第 11～14 行把更新后的数据显示在网页中。

范例结果演示

运行该程序，弹出的网页如图 8-10 所示。

图 8-10　修改记录

3．删除操作

可以通过将对应的 LINQ to SQL 对象从其与表相关的集合中删除来删除数据库中的行。不过，LINQ to SQL 不支持且无法识别级联删除操作。如果要在对行有约束的表中删除行，那么必须完成以下任务之一：

- 在数据库的外键约束中设置 ON DELETE CASCADE 规则。
- 使用自己的代码首先删除阻止删除父对象的子对象。

删除数据库中的行的操作步骤如下：

(1) 查询数据库中要删除的行。

(2) 调用 DeleteOnSubmit 方法。

(3) 将更改提交到数据库。

应用范例

本范例通过实体类 works 删除数据库中表 works 中编号为 100006 的记录。

在本章创建的网站中新增一个名为 8_4.aspx 的网页，在该网页中加入一个 GridView 控件，然后在网页的 Page_Load 函数中加入如下代码：

```
1.    ReviewsDataContext data = new ReviewsDataContext();
2.    var deleteWorks =
3.            from pro in data.works
4.            where pro.编号 == 100006
5.            select pro;
```

```
6.    foreach (var pro in deleteWorks)
7.    {
8.            data.works.DeleteOnSubmit(pro);
9.    }
10.   data.SubmitChanges();
11.   var WorksQuery = from w in data.works
12.                    select w;
13.   GridView1.DataSource = WorksQuery;
14.   GridView1.DataBind();
```

程序说明

第 2～5 行利用 LINQ to SQL 从数据库查询到编号为 100006 的记录，第 8 行调用方法 DeleteOnSubmit 删除获得对象，第 10 行把更改提交到数据库以对数据库进行删除。

范例结果演示

运行该程序，弹出的网页如图 8-11 所示。

图 8-11　删除记录

以上介绍的插入、修改和删除的操作步骤中都有一个关键步骤就是提交更改，用代码体现如下。

```
db.SubmitChanges();
```

其实，无论对对象做了多少更改，都只是更改内存中的副本，并未对数据库中实际数据做任何更改，只有直接对 DataContext 显式调用 SubmitChanges，所做的更改才会有效果。

当进行此调用时，DataContext 会设法将所做的更改转化为等效的 SQL 命令，可以使用自己的自定义逻辑来重写这些操作，但提交顺序是由 DataContext 的一项称为"更改处理器"的服务来协调的。事件的顺序如下：

(1) 当调用 SubmitChanges 时，LINQ to SQL 会检查已知对象的集合以确定新实例是否已附加到它们。如果已附加，这些新实例将添加到被跟踪对象的集合。

(2) 所有具有挂起更改的对象将按照它们之间的依赖关系排序成一个对象序列。如果一个对象的更改依赖于其他对象，那么这个对象将排在其依赖项之后。

(3) 在即将传输任何实际更改时，LINQ to SQL 会启动一个事务来封装由各条命令组成的系列。

(4) 对对象的更改会逐个转换为 SQL 命令，然后发送到服务器。

此时，如果数据库检测到任何错误，都会造成提交进程停止并引发异常。将回滚对数据库的所有更改，就像未进行过提交一样。DataContext 仍具有所有更改的完整记录。因此可以设法修正问题并重新调用 SubmitChanges，就像下面的代码示例中显示的那样：

```
1.  try
2.  {
3.      db.SubmitChanges();
4.  }
5.  catch (Exception e)
6.  {
7.      //出现异常就做一些修正
8.      //做完修正后再提交更改
9.      db.SubmitChanges();
10. }
```

上面的代码中，第 3 行调用 SubmitChanges 对数据库进行更改，如果该函数出现异常，那么进入异常处理部分，读者可以进行异常处理后再次调用该函数，如第 9 行所示。

8.3.5 LINQ to DataSet

使用 LINQ to DataSet 可以更快、更容易地查询在 DataSet 对象中缓存的数据。具体而言，通过使开发人员能够使用编程语言本身而不是使用单独的查询语言来编写查询，LINQ to DataSet 可以简化查询。对于现在可以在其查询中利用 Visual Studio 所提供的编译时语法检查、静态类型和 IntelliSense 支持的 Visual Studio 开发人员，这特别有用。

LINQ to DataSet 也可用于查询从一个或多个数据源合并的数据。这可以使许多需要灵活表示和处理数据的方案能够实现。LINQ to DataSet 功能主要通过 DataRowExtensions 和 DataTableExtensions 类中的扩展方法公开。LINQ to DataSet 基于并使用现有的 ADO.NET 2.0 体系结构生成，在应用程序代码中不能替换 ADO.NET 2.0。现有的 ADO.NET 2.0 代码将继续在 LINQ to DataSet 应用程序中有效。

应用范例

本范例演示如何使用 LINQ 查询 Literature 数据库 works 表中历史著作，并使用 GridView 控件显示这些记录。创建网页并添加 GridView 控件后，需要在该网页的 Page_Load 事件中增加如下代码：

```
1.  protected void Page_Load(object sender, EventArgs e)
2.  {
3.      String sqlconn = " Server=localhost; DataBase=Literature; Integrated Security=SSPI ";
4.      SqlConnection myConnection = new SqlConnection(sqlconn);
```

```
5.        myConnection.Open();
6.        SqlCommand myCommand = new SqlCommand("select * from works", myConnection);
7.        SqlDataAdapter Adapter = new SqlDataAdapter();
8.        Adapter.SelectCommand = myCommand;
9.        DataSet myDs = new DataSet();
10.       Adapter.Fill(myDs);
11.       DataTable works = myDs.Tables[0];
12.       var query =
13.           from w in works.AsEnumerable()
14.           select new
15.           {
16.               产品名称 = w.Field<string>("名称"),
17.               产地 = w.Field<string>("作者")
18.           };
19.       GridView1.DataSource = query;
20.       GridView1.DataBind();
21.       myConnection.Close();
22.   }
```

程序说明

第 3 行定义了查询字符串,第 4 行和第 5 行与数据库建立连接,第 6~10 行填充 DataSet,这部分内容前面多次出现过,这里不再重复。第 12~19 行定义一个查询。第 13 行指定查询的范围是 DataSet 中的 DataTable 对象 works。第 14~18 行使用 select 子句产生符合要求的序列。第 19 行把查询结果作为 GridView 控件的数据源。

范例结果演示

运行该程序,如图 8-12 所示。

图 8-12　显示作品名称和作者

8.4　LinqDataSource 控件

　　LinqDataSource 控件为用户提供了一种将数据控件连接到多种数据源的方法，其中包括数据库数据、数据源类和内存中集合。通过使用 LinqDataSource 控件，用户可以针对所有这些类型的数据源指定类似于数据库检索的任务(选择、筛选、分组和排序)。可以指定针对数据库表的修改任务(更新、删除和插入)。

　　用户可以使用 LinqDataSource 控件连接存储在公共字段或属性中的任何类型的数据集合。对于所有数据源来说，用于执行数据操作的声明性标记和代码都是相同的。用户可以使用相同的语法，与数据库表中的数据或数据集合(与数组类似)中的数据进行交互。

　　若要显示 LinqDataSource 控件中的数据，可将数据绑定控件绑定到 LinqDataSource 控件。例如，将 DetailsView 控件、GridView 控件或 ListView 控件绑定到 LinqDataSource 控件。为此，将数据绑定控件的 DataSourceID 属性设置为 LinqDataSource 控件的 ID。

　　数据绑定控件将自动创建用户界面以显示 LinqDataSource 控件中的数据。它还提供用于对数据进行排序和分页的界面。在启用数据修改后，数据绑定控件会提供用于更新、插入和删除记录的界面。

　　通过将数据绑定控件配置为不自动生成数据控件字段，可以限制显示的数据(属性)。然后可以在数据绑定控件中显式定义这些字段。虽然 LinqDataSource 控件会检索所有属性，但数据绑定控件仅显示指定的属性。

应用范例

　　本范例演示如何使用 LinqDataSource 和 ReviewDataContext 显示数据，并对数据进行编辑操作。步骤如下：

　　(1) 在网站 chap08 中创建一个新的 ASP.NET 网页并切换到"设计"视图。

　　(2) 从"工具箱"的"数据"选项卡中，将 LinqDataSource 控件拖动到网页的 form 元素内，ID 属性保留为 LinqDataSource1。

　　(3) 将 ContextTypeName 属性设置为 ReviewsDataContext，将 TableName 属性设置为 works，将 AutoPage 设置为 true，将 EnableUpdate、EnableInsert 和 EnableDelete 属性设置为 true。

　　(4) 在工具箱的"数据"选项卡中双击 DetailsView 控件以将其添加到页面中。ID 属性保留为 DetailsView1。

　　(5) 将 DataSourceID 属性设置为 LinqDataSource1，将 DataKeyNames 属性设置为"编号"，将 AllowPaging 设置为 true。为了生成"编辑"、"新建"和"删除"按钮，将 AutoGenerateEditButton、AutoGenerateInsertButton 和 AutoGenerateDeleteButton 属性设置为 true。

范例结果演示

　　运行该程序，如图 8-13 所示。

单击"编辑"按钮，如图 8-14 所示。把"李白"改为"李太白"，单击"更新"按钮，
网页如图 8-15 所示。

图 8-13　第一条记录

图 8-14　编辑记录

图 8-15　更新记录

读者可以自己验证"删除"和"新建"操作，这里就不再介绍了。

8.5　QueryExtender 控件

任何以数据驱动的 Web 网站，创建搜索页面都是一项常见而重复的工作。通常情况下，
开发人员需要创建一个带 where 条件的 select 查询，由页面的输入控件提供查询参数。
从.NET 2.0 框架开始，在 DataSource 的数据访问控件集的帮助下，数据访问变得相对的容易。
但是，已有的数据源控件对于创建复杂过滤条件的查询页面仍然无法轻易地完成。因此，微
软公司在 ASP.NET 4.0 中引入了一个扩展查询的控件——QueryExtender。

QueryExtender 控件是为了简化 LinqDataSource 控件或 EntityDataSource 控件返回的数据
过滤而设计的，它主要是将过滤数据的逻辑从数据控件中分离出来。QueryExtender 控件的使
用非常的简单，只需要往页面上增加一个 QueryExtender 控件，指定其数据源是哪个控件并
设置过滤条件就可以了。例如，当在页面中显示产品的信息时，可以使用该控件去显示那些

在某个价格范围的产品，也可以搜索用户指定名称的产品。

当然，若不使用 QueryExtender 控件，LinqDataSource 和 EntityDataSource 控件也都是可以过滤数据的。因为这两个控件都有一个 where 属性，即能指定过滤数据的条件。但是 QueryExtender 控件提供的是一种更为简单的方式去过滤数据。

QueryExtender 控件使用筛选器从数据源中检索数据，并且在数据源中不使用显式的 Where 子句。利用该控件，能够通过声明性语法从数据源中筛选出数据。使用 QueryExtender 控件有以下优点：

- 与编写 Where 子句相比，可以提供功能更丰富的筛选表达式。
- 提供一种 LinqDataSource 和 EntityDataSource 控件均可使用的查询语言。例如，如果将 QueryExtender 与这些数据源控件配合使用，那么可以在网页中提供搜索功能，而不必编写特定于模型的 Where 子句或 SQL 语句。
- 能够与 LinqDataSource 或 EntityDataSource 控件配合使用或与第三方数据源配合使用。
- 支持多种可单独和共同使用的筛选选项。

QueryExtender 控件支持多种可用于筛选数据的选项。该控件支持搜索字符串、搜索指定范围内的值、将表中的属性值与指定的值进行比较、排序和自定义查询。在 QueryExtender 控件中以 LINQ 表达式的形式提供这些选项。QueryExtender 控件还支持 ASP.NET 动态数据专用的表达式。表 8-3 列出了 QueryExtender 控件的筛选选项。

表 8-3　QueryExtender 控件的筛选选项

表　达　式	说　　明
QueryExtender	表示控件的主类
CustomExpression	为数据源指定用户定义的表达式。自定义表达式可以位于函数中，并且可以从页面标记中调用
OrderByExpression	将排序表达式应用于 IQueryable 数据源对象
PropertyExpression	根据 WhereParameters 集合中的指定参数创建 Where 子句
RangeExpression	确定值大于还是小于指定的值，或者值是否在两个指定的值之间
SearchExpression	搜索一个或多个字段中的字符串值，并将这些值与指定的字符串值进行比较
ThenByExpressions	应用 OrderByExpression 表达式后将排序表达式应用于 IQueryable 数据源对象
DynamicFilterExpression	使用指定的筛选器控件生成数据库查询
ControlFilterExpression	使用在源数据绑定控件中选择的数据键生成数据库查询

应用范例

本范例演示如何利用 LinqDataSource 控件和 QueryExtender 控件实现在页面对指定的作者进行模糊筛选查询。具体步骤如下：

(1) 在本章建立的网站上添加一个名为 8_10.aspx 的网页，在该网页上添加一个 TextBox 控件、一个 LinqDataSource 控件、一个 QueryExtender 控件和一个 Button 控件。

(2) 切换到"源"视图，在<form>和</form>标记间编写 QueryExtender 控件的定义代码。

1. \<asp:QueryExtender ID="QueryExtender1" runat="server" TargetControlID="LinqDataSource1"\>
2. 　\<asp:SearchExpression DataFields="NAME" SearchType="StartsWith"\>
3. 　　\<asp:ControlParameter ControlID="TextBox1" /\>
4. 　\</asp:SearchExpression\>
5. \</asp:QueryExtender\>

程序说明

第 1 行定义一个服务器查询扩展控件 QueryExtender1 并设置其获取数据的关联控件为 LinqDataSource1。第 2～4 行定义该控件搜索字符串筛选表达式 SearchExpression。其中，第 2 行设置绑定搜索字段为 works 表中的 Name 字段，设置搜索类型为从字段的任意位置开始搜索。第 3 行设置从文本框控件 TextBox1 获得查询的控件参数。

范例结果演示

运行该程序，在网页上"作者"文本框中输入"李"，单击"查询"按钮，在下方的 GridView 控件中显示查询出来的两条结果，如图 8-16 所示。

图 8-16　模糊查询

8.6　思考与练习

一、填空题

1. 由于 LINQ 的出现，程序员可以使用_____和_____实现针对强类型化对象集的查询操作。

2. LINQ 技术采用类似于 SQL 语句的句法，它的句法结构是以_____开始，结束于_____或_____子句。

3. 查询表达式由一组子句组成，这些子句使用类似于_____或_____的声明性语法编写，每个子句又包含一个或多个 C#表达式，而这些表达式本身又可能是_____或_____。

4. LinqDataSource 控件为用户提供了一种将数据控件连接到多种数据源的方法，其中包括_____、_____和_____。

5. LINQ to XML 是一种启用了 LINQ 的_____编程接口，使用它可以在.NET 框架编程语言中处理 XML。

二、选择题

1. 查询变量本身支持存储查询命令，而只有执行查询才能获取数据信息。根据执行的时间，查询分为(　　)和(　　)两种。

    A. 延迟执行　　　　　B. 强制立即执行　　　　C. 分布式执行　　　D. 集中执行

2. 使用(　　)子句可产生按照指定的键进行分组的序列。键可以采用任何数据类型。

    A. select　　　　　　　B. orderby　　　　　　C. group　　　　　　D. from

3. where 子句是查询的筛选器，最常用的查询操作是应用布尔表达式形式的筛选器。此筛选器使查询只返回那些表达式结果为(　　)的元素。

    A. 非 0　　　　　　　B. 0　　　　　　　　C. false　　　　　　D. true

4. LINQ to DataSet 功能主要通过(　　)和(　　)类中的扩展方法公开。

    A. AllowSorting　　　　　　　　　　　B. DataRowExtensions

    C. AutoGenerateSelectButton　　　　　D. DataTableExtensions

5. LINQ to SQL 在对象模型中使用方法来表示数据库中的存储过程，可以通过应用(　　)属性和(　　)属性(如果需要)将方法指定为存储过程。

    A. FunctionAttribute　　　　　　　　　B. AllowPaging

    C. ParameterAttribute　　　　　　　　D. AutoGenerateColumns

三、上机操作题

1. 通过查询表达式从学生的成绩集合{ 90, 71, 82, 93, 75, 82 }中，获取成绩大于 80 的数组元素，并显示在屏幕上。运行该程序，如图 8-17 所示。

图 8-17　查询成绩

2. 使用 LINQ to ADO.NET 技术显示 BookStore 数据库 Book 表中的内容，如图 8-18 所示。

3. 根据用户输入的 ISBN 在网页中查找该书的信息，然后根据用户输入的 title 和 price 进行更新。运行该程序，在 ISBN 文本中输入 10-000000-004，在"价格"文本框中输入 32，在"标题"文本框中输入"大海龟 2"，如图 8-19 所示。

图 8-18　按照作者排序　　　　　　　　图 8-19　更新

第9章 站点导航与母版页

一个成功的网站通常会有成百上千个网页，这些网页的开发和维护工作非常庞大，而这些工作通常具有重复性，让一个 Web 程序员花费大量时间去做这样单调的工作(如设置或修改同种按钮的显示格式等)是资源浪费。因此，如果能够站在全局的角度设计和维护网站，就能够大大节省资源。ASP.NET 4.0 中提供的站点导航和母版页技术，能够为解决这些问题提供很好的帮助。

本章重点：

- 使用 TreeView 控件进行站点导航
- 使用 Menu 控件进行站点导航
- 创建母版页和内容页
- 访问母版页控件和属性

9.1 站 点 导 航

设计站点导航时，使用站点地图描述站点的逻辑结构，使用 ASP.NET 控件在网页上显示导航菜单，通过代码把这两者完美地结合起来，为用户导航站点提供一致的方法。

9.1.1 基于 XML 的站点地图

若要使用 ASP.NET 站点导航，必须描述站点结构以便站点导航 API 和站点导航控件可以正确公开站点结构。默认情况下，使用站点地图描述 ASP.NET 站点的逻辑结构。在添加或移除页面时，可以通过修改站点地图来管理页面导航，这样就可以避免修改所有网页的超链接。

创建站点地图最简单的方法是创建一个名为 Web.sitemap 的 XML 文件，该文件按站点的分层形式组织页面。它也是默认站点地图提供程序自动选取的站点地图。

除了 ASP.NET 的默认站点地图提供程序之外，Web.sitemap 文件还可以引用其他站点地图提供程序或其他站点地图文件，但这些文件必须属于该站点的其他目录或者同一应用程序中的其他站点。

应用范例

本范例演示如何创建 Web.sitemap，其步骤如下：

(1) 创建一个名为 chap09 的网站，除了随网站自动创建的 Default.aspx 页面之外，再创建两个页面 clothes.aspx 和 food.aspx。

(2) 选择"网站"|"添加新项"命令，弹出"添加新项"对话框。在该对话框中选择"站点地图"，如图 9-1 所示。

图 9-1 站点地图

单击"添加"按钮，把站点地图添加到网站中。打开该文件，其代码程序如下所示：

```
<?xml version="1.0" encoding="utf-8" ?>
<siteMap xmlns="http://schemas.microsoft.com/AspNet/SiteMap-File-1.0" >
    <siteMapNode url="" title=""   description="">
        <siteMapNode url="" title=""   description="" />
        <siteMapNode url="" title=""   description="" />
    </siteMapNode>
</siteMap>
```

可以根据创建的网站来填充该文件中三个 siteMapNode 元素的内容，url 表示该网页的地址，title 属性定义通常用作链接文本的文本，description 属性同时用作文档和 SiteMapPath 控件中的工具提示。可以通过嵌入 siteMapNode 元素创建层次结构，这里使 Default.aspx 为最外层的页面，clothes.aspx 和 food.aspx 作为 Default.aspx 页面的下一层，该文件最终的代码如下所示：

```
1.  <?xml version="1.0" encoding="utf-8" ?>
2.  <siteMap xmlns="http://schemas.microsoft.com/AspNet/SiteMap-File-1.0" >
3.    <siteMapNode url="~/Default.aspx" title="超市"   description="超市的所有物品">
4.      <siteMapNode url="~/clothes.aspx" title="衣服"   description="超市所卖的衣服" />
5.      <siteMapNode url="~/food.aspx" title="食物" description="超市所卖的食物" />
6.    </siteMapNode>
7.  </siteMap>
```

程序说明

第 3 行定义了最外层的元素，名称为"超市"，第 4 行和第 5 行定义了"超市"元素的第 1 层子元素。还可以在"超市"的子元素中继续嵌套定义新的元素。这段代码中，url 属性可以以快捷方式"~/"开头，该快捷方式表示应用程序根目录。

9.1.2 SiteMapDataSource 服务器控件

SiteMapDataSource 是站点地图数据的数据源，Web 服务器控件可使用该控件绑定到分层的站点地图数据。SiteMapDataSource 使那些并非专门作为站点导航控件的 Web 服务器控件(如 TreeView、Menu 和 DropDownList 控件)能够绑定到分层的站点地图数据。可以使用这些 Web 服务器控件将站点地图显示为一个目录，或者对站点进行主动式导航。

　　SiteMapDataSource 控件主要属性参数的含义如下。

- StartFromCurrentNode：指示站点地图节点树是否使用表示当前页的节点进行检索。如果节点树是相对于当前页检索的，那么为 true，否则为 false，默认值为 false。
- StartingNodeUrl：获取或设置站点地图中的一个节点，数据源使用该节点作为从分层的站点地图中检索节点的参照点。
- StartingNodeOffset：获取或设置一个从起始节点开始计算的正整数或负整数偏移量，该起始节点确定了由数据源控件公开的根层次结构。
- Visible：获取或设置一个值，该值指示是否以可视化方式显示控件。

SiteMapDataSource 控件的方法用的比较少，这里就不再介绍了。

　　SiteMapDataSource 绑定到站点地图数据，并基于起始节点，在 Web 服务器控件中显示其视图。默认情况下，起始节点是层次结构的根节点，但也可以是层次结构中的任何其他节点。这是由以下几个 SiteMapDataSource 属性来确定的：

- StartFromCurrentNode 属性为 false，未设置 StartingNodeUrl，起始节点是层次结构的根节点，这也是默认设置。
- StartFromCurrentNode 属性为 true，未设置 StartingNodeUrl，起始节点是当前正在查看的页的节点。
- StartFromCurrentNode 属性为 false，已设置 StartingNodeUrl，起始节点是层次结构的特定节点。

　　站点地图数据从 SiteMapProvider 对象中检索，并且通过访问 SiteMap.Providers 集合获得可用的"提供程序"列表。程序员可为站点指定数据提供程序，以便向 SiteMapDataSource 提供站点地图数据。如果没有指定提供程序，那么使用 ASP.NET 的默认站点地图提供程序 XmlSiteMapProvider。

　　需要指出的是，SiteMapDataSource 专用于导航数据，不支持排序、筛选、分页或缓存之类的常规数据源操作，也不支持更新、插入或删除之类的数据记录操作。

9.1.3　TreeView 服务器控件

　　TreeView 服务器控件用于以树形结构显示分层数据，如目录或文件目录。它支持以下功能：

- 自动数据绑定。该功能允许将控件的节点绑定到分层数据(如 XML 文档)。
- 通过与 SiteMapDataSource 控件集成提供对站点导航的支持。
- 可以显示为可选择文本或超链接的节点文本。
- 可通过主题、用户定义的图像和样式自定义外观。
- 通过编程访问 TreeView 对象模型，可以动态地创建树，填充节点以及设置属性等。
- 通过客户端到服务器的回调填充节点(在受支持的浏览器中)。

- 能够在每个节点旁边显示复选框。

其语法格式如下。

```
<asp:TreeView  ID="ID_Name"  runat="server" DataSourceID="string"
  EnableClientScript="True|False"
  ExpandDepth="string|FullyExpand|0|1|2|3|4|5|6|7|8|9|10|11|12|13|
          14|15|16|17|18|19|20|21|22|23|24|25|26|27|28|29|30"
  ExpandImageToolTip="string"  ExpandImageUrl="uri"
  ImageSet="Custom|XPFileExplorer|Msdn|WindowsHelp|Simple|Simple2|
          BulletedList|BulletedList2|BulletedList3|BulletedList4|
          Arrows|News|Contacts|Inbox|Events|Faq"
  LineImagesFolder="string"
  MaxDataBindDepth="integer"
  NodeIndent="integer"
  NodeWrap="True|False"
  NoExpandImageUrl="uri"
  PopulateNodesFromClient="True|False"
  ShowCheckBoxes="None|Root|Parent|Leaf|All"
  ShowExpandCollapse="True|False"
  ShowLines="True|False"
  OnDataBinding=" Method of DataBinding "
  OnDataBound=" Method of DataBound "
  OnSelectedNodeChanged=" Method of SelectedNodeChanged "
  OnTreeNodeCheckChanged=" Method of TreeNodeCheckChanged r"
  OnTreeNodeCollapsed=" Method of TreeNodeCollapsed "
  OnTreeNodeDataBound=" Method of TreeNodeDataBound "
  OnTreeNodeExpanded=" Method of TreeNodeExpanded "
  OnTreeNodePopulate=" Method of TreeNodePopulate "
>
    <DataBindings>                          //数据绑定
        <asp:TreeNodeBinding
          ⋮
        />
    </DataBindings>
    <HoverNodeStyle />                      //样式
    <LeafNodeStyle
      ⋮
    />
    <LevelStyles>
        <asp:TreeNodeStyle
          ⋮
        />
    </LevelStyles>
    <Nodes>
        <asp:TreeNode
```

```
            ⋮
            >
        </asp:TreeNode>
    </Nodes>
    <NodeStyle
        ⋮
    />
    <ParentNodeStyle
        ⋮
    />
    <RootNodeStyle
        ⋮
    />
    <SelectedNodeStyle
        ⋮
    />
</asp:TreeView>
```

TreeView 控件主要属性参数的含义如下。

- DataBindings：菜单中菜单项的数据绑定。
- DataSourceID：数据源控件的 ID。
- ImageSet：菜单显示的图形。
- ExpandDepth：默认菜单展开的级别。
- ShowLines：是否显示连接树节点的连线。
- ShowCheckBoxes：获取或设置一个值，它指示哪些节点类型将在 TreeView 控件中显示复选框。

TreeView 控件有如下方法。

- OnDataBinding：在计算控件的数据绑定表达式前，激活 DataBindings 事件。
- OnDataBound：控件被数据绑定后，激活 DataBound 事件。
- OnSelectNodeChanged：在节点选定后，激活 SelectNodeChanged 事件。
- OnTreeNodeCheckChanged：节点的选中状态更改后，激活 TreeNodeCheckChanged 事件。
- OnTreeNodeCollapsed：在树节点折叠后，激活 TreeNodeCollapsed 事件。
- OnTreeNodeDataBound：在树节点数据绑定后，激活 TreeNodeDataBound 事件。
- OnTreeNodeExpended：在树节点展开后，激活 TreeNodeExpended 事件。
- OnTreeNodePopulate：在加载树节点时，激活 TreeNodePopulate 事件。

TreeView 控件可以显示几种不同类型的数据：在控件中以声明方式指定的静态数据、绑定到控件的数据或作为对用户操作的响应通过执行代码添加到 TreeView 控件中的数据。

应用范例

本范例演示如何使用 TreeView 实现网站导航。首先在 chap09 的 Default.aspx 页面中加入如下代码：

程序清单

```
1.  <%@ Page Language="C#" AutoEventWireup="true" CodeFile="Default.aspx.cs"
    Inherits="_Default" %>
2.  <!DOCTYPE html PUBLIC "-//W3C//DTD XHTML 1.0 Transitional//EN"
    "http://www.w3.org/TR/xhtml1/DTD/xhtml1-transitional.dtd">
3.  <html xmlns="http://www.w3.org/1999/xhtml">
4.  <head runat="server">
5.      <title>网上超市</title>
6.  </head>
7.  <body>
8.      <form id="form1" runat="server">
9.          <div>
10.             <%--获取网站的层次结构--%>
11.             <asp:SiteMapDataSource ID="SiteMapDataSource1" runat="server" />
12.                 <h2>使用 TreeView 控件进行站点导航</h2>
13.                 <asp:TreeView ID="TreeView1" runat="Server"
                    DataSourceID="SiteMapDataSource1">
14.                 </asp:TreeView>
15.         </div>
16.     </form>
17. </body>
18. </html>
```

程序说明

第 5 行设置网页的标题。第 11 行设置站点地图的数据源，这里 SiteMapDataSource 采用的是默认设置，它的根节点就是 Web.sitmap 文件中层次结构的根节点，也就是"超市"节点。第 13 行通过设置 TreeView 的 DataSourceID 把 SiteMapDataSource 和 TreeView 绑定在一起，这样 TreeView 就和网站的层次结构建立起联系，每个节点表示一个网页。

接下来在 clothes.aspx 的"设计"视图中输入"欢迎选购衣服"，在 food.aspx 的"设计"视图中输入"欢迎选购食物"。这两个网页的内容比较简单，这里就不介绍了。

范例结果演示

运行该程序，弹出的网页如图 9-2 所示。

单击"衣服"链接，进入的网页如图 9-3 所示。

图 9-2　TreeView 控件示例　　　　　　图 9-3　选购衣服网页

9.1.4　Menu 服务器控件

利用 Menu 控件可以开发 ASP.NET 网页的静态和动态显示菜单。可以通过两种方式来定义 Menu 控件的内容：添加单个 MenuItem 对象(以声明方式或编程方式)；用数据绑定的方法将该控件绑定到 XML 数据源。

Menu 控件具有静态显示模式和动态显示模式。静态显示意味着 Menu 控件始终是完全展开的；在动态显示的菜单中，只有指定的部分是静态的，而且只有用户将鼠标指针放置在父节点上时才会显示其子菜单项。

使用 StaticDisplayLevels 属性可控制静态显示行为，它指示从根菜单算起，静态显示的菜单的层数。

使用 MaximumDynamicDisplayLevels 属性指定在静态显示层后应显示的动态显示菜单节点层数。例如，如果菜单有 3 个静态层和两个动态层，则菜单的前 3 层静态显示，后两层动态显示。

其语法如下。

```
<asp:Menu  ID="ID_Name"
runat="server"
  BorderStyle="NotSet|None|Dotted|Dashed|Solid|Double|Groove|Ridge|Inset|Outset"
  DataBindings="string"
  DataSourceID="string"
  DisappearAfter="integer"
  DynamicBottomSeparatorImageUrl="uri"
  DynamicEnableDefaultPopOutImage="True|False"
  DynamicHorizontalOffset="integer"
  DynamicItemFormatString="string"
  DynamicPopOutImageUrl="uri"
  DynamicTopSeparatorImageUrl="uri"
  DynamicVerticalOffset="integer"
  Orientation="Horizontal|Vertical"
  MaximumDynamicDisplayLevels="integer"
  OnDataBinding="Method of DataBinding "
  OnDataBound=" Method of DataBound "
```

```
OnMenuItemClick=" Method of MenuItemClick "
OnMenuItemDataBound=" Method of MenuItemDataBound ">
  <DataBindings>                         //菜单数据绑定
      <asp:MenuItemBinding
          ⋮
      />
  </DataBindings>
  <DynamicHoverStyle />                   //样式定义
  <DynamicItemTemplate>
          <!— child controls — >
  </DynamicItemTemplate>
  <DynamicMenuItemStyle
      ⋮
  />
  <DynamicMenuStyle
      ⋮
  />
  <DynamicSelectedStyle
      ⋮
  />
  <Items />
  <LevelMenuItemStyles>
      <asp:MenuItemStyle
          ⋮
      />
  </LevelMenuItemStyles>
  <LevelSelectedStyles>
      <asp:MenuItemStyle
          ⋮
      />
  </LevelSelectedStyles>
  <LevelSubMenuStyles>
      <asp:SubMenuStyle
          ⋮
      />
  </LevelSubMenuStyles>
  <StaticHoverStyle />
  <StaticItemTemplate>
          <!— child controls —>
  </StaticItemTemplate>
  <StaticMenuItemStyle
      ⋮
  />
  <StaticMenuStyle
      ⋮
```

```
        />
        <StaticSelectedStyle
          ⋮
        />
</asp:Menu>
```

　　Menu 控件主要属性参数的含义如下。

- DataBindings：菜单中菜单项的数据绑定。
- DataSourceID：数据源控件的 ID。
- DisappearAfter：弹出菜单经过多长时间消失。
- MaxinumDynamicDisplayLevels：菜单支持的最大弹出子菜单的级数。
- StaticDisplayLevels：菜单的静态部分中显示的级别数。
- Items：获取MenuItemCollection对象，该对象包含 Menu 控件中的所有菜单项。
- Orientation：设置菜单的排列方式。该属性的值可以是 Horizontal 或 Vertical，分别表示水平或者垂直呈现 Menu 控件。

　　Menu 控件有如下方法。

- OnDataBinding：在计算控件的数据绑定表达式前，激活 DataBindings 事件。
- OnDataBound：控件被数据绑定后，激活 DataBound 事件。
- OnMenuItemClick：单击菜单的项后，激活 MenuItemClick 事件。
- OnMenuItemDataBound：在数据绑定 MenuItem 后，激活 MenuItemDataBound 事件。

应用范例

　　本范例演示如何使用 Menu 控件实现站点导航，这里还使用本章创建的网站。修改 Default.aspx 的代码，如下所示。

```
1.  <%@ Page Language="C#" AutoEventWireup="true" CodeFile="Default.aspx.cs"
    Inherits="_Default" %>
2.  <!DOCTYPE html PUBLIC "-//W3C//DTD XHTML 1.0 Transitional//EN"
    "http://www.w3.org/TR/xhtml1/DTD/xhtml1-transitional.dtd">
3.  <html xmlns="http://www.w3.org/1999/xhtml">
4.  <head runat="server">
5.      <title>网上超市</title>
6.  </head>
7.  <body>
8.      <form id="form1" runat="server">
9.          <div>
10.             <asp:SiteMapDataSource ID="SiteMapDataSource1" runat="server" />
11.             <h2>
12.                 使用 Menu 控件进行站点导航</h2>
13.             <asp:Menu ID="Menu2" runat="server" DataSourceID=
                    "SiteMapDataSource1">
14.             </asp:Menu>
```

15.　　　　　　　　　　<h2>
16.　　　　　　　　　　　使用水平方向 Menu 控件进行站点导航</h2>
17.　　　　　　　　<asp:Menu ID="Menu1" runat="server" DataSourceID=
　　　　　　　　　　　"SiteMapDataSource1" Orientation="Horizontal"
18.　　　　　　　　　　StaticDisplayLevels="2">
19.　　　　　　　　</asp:Menu>
20.　　　　　　　</div>
21.　　　　　　</form>
22.　　　</body>
23.　　</html>

程序说明

与前面类似，在第 10 行，仍然使用 SiteMapDataSource 控件来获取网站的层次结构，该控件仍然使用默认设置，不过这次和它绑定的控件是 Menu。第 13 行中，Menu 控件通过指定 DataSourceID 和数据源建立起联系。

范例结果演示

运行该程序，弹出的网页如图 9-4 所示。

把鼠标放在第 1 行的"超市"处，该菜单展开，如图 9-5 所示。

图 9-4　使用 Menu 控件进行站点导航

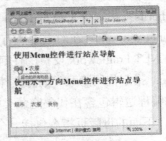

图 9-5　展开菜单

单击展开的"衣服"链接或者单击网页最后一行的"衣服"链接，网页重定向到 clothes.aspx 页面，如图 9-6 所示。

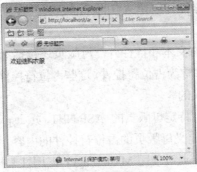

图 9-6　选购衣服

9.2　母　版　页

ASP.NET 母版页可以创建页面布局(母版页)，可以对网站中的选定页或所有页(内容页)使用该页面布局。下面介绍母版页的基本概念。

9.2.1　母版页概述和内容页

母版页为具有扩展名.master 的 ASP.NET 文件，它具有可以包括静态文本、HTML 元素和服务器控件的预定义布局。母版页由特殊的@Master 指令识别，该指令替换了用于普通.aspx 页的@Page 指令。该指令看起来类似下面的代码：

```
<%@ Master Language="C#" %>
```

@Master 指令中可以设置以下属性。

- CodeFile：指定包含分部类的单独文件的名称，该分部类具有事件处理程序和特定于母版页的其他代码。
- Debug：指示是否使用调试符号来编译母版页。如果使用调试符号进行编译，则为 true，否则为 false。
- Inherits：指定供页继承的代码隐藏类。它可以是从 MasterPage 类派生的任何类。
- Language：指定在对页中所有内联代码和代码声明块进行编译时使用的语言。可以是.NET Framework 支持的任何语言，包括 VB、C#和 JScript。
- Src：指定代码隐藏类的源文件名称，该文件在请求页时被动态编译。可以选择将页的编程逻辑包含在代码隐藏类中或 .aspx 文件的代码声明块中。

例如，下面的母版页指令包括一个代码隐藏文件的名称并将一个类名称分配给母版页：

```
<%@ Master Language="C#" CodeFile="MasterPage.master.cs" Inherits="MasterPage" %>
```

除@ Master 指令外，母版页还包含页的所有顶级 HTML 元素，如 html、head 和 form。例如，在母版页上可以将一个 HTML 表用于布局，将一个 img 元素用于公司徽标，将静态文本用于版权声明并使用服务器控件创建站点的标准导航。可以在母版页中使用任何 HTML 元素和 ASP.NET 元素。

除在所有页上显示的静态文本和控件外，母版页还包括一个或多个 ContentPlaceHolder 控件。ContentPlaceHolder 控件称为占位符控件，这些占位符控件定义可替换内容出现的区域，可替换内容是在内容页中定义的。

所谓内容页，就是绑定到特定母版页的 ASP.NET 页(.aspx 文件以及可选的代码隐藏文件)，通过创建各个内容页来定义母版页的占位符控件的内容，从而实现页面的内容设计。

在内容页的@Page 指令中通过使用 MasterPageFile 属性来指向要使用的母版页，从而建立内容页和母版页的绑定。例如，一个内容页可能包含如下@Page 指令，该指令将该内容页绑定到 MasterPage.maste 页，如下所示。

```
<%@ Page Language="C#" MasterPageFile="~/MasterPages/MasterPage.master" Title="Content
Page"%>
```

在内容页中，通过添加 Content 控件并将这些控件映射到母版页上的 ContentPlaceHolder
控件来创建内容。例如，母版页可能包含名为 ContentPlaceHolder1 的内容占位符。在内容页
中，可以创建一个 Content 控件，映射到 ContentPlaceHolder 控件 ContentPlaceHolder1。示
例代码如下：

```
<%@ Page Language="C#" MasterPageFile="~/MasterPages/MasterPage.master"
Title="Content Page"%>
<asp:Content ID="Content1" ContentPlaceHolderID=" ContentPlaceHolder1" Runat="Server">
//主要内容
</asp:Content>
```

创建 Content 控件后，向这些控件添加文本和控件。在内容页中，Content 控件外的任何
内容(除服务器代码的脚本块外)都将导致错误。在 ASP.NET 页中所执行的所有任务都可以在
内容页中执行。在母版页中创建名为 ContentPlaceHolder 控件的区域在新的内容页中显示为
Content 控件。

在运行时，母版页是按照以下步骤处理的：

(1) 用户通过输入内容页的 URL 来请求某页。

(2) 获取该页后，读取@Page 指令。如果该指令引用一个母版页，也读取该母版页。如
果是第 1 次请求这两个页，那么两个页都要进行编译。

(3) 包含更新的内容的母版页合并到内容页的控件树中。

(4) 各个 Content 控件的内容合并到母版页相应的 ContentPlaceHolder 控件中。

(5) 浏览器中呈现得到的合并页。

母版页具有下面的优点：

- 使用母版页可以集中处理页的通用功能，以便可以只在一个位置上进行更新。
- 使用母版页可以方便地创建一组控件和代码，并将结果应用于一组页。例如，可以在
  母版页上使用控件来创建一个应用于所有页的菜单。
- 通过允许控制占位符控件的呈现方式，母版页使用户可以在细节上控制最终页的
  布局。
- 母版页提供一个对象模型，使用该对象模型可以从各个内容页自定义母版页。

应用范例

本范例演示如何创建母版页和内容页。首先创建一个母版页，然后创建一个内容页，左
边显示文字，右边显示图片，其步骤如下。

(1) 在本章网站中创建一个名为 MasterPage.master 的母版页。选择"网站"|"添加新项"
命令，打开如图 9-7 所示的对话框。

图 9-7　添加母版页

(2) 选择"母版页"图标，并且设置文件名为 MasterPage.master。选择"将代码放在单独的文件中"复选框。单击"添加"按钮，创建一个 MasterPage.master 文件和一个 MasterPage.master.cs 文件。

(3) 在创建 MasterPage.master 文件之后，就可以开始编辑该文件了。该文件最终的代码如下所示。

```
1.  <%@ Master Language="C#" AutoEventWireup="true" CodeFile="MasterPage.master.cs"
    Inherits="MasterPage" %>
2.  <!DOCTYPE html PUBLIC "-//W3C//DTD XHTML 1.0 Transitional//EN"
    "http://www.w3.org/TR/xhtml1/DTD/xhtml1-transitional.dtd">
3.  <html xmlns="http://www.w3.org/1999/xhtml">
4.  <head runat="server">
5.      <title>演示如何使用母版页</title>
6.  </head>
7.  <body>
8.      <form id="form1" runat="server">
9.          <div>
10.             <table style="width: 100%; height: 100%; background-color: teal;"
                border="0" cellpadding="0" cellspacing="0" >
11.                 <tr style="width: 100%; height: 80px; background-color: olive;">
12.                     <td style="vertical-align: middle; text-align: center;">
13.                         <h2>欢迎使用本网站</h2>
14.                         <asp:Label ID="Label1" runat="server" Text="母版页页眉">
                            </asp:Label>
15.                     </td>
16.                 </tr>
17.                 <tr>
18.                     <td valign="top" style="width: 100%;">
19.                         <table width="100%" border="0" cellspacing="0" cellpadding="0"
                            style="height: 670px;">
20.                             <tr>
21.                                 <td valign="top" style="width: 244px;">
```

```
22.                                   <asp:ContentPlaceHolder ID="ContentPlaceHolder1"
                                         runat="server">
23.                                   </asp:ContentPlaceHolder>
24.                                </td>
25.                                <td valign="top" align="left">
26.                                   <asp:ContentPlaceHolder ID="ContentPlaceHolder2"
                                         runat="server">
27.                                   </asp:ContentPlaceHolder>
28.                                </td>
29.                             </tr>
30.                          </table>
31.                       </td>
32.                    </tr>
33.                    <tr style="width: 100%; height: 50px; background-color: aqua;">
34.                       <td align="center" class="baseline">
35.                          &copy;Copyright ASP.NET 工作室</td>
36.                    </tr>
37.                 </table>
38.              </div>
39.           </form>
40.        </body>
41.     </html>
```

程序说明

第 11～16 行定义了页眉的内容,其中定义了一个 **Label** 控件,一般用来显示系统的时间,这里设置它的初始内容为"母版页页眉"。第 17～32 行定义了母版页的主要内容,其中包含两个 ContentPlaceHolder 控件,这些占位符控件定义可替换内容出现的区域。第 33～36 行定义了页脚的内容。

编辑完网页的内容后,在该网页的 **Load** 事件中添加如下代码:

```
1.    protected void Page_Load(object sender, EventArgs e)
2.    {
3.        DateTime d = DateTime.Now;
4.        Label1.Text = d.ToLongDateString() + d.ToLongTimeString();
5.    }
```

程序说明

第 3 行获得系统的当前时间,然后在第 4 行把获得的时间转换成日期和时间。

(4) 选择"网站"|"添加新项"命令,在弹出的"添加新项"对话框中选择"Web 窗体"模板,在"名称"文本框中输入 home.aspx,单击"添加"按钮,把该网页添加到网站中。然后在该网页中添加信息,最终代码如下所示。

```
1.    <%@ Page Language="C#" MasterPageFile="~/MasterPage.master" AutoEventWireup="true"
         CodeFile="home.aspx.cs" Inherits="home" Title="Untitled Page" %>
```

2. <asp:Content ID="Content1" ContentPlaceHolderID="ContentPlaceHolder1" Runat="Server">

3. //左边页面

4. </asp:Content>

5. <asp:Content ID="Content2" ContentPlaceHolderID="ContentPlaceHolder2" Runat="Server">

6. <asp:Image ID="Image1" runat="server" Height="100%" ImageAlign="Left" ImageUrl="White.jpg" Width="100%" />

7. </asp:Content>

程序说明

第 2~4 行定义了母版页的一个占位符，这里只是简单地定义一个字符串。第 5~7 行定义了母版页的另外一个占位符，这个占位符中包含一个 Image 控件，该控件的宽和高均为 100%。也就是说，它将占满占位符的所有空间。

范例结果演示

运行该程序，如图 9-8 所示。

图 9-8　创建母版页

9.2.2　访问母版页控件和属性

可以在内容页中编写代码来引用母版页中的属性、方法和控件，但这种引用有一定的限制。对于属性和方法的规则是：如果它们在母版页上被声明为公共成员，那么可以引用它们。这包括公共属性和公共方法。在引用母版页上的控件时，没有只能引用公共成员的这种限制。

1. 使用 MasterType 指令获取母版页控件引用

为了提供对母版页成员的访问，Page 类公开了 Master 属性。若要从内容页访问特定母版页的成员，可以通过创建@ MasterType 指令创建对此母版页的强类型引用。可使用该指令指向一个特定的母版页。当该内容页创建自己的 Master 属性时，属性的类型被设置为引用的母版页。

应用范例

本范例演示如何通过 MasterType 指令引用母版页。这个例子在上一节例子的基础上进行讲解。这里使用的母版页仍然为 MasterPage.master。但是需要创建一个名为 Home_MasterType.aspx 的内容页，在内容页中加入如下代码。

```
1.  <%@ Page Language="C#" MasterPageFile="~/MasterPage.master" AutoEventWireup="true"
    CodeFile="Home_MasterType.aspx.cs" Inherits="Home_MasterType" Title="使用 MasterType 方法
    获取母版页控件引用" %>
2.  <%@ MasterType virtualpath="~/MasterPage.master" %>
3.  <asp:Content ID="Content1" ContentPlaceHolderID="ContentPlaceHolder1" Runat="Server">
4.  //左边页面
5.  <p></p>
6.  <asp:Label ID="Label1" runat="server" Text="Label"></asp:Label>
7.  </asp:Content>
8.  <asp:Content ID="Content2" ContentPlaceHolderID="ContentPlaceHolder2" Runat="Server">
9.      <asp:Image ID="Image1" runat="server" Height="100%" ImageAlign="Left"
        ImageUrl="White.jpg" Width="100%" />
10. </asp:Content>
```

程序说明

第 2 行创建@MasterType 指令，设置内容页使用的母版页。第 6 行定义了一个 Label 控件，使用该控件来显示来自母版页的内容。这部分代码比较简单，这里就不再介绍了。

打开 MasterPage.master.cs 文件，在 MasterPage 类中加入如下代码。

```
1.  public partial class MasterPage : System.Web.UI.MasterPage
2.  {
3.      public string copyright = "著作权没有声明";
4.      protected void Page_Load(object sender, EventArgs e)
5.      {
6.          DateTime d = DateTime.Now;
7.          Label1.Text = d.ToLongDateString() + d.ToLongTimeString();
8.          copyright = "ASP.NET 工作室";
9.      }
10. }
```

程序说明

第 3 行声明一个 MasterPage 类的成员变量，该变量可以在内容页中被引用，该变量被初始化为"著作权没有声明"，然后在第 8 行对该变量进行赋值。这样就可以根据该变量的值，确定母版页的 Load 事件有没有发生。

打开 Home_MasterType.aspx.cs 文件，在 Home_MasterType 类的 Page_Load 方法中加入如下代码。

```
Label1.Text = Master.copyright;
```

范例结果演示

运行该程序，如图 9-9 所示。

图 9-9　使用 MasterPage 指令引用母版页

这个例子说明两个问题：①验证了可以通过 MasterType 指令引用母版页的公共属性；②内容页 Label 控件的内容为"著作权没有声明"，因此可以知道，程序运行时，首先加载内容页，然后加载内容页指定的母版页。

2. 使用 FindControl 指令获取母版页控件引用

在运行时，母版页与内容页合并，因此内容页的代码可以访问母版页上的控件。这些控件是受保护的，因此不能作为母版页成员直接访问。但是，可以使用 FindControl 方法定位母版页上的特定控件。如果要访问的控件位于母版页的 ContentPlaceHolder 控件内部，必须首先获取对 ContentPlaceHolder 控件的引用，然后调用其 FindControl 方法获取对该控件的引用。

注意:

如果母版页的 ContentPlaceHolder 控件中包含一些控件，那么这些控件被内容页的 Content 控件重写后将不可访问。

应用范例

本范例演示如何使用 FindControl 引用母版页上的控件。这里使用的母版页仍然为 Master.master。创建一个名为 Home_FindControl.aspx 的内容页，该内容页的代码如下。

```
1.  <%@ Page Language="C#" MasterPageFile="~/MasterPage.master" AutoEventWireup ="true"
        CodeFile="Home_FindControl.aspx.cs" Inherits="Home_FindControl" %>
2.  <asp:Content ID="Content1" ContentPlaceHolderID="ContentPlaceHolder1" Runat="Server">
```

3.　//左边页面

4.　<p></p>

5.　<asp:Label ID="Label1" runat="server" Text="Label"></asp:Label>

6.　

7.　系统时间为：<asp:Label ID="Label2" runat="server" Text="Label"></asp:Label>

8.　</asp:Content>

9.　<asp:Content ID="Content2" ContentPlaceHolderID="ContentPlaceHolder2" Runat="Server">

10.　　<asp:Image ID="Image1" runat="server" Height="100%" ImageAlign="Left"
ImageUrl="White.jpg" Width="100%" />

11.　</asp:Content>

程序说明

这段代码在第 5 行和第 7 行各定义了一个 Label 控件，其余部分和前面类似，这里就不再介绍了。

在 Home_FindControl.aspx.cs 文件的 Page_Load 函数中添加如下代码：

```
1.     protected void Page_Load(object sender, EventArgs e)
2.     {
3.         ContentPlaceHolder mpContentPlaceHolder =
            (ContentPlaceHolder)Master.FindControl("ContentPlaceHolder2");
4.         if (mpContentPlaceHolder != null)
5.         {
6.             Image img = (Image)mpContentPlaceHolder.FindControl("Image1");
7.             if (img != null)
8.             {
9.                 Label1.Text = "图像文件的 URL 为：" + img.ImageUrl.ToString();
10.             }
11.             else
12.                 Label1.Text = "没有找到 Image 控件";
13.         }
14.         Label mpLabel = (Label)Master.FindControl("Label1");
15.         if (mpLabel != null)
16.         {
17.             Label2.Text = mpLabel.Text;
18.         }
19.     }
```

程序说明

第 3 行查找母版页的 ContentPlaceHolder 控件，如果该控件存在，那么进一步查找该控件中包含的控件。第 6 行在 ContentPlaceHolder 控件中查找 Image 控件，如果该控件存在，那么在第 9 行设置该控件的 URL，否则如第 12 行所示，显示"没有找到 Image 控件"。第 14 行直接通过 Master 获取 ContentPlaceHolder 外面的控件，然后在 Label2 控件中显示被获取的控件的内容。

范例结果演示

运行该程序，如图 9-10 所示。

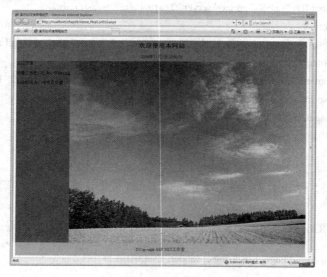

图 9-10　使用 FindControl 引用母版页的控件

从图 9-10 中可以看出，通过 FindControl 方法可以引用母版页中的控件，不论它是在 ContentPlaceHolder 内部还是外部。

9.3　思考与练习

一、填空题

1. 除在所有页上显示的静态文本和控件外，母版页还包括一个或多个_____控件。_____控件称为占位符控件，这些占位符控件定义可替换内容出现的区域，可替换内容是在_____中定义的。

2. 可以在内容页中编写代码来引用母版页中的属性、方法和控件，对于属性和方法的规则是：如果它们在母版页上被声明为_____，那么可以引用它们。在引用_____时，没有只能引用公共成员的这种限制。

3. 设计站点导航时，使用_____描述站点的逻辑结构，使用_____在网页上显示导航菜单，通过_____把这两者完美地结合起来。

4. 除了 ASP.NET 的默认站点地图提供程序之外，Web.sitemap 文件还可以引用_____或_____，但这些文件必须属于_____或者_____的其他站点。

二、选择题

1. 下面(　　)选项不是@Master 指令中可以设置的属性。

A. CodeFile　　　　B. Debug　　　　C. Application　　　　D. Inherits

2. 若要从内容页访问特定母版页的成员，可以通过创建(　　)指令创建对此母版页的强类型引用。

    A. @ MasterType   B. @ Master   C. @Page   D. @

3. 在内容页中，通过添加(　　)控件并将这些控件映射到母版页上的(　　)控件来创建内容。

    A. Content   B. Label   C. TextBox   D. ContentPlaceHolder

4. 使用 TreeView 进行站点导航必须通过与(　　)控件集成实现。

    A. SiteMapDataSource   B. SiteMap

    C. SiteMapPath   D. Menu

5. Menu 控件用于显示 Web 窗体页中的菜单，该控件不支持下面的(　　)功能。

    A. 数据绑定   B. 站点导航

    C. 显示表的内容   D. 对 Menu 对象模型的编程访问

三、上机操作题

1. 创建一个名为 chap09Exam 的网站，除了随网站自动创建的 Default.aspx 页面之外，再创建两个页面 Software.aspx 和 Hardware.aspx，最后创建该网站的站点地图 Web.sitemap。

该网站的站点地图 Web.sitemap 的内容如下：

```
<?xml version="1.0" encoding="utf-8" ?>
<siteMap xmlns="http://schemas.microsoft.com/AspNet/SiteMap-File-1.0" >
    <siteMapNode url="~/Default.aspx" title="产品"   description="全部产品">
        <siteMapNode url="~/Software.aspx" title="软件"   description="软件产品" />
        <siteMapNode url="~/Hardware.aspx" title="硬件"   description="硬件产品" />
    </siteMapNode>
</siteMap>
```

使用 TreeView 控件在网站 chap09Exam 中进行导航，用户单击树的节点可以进入相关的网页。

运行该程序，弹出的网页如图 9-11 所示。

单击"软件"链接，进入的网页如图 9-12 所示。

图 9-11　显示所有产品　　　　　　　　图 9-12　选购软件网页

2. 使用 Menu 控件在网站 chap09Exam 中进行导航,用户单击菜单项可以进入相关的网页。运行该程序,弹出的网页如图 9-13 所示。

把鼠标放在第 1 行的"产品"处,该菜单被展开。单击展开的"硬件"链接或者单击下面的"硬件"链接,网页重定向到 Hardware.aspx 页面,如图 9-14 所示。

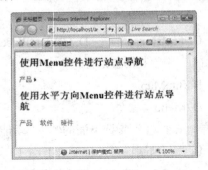

图 9-13　使用 Menu 控件进行站点导航　　　　图 9-14　选购硬件

3. 编写一个程序,创建一个母版页和一个内容页,分别在它们的 Page_Load 函数中编写一个弹出提示框,由此观察这两个页面的调用顺序。

弹出的提示框如图 9-15 和图 9-16 所示。

图 9-15　初始化内容页　　　　　　　　　图 9-16　初始化母版页

第10章　ASP.NET Web服务

Web 服务是 Microsoft 公司.NET 策略的核心，也是.NET Framework 的关键组件。它建立在 HTTP、XML 和 SOAP 等开放标准之上，构建了 Microsoft 可编程 Web 理念的基础。

本章重点：
- Web 服务的基本概念
- Web 服务的创建和使用
- 在 Web 服务中传递数据

10.1　Web 服务概述

Web 服务实现了在异类系统之间以 XML 消息的形式进行数据交换。虽然远程访问数据和应用程序逻辑不是一个新概念，但以松耦合的方式执行该操作却是一个全新的概念。以前的尝试(如 DCOM、IIOP 和 Java/RMI)要求在客户端和服务器之间进行紧密集成，并要求使用特定的平台和二进制数据格式。虽然这些协议要求特定组件技术或对象调用约定，但 Web 服务却不需要。在客户端和服务器之间所做的唯一假设就是接收方可以理解收到的消息。换句话说，客户端和服务器同意一个协定(在此所述的情况下，使用 WSDL 和 XSD)，然后通过在指定的传输协议(如 HTTP)上生成遵守该协定的消息来进行通信。因此，无论用何种语言编写、使用何种组件模型并在何种操作系统上运行的程序，都可以访问 Web 服务。此外，使用文本格式(如 XML)的灵活性使消息交换随时间的推移以一种松耦合的方式进行进化成为可能。在不可能同时更新消息交换中所有方的环境中，这种松耦合是强制的。

10.1.1　Web 服务的概念

Web 服务是一类可以从 Internet 上获取的服务的总称，它使用标准的 XML 消息收发系统，并且不受任何操作系统和编程语言的约束。

Web 服务像组件一样，也表示一个封装了一定功能的黑盒子，用户可以重用它而不用关心它是如何实现的。Web 服务提供了定义良好的接口，这些接口描述了它所提供的服务，用户可以通过这些接口来调用 Web 服务提供的功能。开发者可以通过把远程服务、本地服务和用户代码结合在一起来创建应用程序。

Web 服务既可以在内部由单个应用程序使用，也可通过 Internet 公开供任意数量的应用程序使用。由于可以通过标准接口访问，因此 Web 服务使异构系统能够作为一个计算网络协同运行。

Web 服务并不追求一般的代码可移植性功能，而是为实现数据和系统的互操作性提供了一种可行的解决方案。Web 服务使用基于 XML 的消息处理作为基本的数据通信方式，以帮助消除使用不同组件模型、操作系统和编程语言的系统之间存在的差异。开发人员过去在创建分布式应用程序时通常使用组件，现在可以使用与此大致相同的方式来创建来自各种源的 Web 服务组合在一起的应用程序。

Web 服务正在开创一个分布式应用程序开发的新时代。在使用专用基础结构将系统紧密耦合在一起时，它是以牺牲应用程序互操作性为代价实现的。Web 服务在否定这种得不偿失的方式的全新级别上提供互操作性。作为 Internet 的下一个革命性的进步，Web 服务将成为把所有计算设备链接到一起的基本结构。

10.1.2　Web 服务的基础结构

要在 Web 的多样性世界里取得成功，在涉及操作系统、对象模型和编程语言的选择时，Web 服务不能有任何倾向性。同样，要使 Web 服务像其他基于 Web 的技术一样被广泛采用，必须符合下列条件。

- 松耦合的：如果对两个系统的唯一要求是要理解前面提到的自我描述的文本消息，那么这两个系统就被认为是松耦合的。另外，紧耦合系统要求大量自定义系统开销来进行通信，并要求系统之间有更多的了解。
- 常见的通信：大概不会有人会在现在或不久的将来构建一个无法连接到 Internet 的操作系统，因此，需要提供常见的通信信道。同样，能够将所有系统或设备连接到 Internet 的能力将确保这样的系统和设备可供连接到 Internet 的所有其他系统或设备使用。
- 通用数据格式：通过用现有的开放式标准而不是专用的封闭通信方法，任何支持同样的开放式标准的系统都能够理解 Web 服务。在采用自我描述的文本消息时，Web 服务及其客户端无须知道每个基础系统的构成即可共享消息，这使得自治系统和不同的系统之间能够进行通信。Web 服务使用 XML 实现此功能。

Web 服务采用的基础结构提供下列内容：定位 Web 服务的发现机制、定义如何使用这些服务的服务描述以及通信时使用的标准联网形式。图 10-1 显示了此基础结构的一个示例。Web 服务基础结构中的组件如表 10-1 所示。

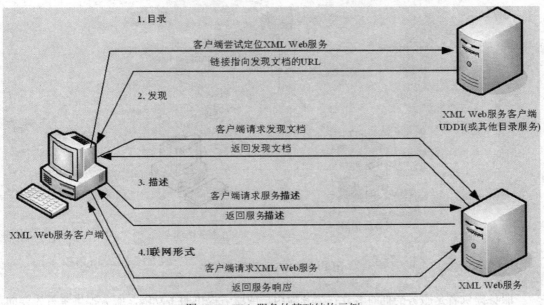

图 10-1 Web 服务的基础结构示例

表 10-1 Web 服务基础结构中的组件

组　件	角　色
Web 服务目录	Web 服务目录提供一个用于定位其他组织提供的 Web 服务的中心位置。Web 服务目录(如 UDDI 注册表)充当此角色
Web 服务发现	Web 服务发现是定位(或发现)使用 Web 服务描述语言(WSDL)描述特定 Web 服务的一个或多个相关文档的过程。DISCO 规范定义定位服务描述的算法。如果 Web 服务客户端知道服务描述的位置，那么可以跳过发现过程
Web 服务描述	要了解如何与特定的 Web 服务进行交互，需要提供定义该 Web 服务支持的交互功能的服务描述。Web 服务客户端必须知道如何与 Web 服务进行交互才可以使用该服务
Web 服务联网形式	为实现通用的通信，Web 服务使用开放式联网形式进行通信，这些格式是任何能够支持最常见的 Web 标准的系统都可以理解的协议。SOAP 是 Web 服务通信的主要协议

10.1.3　Web 服务的组成

Web 服务体系结构有三种角色：服务提供者、服务注册中心和服务请求者，这三者之间的交互包括发布、查找和绑定等操作。Web 服务体系结构如图 10-2 所示。

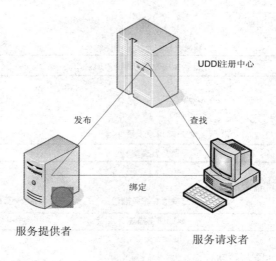

图 10-2   Web 服务体系结构

服务提供者是服务的拥有者，它为其他用户或服务提供服务功能。服务提供者首先要向服务注册中心注册自己的服务描述和访问接口(发布操作)。服务注册中心可以把服务提供者和服务请求者绑定在一起，提供服务发布和查询功能。服务请求者是 Web 服务功能的使用者，它首先向注册中心查找所需要的服务，注册服务中心根据服务请求者的请求把相关的 Web服务和服务请求者进行绑定，这样服务请求者就可以从服务器提供者获得需要的服务。

在 Web 服务体系结构中主要包括以下三个核心服务。

- SOAP(简单对象访问协议)：用于数据传输。
- WSDL(Web 服务描述语言)：用于描述服务。
- UDDI(统一描述、发现和集成协议)：用于获取可用的服务。

下面分别介绍这三个核心服务。

1. SOAP

SOAP 在 Web 服务的技术层次中起到的作用是，作为对应用共享的消息进行包装的标准协议。SOAP 规范定义了简单的基于 XML 包装传递信息和将与平台相关的应用数据类型转化成 XML 表示的一些规则。SOAP 的设计非常适合处理多种应用消息传递和集成模式。这一点是 SOAP 使用非常普遍的最主要的原因。

SOAP 规范主要定义了以下三个部分的内容。

- SOAP 信封规范：SOAP XML 信封(SOAP XML Envelope)对在计算机间传递的数据如何封装定义了具体的规则。这包括应用特定的数据，如要调用的方法名、方法参数或返回值；还包括谁将处理封装内容，失败时如何编码错误消息等信息。
- 数据编码规则：为了交换数据，计算机必须在编码特定数据类型的规则上达成一致。SOAP 必须有一套自己的编码数据类型的约定。大部分约定都基于 W3C XML Schema规范。
- RPC 协定：SOAP 能用于单向和双向等各种消息收发系统。SOAP 为双向消息收发定义了一个简单的协定来进行远程过程调用和响应，这使得客户端应用可以指定远程方法名，获取任意多个参数并接收来自服务器的响应。

2. WSDL

WSDL 是一种规范，它定义了如何用共同的 XML 语法描述 Web 服务。WSDL 描述了以下四种关键的数据：

- 描述所有公用函数的接口信息。
- 所有消息请求和消息响应的数据类型信息。
- 所使用的传输协议的绑定信息。
- 用来定位指定服务的地址信息。

总之，WSDL 在服务请求者和服务提供者之间提供一个协议。WSDL 独立于平台和语言，主要用于描述 SOAP 服务。客户端可以用 WSDL 找到 Web 服务，并调用其任何公用函数。还可以用可识别 WSDL 的工具自动完成这个过程，使应用程序只需少量甚至不需手工编码就可以容易地连接新服务。WSDL 为描述服务提供了一种共同的语言，并为自动连接服务提供了一个平台，因此，它是 Web 服务结构中的基石。

WSDL 是描述 Web 服务的 XML 语法。这个规范本身分为以下六个主要的元素。

(1) definitions：definitions 元素必须是所有 WSDL 文档的根元素。它定义 Web 服务的名称，声明文档其他部分使用的多个名称空间，并包含这里描述的所有服务元素。

(2) types：types 元素描述在客户端和服务器之间使用的所有数据类型。虽然 WSDL 没有专门被绑定到某个特定的类型系统上，但它以 XML Schema 规范作为其默认的选择。如果服务只用到诸如字符串型或整型等 XML Schema 内置的简单类型，那么它就不需要 types 元素。

(3) message：message 元素描述一个单向消息，无论单一的消息请求还是单一的消息响应，它都描述。message 元素定义消息名称，它可以包含零个或更多的引用消息参数或消息返回值的消息 part 元素。

(4) portType：portType 元素结合多个 message 元素，形成一个完整的单向或往返操作。一个 portType 可以定义多个操作。

(5) binding：binding 元素描述了在 Internet 上实现服务的具体细节。WSDL 包含定义 SOAP 服务的内置扩展，因此，SOAP 特有的信息会传到这里。

(6) service：service 元素定义调用指定服务的地址。一般包含调用 SOAP 服务的 URL。

除了上述主要的元素，WSDL 规范还定义了其他实用元素，如 documentation 元素。documentation 元素用于提供一个可阅读的文档，可以将它包含在任何其他 WSDL 元素中。WSDL 文件中最重要的部分也许是类型定义部分。这一部分使用 XML 模式去描述数据交换的格式，数据交换的格式要通过使用 XML 元素和元素之间的关系来定义。

3. UDDI

统一描述、发现和集成协议(Universal Description Discovery and Integration，UDDI)是一个 Web Services 的信息注册的规范，它定义了 Web 服务的注册发布与发现的方法。UDDI 类似一个目录索引，上面列出了所有可用的企业的 Web 服务信息。服务器请求者可以在这个目录中找到自己需要的服务。

　　企业首先向 UDDI 注册中心注册 Web 服务并提供这些 Web 服务的描述(需要提供用来描述企业及其提供的 Web 服务的 XML 文档)。服务器请求者可以使用 UDDI 注册中心来发现它们需要使用的 Web 服务，然后就可以调用这些服务。

10.1.4　Web 服务的调用过程

　　WSDL 和 SOAP 标准使得 Web 服务同客户端的交互成为可能，但是它们没有说明如何进行交互。下面的三个组件在 Web 服务同客户端的交互中扮演了重要角色。

- 一个定制的 Web 服务类，该类提供一些功能。
- 一个客户端应用程序，该程序使用上面组件的功能。
- 一个代理类，该类扮演上面两个组件间的接口角色。该代理类包含所有 Web 服务方法的说明而且根据选择的协议处理所有与 Web 服务交互相关的细节问题。

实际的交互过程，按照如下步骤执行：

(1) 客户端创建一个代理类的实例。

(2) 客户端调用代理类的方法。

(3) 在后台，代理类以恰当的形式发送信息到 Web 服务，并且接收相应的反应信息。

(4) 代理类返回调用代码的结果。

以上交互过程如图 10-3 所示。

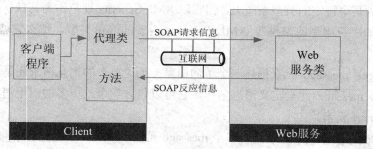

图 10-3　客户端与 Web 服务的交互

　　其实程序员根本没有必要知道一个远程函数如何调用一个 Web 服务，这个过程完全就像调用一个本地代码的过程一样。

　　此外，在使用这个交互过程时还需要注意以下几项：

- 并不是所有的数据类型都支持方法参数和返回值的。例如，大部分.NET 类对象都不能在该交互过程被传递的(DataSet 是一个非常重要的特例)。
- 网络调用花费很少的但可计量的时间。如果需要在一行代码中使用几个 Web 服务方法，这个延迟会被累加的。
- 除非 Web 服务采用特殊步骤来记忆状态，否则状态数据会被丢失。这意味着程序员应该把 Web 服务看成一个无状态的实用类，而该类包含很多程序员需要使用的方法。
- 在与 Web 服务交互中，会出现错误且可能被中断(如出现网络问题)。程序员在构建一个健壮的应用程序时要考虑到很多因素。

10.2　在 ASP.NET 中创建 Web 服务

Visual Studio.NET 对创建和使用 Web 服务提供了充分的支持。当使用 ASP.NET 生成 Web 服务时，将自动支持使用 SOAP、HTTP–GET 和 HTTP–POST 协议的客户端通信。由于 HTTP–GET 和 HTTP–POST 支持以 URL 编码的名称/值对的形式传递消息，所以这两种协议的数据类型支持没有 SOAP 支持的数据类型那么丰富。SOAP 使用 XML 与 Web 服务相互传递数据，在 SOAP 中，可以使用 XSD 架构(它支持更丰富的数据类型集)定义复杂数据类型。使用 ASP.NET 生成 Web 服务的开发人员不需要使用 XSD 架构显式定义所需的复杂数据类型。相反，他们只要生成一个托管类即可。ASP.NET 将类定义映射到 XSD 架构并将对象实例映射到 XML 数据，目的是使其在网络上来回传递。

Visual Studio 2010 为创建 Web 服务提供了现成的模板，因此 Web 服务的创建过程非常简单，创建 Web 服务主要使用 ASP.NET 应用程序框架。下面通过一个范例介绍如何创建和使用 Web 服务。

应用范例

本范例演示如何使用 Web 服务验证用户登录，其具体步骤如下。

(1) 在 WebManagementDB 数据库中增加一个 userlog 表，用于保存用户名和密码。该表有两个字段：username 和 password。在该表增加几条记录，如图 10-4 所示。

图 10-4　userlog 表

(2) 在 Visual Studio 2010 中创建名为 chap10 的空白解决方案。在该解决方案下创建一个名为 LoginWebService 的网站。

(3) 右击网站名称，在弹出的快捷菜单中选择"添加新项"命令，弹出如图 10-5 所示的"添加新项"对话框，选择"已安装的模板"下的"Visual C#"模板，并在模板文件列表中选中"Web 服务"，然后在"名称"文本框中输入该文件的名称 Service，最后单击"添加"按钮。

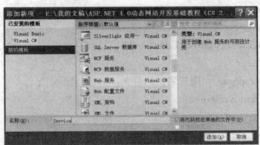

图 10-5　选择位置

(4) 打开 Web 服务中的 Service.cs 新类，该类为默认的 Web 服务。修改 Service.cs 的代码，如下所示：

```csharp
1.   using System;
2.   using System.Linq;
3.   using System.Web;
4.   using System.Web.Services;
5.   using System.Web.Services.Protocols;
6.   using System.Xml.Linq;
7.   using System.Data;
8.   using System.Data.SqlClient;
9.   using System.Web.Security;

10.  [WebService(Namespace = "http://tempuri.org/")]
11.  [WebServiceBinding(ConformsTo = WsiProfiles.BasicProfile1_1)]

12.  public class Service : System.Web.Services.WebService
13.  {
14.      public Service ()
15.      {
16.      }

17.      [WebMethod]
18.      public string Login(string strName, string strPwd)
19.      {
20.          SqlConnection conn = new SqlConnection(@"server=localhost;Integrated
             Security=True;database=WebManagementDB;");
21.          string strSql = "select * from userlog where username='" + strName + "' and password='" +
             strPwd + "'";

22.          conn.Open();
23.          SqlDataAdapter myAdapter = new SqlDataAdapter(strSql, conn);
24.          DataSet ds = new DataSet();
25.          myAdapter.Fill(ds, "Info");
26.          conn.Close();

27.          string response;
28.          if (ds.Tables[0].Rows.Count == 0)
29.          {
30.              response = "用户名密码有误，请重新输入  ";
31.              return response;
32.          }
33.          else
34.          {
35.              response = "欢迎您," + strName;
```

36.		FormsAuthentication.SetAuthCookie(strName, true);
37.		return response;
38.		}
39.		}
40.		}

程序说明

第 10 行设置程序的命名空间，这里使用 http://tempuri.org/作为默认命名空间。第 12 行定义一个 Service 类，该类继承自 WebService。第 18 行定义一个 Web Service 的方法，该方法名为 Login。第 20 行定义连接数据库的字符串，第 21 行定义检索数据的 SQL 指令。第 28行判断是否从数据库获得了数据，如果没有，那么提示用户输入有误，请重新输入，否则在第 36 行设置一个用户 cookie，然后返回包含用户姓名的字符串。

每个 XML Web Services 都需要一个唯一的命名空间，以便客户端应用程序能够将它与 Web 上的其他服务区分开。http://tempuri.org/可用于处于开发阶段的 XML Web Services，而已发布的 XML Web Services 应使用更为永久的命名空间。

范例结果演示

运行 Service.asmx 页面，如图 10-6 所示。

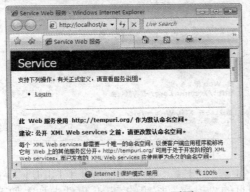

图 10-6　Service.asmx 页面

单击 Login 链接，跳转到新的网页。在该网页中输入用户名和密码，如图 10-7 所示。

图 10-7　方法测试页面

单击"调用"按钮执行 Login 方法，出现一个新窗口，显示调用 Login 方法时 Web 服务返回的 XML。在 XML 中出现值"欢迎您，Tom"，如图 10-8 所示。

有 Web 服务就可以创建一个网站，在这个网站引用和使用创建的 Web 服务，步骤如下。

(1) 下面首先创建一个名为 LoginByWebService 的网站，在该网站增加一个名为 Login.aspx 的网页，如图 10-9 所示。

图 10-8   调用 Login 方法   图 10-9   Login.aspx 设计视图

(2) 选择"网站"|"添加 Web 引用"命令，打开"添加 Web 引用"对话框。在 URL 中输入 http://localhost/:4171/LoginWebService/Service.asmx，然后单击"前往"按钮。下面出现有关 Web 服务的信息，如图 10-10 所示。将 Web 引用名改为 LoginService，然后单击"添加引用"按钮，关闭"添加 Web 引用"对话框。

图 10-10   "添加 Web 引用"对话框

(3) 在 Login.aspx 网页的"提交"按钮的 Click 事件中加入如下代码：

```
1.    protected void Button1_Click(object sender, EventArgs e)
2.    {
3.        LoginService.Service   login = new LoginService.Service();
4.        Label1.Text = login.Login(TextBox1.Text, TextBox2.Text);
5.    }
```

程序说明

第 3 行创建一个 Web 服务类，LoginService.Service 就是在 LoginWebService 网站中定义的 Service 类。第 4 行调用该类的 Login 方法，把返回的字符串赋给 Label1 控件。

范例结果演示

运行该程序，用户名输入 admin，密码输入 11111111，如图 10-11 所示。

单击"登录"按钮，网页如图 10-12 所示。

图 10-11　登录　　　　　　　　　　　　图 10-12　登录成功

10.3　Web 服务和 DataSet

从前面的内容中可以看出，在调用 Web 服务时，可以发送和接收一些数据，这些数据包括简单的数据(如 int、string 等简单数据类型)和结构体、数组、类的对象等，还可以传送 DataSet 数据集，甚至可以传送二进制文件。上一节介绍了如何传送 string 类型的数据，下面来介绍如何传送 DataSet。

DataSet 是用断开式设计来构建的，其部分目的是便于通过 Internet 来传输数据。可以将 DataSet 和 DataTable 指定为 XML Web Services 的输入或输出，并且无须进行其他任何编码，在 XML Web 服务和客户端之间将 DataSet 内容以流的形式来回传递，因此 DataSet 和 DataTable 是"可序列化的"。DataSet 使用 DiffGram 格式隐式地转换为 XML 流，通过网络进行发送，然后在接收端从 XML 流重新构造为 DataSet，从而为使用 XML Web 服务传输和返回关系数据提供了非常简单而灵活的方法。

应用范例

本范例演示如何通过 Web 服务获取数据库表的内容，具体步骤如下。

(1) 在 LoginWebService 的 Service.cs 中定义一个名为 GetAllWorks 的 Web 服务方法，该方法返回 Literature 数据库 works 表中的全部内容，输出参数为 DataSet 类型，返回值为 bool 类型，添加的代码如下。

```
1.  [WebMethod]
2.  public bool GetWorks(out DataSet ds)
3.  {
4.      ds = null;
5.      try
6.      {
7.          string strConnection = "Data Source=localhost;Initial Catalog= Literature;Integrated Security=True;";
8.          string sql = "select * from works";//SQL 语句
```

```
9.          SqlConnection connection = new SqlConnection(strConnection);
10.         ds = new DataSet();
11.         connection.Open();
            //使用 SelectCommand 和 SqlConnection 对象初始化 SqlDataAdapter 类的新实例
12.         SqlDataAdapter da = new SqlDataAdapter(sql, connection);
13.         da.Fill(ds);
14.    }
15.    catch
16.    {
17.        return false;
18.    }
19.    return true;
20. }
```

程序说明

程序的第 4 行首先初始化 ds 为 null，第 7 行设置数据库连接，这里使用的数据库为 Literature，第 8 行设置 SQL 语句，从 works 表中获取所有的记录。第 12 行填充数据集。

(2) 在网站 chap10 中，添加一个名为 DisplayWorks.aspx 的页面。在该页面添加一个 GridView 控件。

(3) 在 DataSet.aspx.cs 的 Page_Load 事件中调用 Web 服务方法获取 DataSet。添加的代码如下：

```
1.  protected void Page_Load(object sender, EventArgs e)
2.  {
        //创建代理对象实例
3.      LoginService.Service ws = new LoginService.Service();
4.      System.Data.DataSet ds = new System.Data.DataSet();
5.      if (ws.GetWorks(out ds) == true)
6.      {
7.          this.GridView1.DataSource = ds;
8.          this.GridView1.DataBind();
9.      }
10. }
```

程序说明

这段代码中，第 3 行创建代理对象实例，以便在后面调用它的方法。第 4 行创建一个 DataSet 对象，作为 GetWorks 方法的传出参数。第 5 行调用 GetWorks 方法填充数据集，第 7 行和第 8 行进行数据绑定，显示数据集的内容。

范例结果演示

运行该程序，网页如图 10-13 所示。

图 10-13 传输 DataSet 的状态图

10.4 思考与练习

一、填空题

1. Web 服务是通过_____执行远程方法调用的一种新方法。

2. Web 服务实现了在异类系统之间以_____消息的形式进行数据交换。

3. SOAP 规范定义了简单的基于_____包装传递信息。

4. UDDI 是一个 Web Services 的_____规范。

5. 代理类包含所有 Web 服务方法的说明而且根据选择的协议处理所有与 Web 服务_____相关的细节问题。

二、选择题

1. Web 服务建立在(   )开放标准之上。

   A. HTTP   B. XML   C. SOAP   D. Web

2. Web 服务基础结构中的组件包括(   )。

   A. Web 服务目录   B. Web 服务发现   C. Web 服务描述   D. Web 服务联网形式

3. Web 服务体系结构角色包括(   )。

   A. 服务提供者   B. 服务注册中心   C. 服务请求者

4. WSDL 描述的数据包括(   )。

   A. 所有公用函数的接口信息

   B. 所有消息请求和消息响应的数据类型信息

   C. 所使用的传输协议的绑定信息

   D. 用来定位指定服务的地址信息

5. 在调用 Web 服务时，可以发送和接收一些数据，这些数据包括(   )。

   A. 简单数据类型   B. 结构体   C. 数组   D. DataSet

三、上机操作题

1. 创建一个 ASP.NET Web 服务，进行两个整数求和运算，并返回结果。其运行效果如图 10-14 所示。在网页中调用上例中的 ASP.NET Web 服务，其运行效果如图 10-15 所示。

图 10-14　add 服务方法

图 10-15　求和

2. 利用 ASP.NET Web 服务传递 DataSet，将 BookStore 数据库中 Book 表利用 Web 服务进行传递。其 Web 服务的运行效果如图 10-16 所示，调用页面的运行效果如图 10-17 所示。

图 10-16　获取 Book 服务

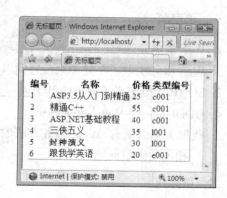

图 10-17　显示 Book

第11章　配置ASP.NET应用程序

ASP.NET 程序的配置主要包括设置应用程序的目录结构和设置相应的配置文件，其中设置配置文件主要是针对 global.asax 和 web.config 配置文件。本章主要介绍如何设置配置文件。

本章重点：

- 使用 web.config 配置 Web 程序
- 使用 global.asax 配置 Web 程序

11.1　使用 web.config 进行配置

在 ASP.NET 4.0 应用程序中，可以在系统提供的配置文件 web.config 中对该应用程序进行配置，可以配置的信息包括错误信息显示方式、会话存储方式和安全设置等。

web.config 文件是一个 XML 文本文件，它用来储存 ASP.NET Web 应用程序的配置信息(如最常用的设置 ASP.NET Web 应用程序的身份验证方式等)，它可以出现在应用程序的每一个目录中。当读者通过 ASP.NET 4.0 新建一个 Web 应用程序后，默认情况下会在根目录中自动创建一个默认的 web.config 文件。

由于 ASP.NET 4.0 的 machine.config 文件自动注册所有的 ASP.NET 标识、处理器和模块，所以在 Vistul Studio 2010 中创建新的 ASP.NET 应用项目时，会发现默认的 web.config 文件既干净又简洁而不像以前的版本有 100 多行代码。如果想修改配置的设置，可以在 web.config 文件下的 web.release.config 文件中重新进行配置。它可以提供重写或修改 web.config 文件中定义的设置。在运行时对 web.config 文件的修改不需要重启服务就可以生效(<processModel>节例外)。

当然 web.config 文件是可以扩展的。我们可以自定义新配置参数并编写配置节处理程序以对它们进行处理。其中，配置信息包含在 configuration 元素里面，它可以分为三个部分：配置节处理程序声明、<appSettings>元素及配置节设置。

1. 配置节处理程序声明

配置节处理程序声明一般位于配置文件顶部的<configSections> 和 </configSections> 标记之间。每个声明都包含在一个<section>标记中，它们被用来指定提供特定配置数据集的节的名称和处理该节中配置数据的.NET 框架类的名称。在默认的 web.config 文件中没有 <configSections> 和 </configSections> 标记，用户如果需要可以自己添加。配置节处理程序声明部分的语法定义如下所示。

```
<configSections>
    <section />
    <sectionGroup />
    <remove />
    <clear/>
</configSections>
```

其中，各子元素的作用如下。

- section：定义配置节处理程序与配置元素之间的关联。
- sectionGroup：定义配置节处理程序与配置节之间的关联。
- remove：移除对继承的节和节组的引用。
- clear：移除对继承的节和节组的所有引用，只允许由当前 section 和 sectionGroup 元素添加的节和节组。

2. <appSettings>元素

<appSettings>和</appSettings>用于定义自己需要的应用程序设置项，其语法定义如下所示：

```
<appSettings>
  <add key="[key]" value="[value]"/>
</appSettings>
```

其中，标签<add>包含如下两个属性。

- key：指定该设置项的名字，便于在程序中引用。
- value：指定该设置项的值。

下面的例子中，设置关键字 Application Name 的值为"我的程序"。

```
1.  <configuration>
2.      <appSettings>
3.          <add key="Application Name" value="我的程序" />
4.      </appSettings>
5.  </configuration>
```

第 3 行 key 的值为 Application Name。在程序中，可以使用这个名字来引用该项。该项的值在 value 中指定，这里为"我的程序"。

3. 配置节设置

配置节设置区域一般位于<configSections>标记后，它包含实际的配置设置，其根节点为<system.web>和</system.web>标记。配置节设置部分里可以完成大多数网站参数的设置。在配置节中可以包括很多的配置段，常用的几个配置段的含义如下。

- <sessionstat>和</sessionstat>：负责配置 http 模块的会话状态。
- <globalization>和</globalization>：配置应用的公用设置。
- <compilation>和</compilation>：配置 ASP.NET 的编译环境。

- <trace>和</trace>：配置 ASP.NET 的错误跟踪服务。
- <security>和</security>：ASP.NET 的安全配置。
- <iisprocessmodel>和</iisprocessmodel>：在 IIS 上配置 ASP.NET 的处理模式。
- <browercaps>和</browercaps>：配置浏览器的兼容部件。
- <appSettings>和</appSettings>：可以定义自己需要的应用程序设置项。
- <authentication>和</authentication>：进行安全配置工作，如身份验证模式的配置。
- <customErrors>和</customErrors>：用于自定义错误信息。
- <authorization>和</authorization>：设置应用程序的授权策略。

11.1.1　身份验证和授权

配置节设置部分的<authentication>和</authentication>可以设置应用程序的身份验证策略。可以选择的模式有如下几种。

- Windows：IIS 根据应用程序的设置执行身份验证。
- Forms：在程序中为用户提供一个用于身份验证的自定义窗体(Web 页)，然后在应用程序中验证用户的身份。用户身份验证信息存储在 Cookie 中。
- Passport：身份验证是通过 Microsoft 的集中身份验证服务执行的，它为成员站点提供单独登录和核心配置文件服务。
- None：不执行身份验证。

当用户指定了身份验证模式为 Forms 时，需要添加元素<forms>，使用该元素可以对 cookie 验证进行设置。<forms>标签支持以下几个属性。

- Name：它用来指定完成身份验证的 HTTP cookie 的名称，其默认值为 ASPXAUTH。
- LoginUrl：它定义如果不通过有效验证时重定向到的 URL 地址。
- Protection：指定 cookie 数据的保护方式。可设置为 All、None、Encryption 和 Validation。其中，All 表示通过加密 cookie 数据和对 cookie 数据进行有效性验证两种方式来对 cookie 进行保护；None 表示不保护 cookie；Encryption 表示对 cookie 内容进行加密；Validation 表示对 cookie 内容进行有效性验证。
- TimeOut：指定 cookie 失效的时间。超时后将需要重新进行登录验证获得新的 cookie。

下面通过一段代码来说明如何配置身份验证。

```
1.  <authentication mode="Forms" >
2.      <forms name=".ASPXAUTH" loginUrl="error.aspx" protection="All"
        timeout="30" />
3.  </authentication>
```

第 2 行身份验证模式为窗体验证模式(Form)，如果验证不通过将重定向到 error.aspx 登录页面，设置 cookie 保护模式为 All，并设置 cookie 失效时间为 30 分钟。

完成以上设置后，需要在工程中添加一个名字为 error.aspx 的 Web 页面文件，在该页面中通常告诉用户出错信息，提出修改意见。后面会介绍关于进行窗体验证模式身份验证的实例。

11.1.2　web.config 文件的其他设置

上一节对<authentication>和</authentication>配置段进行了详细的说明，本节将详细介绍<compilation>和</compilation>、<customErrors>和</customErrors>、<sessionState>和</sessionState>、<trace>和</trace>、<authorization>和</authorization>等内容。

1. <compilation>和</compilation>

<compilation>和</compilation>段主要完成 ASP.NET 使用动态调试编译选项，其语法定义如下所示：

```
<compilation
        defaultLanguage="c#"
        debug="true"
    />
```

其中，defaultLanguage 属性定义所使用的后台代码语言，可以选择 C#和 VB.NET 两种之一；debug 属性值为 true 时将启用 ASPX 调试，属性值为 false 时则不使用 ASPX 调试，默认属性值为进行 ASPX 调试。

提示：

把 debug 属性设置为 false 可以提高应用程序运行时性能。在实际开发中，在程序的调试阶段应该设置 debug 属性为 true，当测试完成后就应该把该属性设置为 false。

2. <customErrors>和</customErrors>

<customErrors>和</customErrors>段可以完成在 ASP.NET 应用程序中自定义错误消息的功能，其语法定义如下所示：

```
<customErrors
    mode="模式"
    [defaultRedirect="默认的重定向页面"]
    [<error statusCode="错误代码"
        redirect="错误代码发生时的重定向页面"/>]
    />
```

其中，错误模式可以选择以下三种值。
- On：表示始终显示自定义的信息。
- Off：表示始终显示详细的 ASP.NET 错误信息。
- RemoteOnly：默认的错误模式，表示只对不在本地 Web 服务器上运行的用户显示自定义的信息。一般来说，出于安全方面的考虑，只需要向外界用户显示自定义的错误信息，而不是显示详细的调试错误信息，此时需选择 RemoteOnly 状态。

defaultRedirect 参数是一个可选的属性，用于指定出现错误时，如果没有通过<error>标签处理该错误时，应该重定向的 URL 地址。<error>标签为可选项，可以不设置<error>标签，也可以使用多个<error>标签。<error>标签的属性定义如下。

- statusCode：指明错误状态码。
- redirect：发生对应的指明错误状态码时，应该重定向的 URL 地址。

下面是一个实际的<customErrors>和</customErrors>的配置例子，当发生错误码 440 时，页面将被重定向到 error440.aspx；当发生错误码 550 时，页面将被重定向到 error550.aspx；如果发生其他的错误，那么页面将被重定向到 error.aspx。

```
<customErrors
Mode ="On"
defaultRedirect ="error.aspx"
    <error statusCode ="440" redirect = "error440.aspx"/>
    <error statusCode = "550" redirect = "error550.aspx"/>
</customErrors>
```

3. <sessionState>和</sessionState>

<sessionState>和</sessionState>段用来完成会话状态的设置，默认情况下，ASP.NET 使用 Cookie 来标识哪些请求属于特定的会话。如果 Cookie 不可用，那么可以通过将会话标识符添加到 URL 来跟踪会话。基本语法定义如下所示：

```
<sessionState
                mode="InProc"
                stateConnectionString="tcpip=127.0.0.1:42424"
                sqlConnectionString="data source=127.0.0.1;user id=sa;password="
                cookieless="false"
                timeout="20"
        />
```

其中，mode 用于设置存储会话状态，可以使用如下几个值。

- Off：表示禁用会话状态。
- InProc：表示工作进程自身存储会话状态，在系统不崩溃情况下不丢失会话状态。
- StateServer：表示将把会话信息存放在一个单独的 ASP.NET 状态服务中。
- SqlServer：将把会话信息存放在 SQL Server 数据库中。

stateConnectionString 主要用来指定为 ASP.NET 应用程序存储远程会话状态的服务器名，默认为本机。如果把 mode 设置为 SqlServer，那么需要设置 sqlConnectionString 完成 SQL Server 数据库的连接字符串设定。cookieless 用于设置是否使用 Cookie，设置为 true 表示不使用 Cookie 会话标识客户，否则表示启用 Cookie 会话状态。timeout 用来定义会话状态维持的时间数，超过该期限后会自动结束会话，默认设置为 20。

4. <trace>和</trace>

<trace>和</trace>段用来配置 ASP.NET 应用程序的应用程序级别跟踪记录，应用程序级别跟踪为应用程序中的每一页启用跟踪日志输出。其语法定义如下所示。

```
<trace
        enabled="false"
        requestLimit="10"
        pageOutput="false"
        traceMode="SortByTime"
    />
```

其中，enabled 用来指定应用程序跟踪特性的状态，设置值为 true，即可以启用应用程序跟踪记录。requestLimit 用来指定存放在服务器上的跟踪请求的数目，默认值为 10。pageOutput 用于设置是否在每一页的底部显示跟踪信息，设置值为 true，表示可以在每个页面的末尾显示应用程序跟踪信息；设置值为 false，表示只通过 trace 实用程序访问跟踪信息。traceMode 用于设定跟踪的模式，默认为按时间排序(SortByTime)。

5. <authorization>和</authorization>

<authorization>和</authorization>段用于设置应用程序的授权策略，可以设置该段允许或拒绝不同的用户或角色访问。基本语法定义如下所示。

```
<authorization>
        <allow    users="[逗号分隔的用户列表]"
                  roles="[逗号分隔的角色列表]"/>
        <deny     users="[逗号分隔的用户列表]"
                  roles="[逗号分隔的角色列表]"/>
</authorization>
```

其中，<allow>标签用于设置允许的用户，可以有如下两个属性。

- users：用于设置允许访问的用户列表，如果是多个用户，那么使用逗号分隔。
- roles：用于设置用户的角色，如果是多个用户，那么使用逗号分隔。

<deny>标签用于设置禁止的用户，可以有如下两个属性。

- users：用于设置禁止访问的用户列表，如果是多个用户，那么使用逗号分隔。
- roles：用于取消用户的角色，如果是多个用户，那么使用逗号分隔。

注意：

在<authorization>和</authorization>段可以使用通配符 "*" 表示任何人，使用通配符 "?" 表示匿名(未经身份验证的)用户。

11.2　使用 global.asax 进行配置

在每一个 ASP.NET 应用程序里都包含一个名为 global.asax 的文件。它主要负责一些高级别的应用程序事件，如应用程序的开始和结束、会话状态的开始和结束等。开发人员可以在 global.asax 中编写一些处理程序级别的事件的代码，并且将这个文件放置于程序所在的虚拟目录中。当第一次程序中的任何资源或者 URL 被请求时，ASP.NET 会自动将这个文件编译成一个.NET Framework 类(继承自 HttpApplication 类)。任何外部用户将无法直接下载或者浏览 global.asax 文件。global.asax 文件中包括以下几个程序级别事件。

- Application_Start：ASP.NET 程序开始执行时触发该事件。
- Application_End：ASP.NET 程序结束执行时触发该事件。
- Session_Start：一个 session 开始执行时触发该事件。
- Session_End：一个 session 结束执行时触发该事件。
- Application_BeginRequest：一个请求开始执行时触发该事件。
- Application_EndRequest：一个请求结束执行时触发该事件。
- Application_Error：ASP.NET 程序出错时触发该事件。

11.2.1　编写 Application_Start 和 Application_End 事件处理代码

当位于应用程序 namespace 的任何资源或者 URL 被首次访问时，ASP.NET 系统将自动解析 global.asax 文件并把它编译为动态的.NET 框架类(此类派生自 HttpApplication 基类并加以扩存)。在创建 HttpApplication 派生类实例的同时，还将引发 Application_Start 事件。随后 HttpApplication 实例将处理页面的一个个请求或者响应，同时触发 Application_BeginRequest 或者 Application_EndRequest 事件，直到最后一个实例退出时才引发 Application_End 事件。

在 Application_Start 事件中可以进行一些系统资源的申请和初始化等操作，在 Application_End 事件中可以进行释放系统资源的操作。下面的实例在 global.asax.cs 文件的 Application_Start 事件中添加了代码，保存每次 ASP.NET 程序运行的时间。

在进行编码之前，首先需要在 SQL Server 中创建一个数据库，名为 WebManagementDB，该数据库包含一张用户表 log，表共有四列，分别表示编号、开始时间、结束时间和错误信息。该表的设计视图如图 11-1 所示。

列名	数据类型	允许空
▶ 编号	int	☐
开始时间	datetime	☐
结束时间	datetime	☑
错误信息	text	☑

图 11-1　log 表设计视图

log 表在程序开始运行时数据为空，每运行一次网站程序，就会向该表中加入数据。

注意：
数据库创建完毕之后，不要忘了把 ASP.NET 账户映射到该数据库，并把适当的权限赋给该账户。

应用范例
本范例中，把在 Application_Start 事件中记录的时间写入数据库，这样就可以知道网站是什么时候开始运行的，其步骤如下。

(1) 创建一个名为 chap11/ApplicationTest 的网站，在该网站中添加 global.asax 文件。右

击"解决方案管理器"中的网站，在弹出的快捷菜单中选择"添加新项"命令，弹出如图 11-2 所示的对话框。

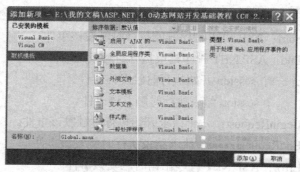

图 11-2　"添加新项"对话框

(2) 单击"添加"按钮，把一个 global.asax 文件添加到网站中。

(3) 处理该文件的 Application_Start 事件，具体代码如下所示。

```
1.   void Application_Start(object sender, EventArgs e)
2.   {
3.       string sqlconn = "Data Source=localhost;Initial Catalog=WebManagementDB; Integrated
         Security=True";
4.       System.Data.SqlClient.SqlConnection myConn = new
         System.Data.SqlClient.SqlConnection(sqlconn);
5.       myConn.Open();
6.       string strSelect = "Select COUNT(*) From log";
7.       System.Data.SqlClient.SqlCommand sel = new System.Data.SqlClient.SqlCommand(strSelect,
         myConn);
8.       int count = Convert.ToInt32(sel.ExecuteScalar()) + 1;
9.       Application.Lock();
10.      Application["ID"] = count;
11.      Application.UnLock();
12.      string strComm = "INSERT INTO log(开始时间) Values ('" +
             DateTime.Now.ToString() + "')";
13.      System.Data.SqlClient.SqlCommand myCommand = new
         System.Data.SqlClient.SqlCommand(strComm, myConn);
14.      try
15.      {
16.          myCommand.ExecuteNonQuery();
17.      }
18.      finally
19.      {
20.          myConn.Close();
21.      }
22.  }
```

程序说明

第 3～5 行建立数据库连接。第 6～8 行得到数据库 log 表中记录的总数，因为这个数据库用来记录网站的登录时间，对网站进行系统管理，所以这里假设该表中不会删除记录，因此下一条记录的编号就是现有记录总数加 1。第 9～11 行把现有记录的编号记录在 Application 变量 ID 中，以备程序中使用。

在 Visual Studio 2010 中右击 Default.aspx，在弹出的快捷菜单中选择"设为起始页"命令，这样网站运行时就会首先加载该页面。在该页面中加入一个 GridView 控件和一个 Button 控件，网页的代码如下所示：

```
1.   <%@ Page Language="C#" AutoEventWireup="true"   CodeFile="Default.aspx.cs"
     Inherits="_Default" %>
2.   <!DOCTYPE html PUBLIC "-//W3C//DTD XHTML 1.0 Transitional//EN"
     "http://www.w3.org/TR/xhtml1/DTD/xhtml1-transitional.dtd">
3.   <html xmlns="http://www.w3.org/1999/xhtml" >
4.   <head runat="server">
5.       <title>演示 Application 开始和结束事件</title>
6.   </head>
7.   <body>
8.       <form id="form1" method="post" runat="server">
9.       <asp:Button id="Button1" runat="server" Text="显示记录"
         OnClick="Button1_Click"></asp:Button>
10.          <p></p>
11.      <asp:GridView id="GridView1" runat="server" Width="544px"
         Height="160px"></asp:GridView>
12.      </form>
13.  </body>
14.  </html>
```

程序说明

第 9 行定义了一个 Button 控件，通过该控件可以执行显示数据库记录的命令。数据库的记录显示在一个 GridView 控件中，该控件在第 11 行确定。

在网页的"设计"视图中双击"显示记录"按钮，创建该按钮的 Click 事件。该事件代码如下所示：

```
1.   protected void Button1_Click(object sender, EventArgs e)
2.   {
3.       string sqlconn = "Data Source=localhost;Initial Catalog=WebManagementDB;Integrated
         Security=True";
4.       SqlConnection myConnection = new SqlConnection(sqlconn);
5.       myConnection.Open();
6.       SqlDataAdapter myCommand = new SqlDataAdapter("select * from log", myConnection);
7.       DataSet ds = new DataSet();
8.       myCommand.Fill(ds);
```

```
9.          GridView1.DataSource = new DataView(ds.Tables[0]);
10.         GridView1.DataBind();
11.     }
```

程序说明

第 3 行定义了数据库连接字符串，第 6～8 行填充数据集，第 9 行和第 10 行把该数据集绑定到 GridView 控件上。这部分代码比较简单，这里就不再详细介绍了。

范例结果演示

运行该程序，单击"显示记录"按钮，显示网站的开始时间，如图 11-3 所示。

图 11-3　Application_Start 测试程序

11.2.2　编写 Session_Start 和 Session_End 事件处理代码

当服务器接收到应用程序中的 URL 格式的 HTTP 请求时，将触发 Session_Start 事件，并建立一个 Session 对象。当调用 Session.Abandon 方法或者在 TimeOut 时间内用户没有刷新操作，将触发 Session_End 事件。

应用范例

本范例中，首先创建一个名为 chap11/SessionTest 的网站，然后在 global.asax.cs 文件中编写代码，最后打开 IE，在 IE 中输入该网址。此时，发生 Session_Start 事件，在线人数加 1，访问用户数也加 1。当某用户离开或者会话超时后会发生 Session_End 事件，在该事件中将在线人数减 1。

创建网站时，系统将自动创建一个 Default.aspx 网页。在该网页上增加两个 Label 控件，分别用来显示在线的人数和网站的访问量。该网页的代码如下所示：

```
1.  <%@ Page Language="C#" AutoEventWireup="true"   CodeFile="Default.aspx.cs"
    Inherits="_Default" %>
2.  <!DOCTYPE html PUBLIC "-//W3C//DTD XHTML 1.0 Transitional//EN"
    "http://www.w3.org/TR/xhtml1/DTD/xhtml1-transitional.dtd">
3.  <html xmlns="http://www.w3.org/1999/xhtml" >
4.  <head runat="server">
5.      <title>演示 Session</title>
6.  </head>
```

```
7.    <body>
8.        <form id="form1" runat="server">
9.        您好，本网站现有
10.       <asp:Label runat = "server" ID = "Label1"></asp:Label>人同时在线。
11.       <p></p>
12.       本网站的访问量为：
13.       <asp:Label runat = "server" ID = "Label2"></asp:Label>
14.       </form>
15.   </body>
16.   </html>
```

程序说明

第 10 行和第 13 行各定义了一个 Label 控件，分别用来显示网站同时在线的人数和网站的访问量。

在 global.asax 文件的 Application_Start、Session_Start 和 Session_End 中加入如下代码：

```
1.    void Application_Start(object sender, EventArgs e)
2.    {
3.        Application.Lock();
4.        Application["OnlineNum"] = 0;
5.        Application["TotalNum"] = 0;
6.        Application.UnLock();
7.    }
8.    void Session_Start(object sender, EventArgs e)
9.    {
10.       Session.Timeout = 1;
11.       Application.Lock();
12.       Application["OnlineNum"] = (int)Application["OnlineNum"] + 1;
13.       Application["TotalNum"] = (int)Application["TotalNum"] + 1;
14.       Application.UnLock();
15.   }
16.   void Session_End(object sender, EventArgs e)
17.   {
18.       Application.Lock();
19.       Application["OnlineNum"] = (int)Application["OnlineNum"] − 1;
20.       Application.UnLock();
21.   }
```

程序说明

第 1~7 行在 Application_Start 事件中初始化网站的同时在线人数和访问量。第 10 行设置超时时间为 1 分钟，第 11~14 行更新计数器。第 16~21 行在 Session 结束时更新计数器和页面。

在网页代码的 Page_Load 中输入如下代码。

```
Label1.Text = Application["OnlineNum"].ToString();
Label2.Text = Application["TotalNum"].ToString();
```

这两行代码都很简单，这里就不再介绍了。

范例结果演示

运行该程序，结果如图 11-4 所示。

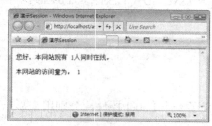

图 11-4　程序运行效果

打开 IE，在地址栏中输入 http://localhost/chap11/SessionTest/Default.aspx，页面如图 11-5 所示。

图 11-5　通过 IE 浏览该网站

11.2.3　编写错误处理程序

global.asax 文件中的 Application_Error 事件在 ASP.NET 程序出错时被触发。可以在该事件中进行错误处理。

应用范例

下面通过一个例子来进一步了解这部分内容，具体步骤如下。

(1) 创建一个名为 chap11/HandleError 的网站，在该网站中增加一个名为 RaiseError.aspx 的网页，在该网页的 Page_Load 事件中添加如下代码：

```
1.    private void Page_Load(object sender, System.EventArgs e)
2.    {
3.        string sqlconn = "Data Source=localhost1;Initial Catalog=WebManagementDB;Integrated
          Security=True";
4.        SqlConnection myConnection = new SqlConnection(sqlconn);
5.        myConnection.Open();
6.    }
```

程序说明

这段程序的目的就是制作一个错误。在第 3 行的连接字符串中，Data Source 和前面的不同，这个服务器是不存在的。第 5 行执行 Open 命令时就会出错。

(2) 在 Application_Error 事件中，添加如下所示的代码：

```
1.  protected void Application_Error(Object sender, EventArgs e)
2.  {
3.      string msg = Server.GetLastError().ToString();
4.      Application.Lock();
5.      Application["Error"] = msg;
6.      Application.UnLock();
7.      Server.Transfer("DisplayError.aspx");
8.  }
```

程序说明

第 3 行调用 Server.GetLastError()方法可以返回上一次发生错误的异常对象，然后通过 ToString()可以获得错误的信息。第 4～6 行把错误信息保存到 Application 变量 Error 中，第 7 行通过 Server 对象的 Transfer 跳转到 DisplayError.aspx 页面。

(3) 在网站中添加名为 DisplayError.aspx 的网页，并在该网页的 Page_Load 事件中加入如下代码：

```
1.  protected void Page_Load(object sender, EventArgs e)
2.  {
3.      Response.Write("<h3>显示错误信息</h3>");
4.      Response.Write("<hr/>");
5.      Response.Write(Application["Error"].ToString());
6.  }
```

程序说明

第 5 行显示程序的错误信息，这部分信息在前面通过 Server 对象的 GetLastError 捕获。

(4) 按 Ctrl+F5 键运行 RaiseError.aspx 网页，结果如图 11-6 所示。

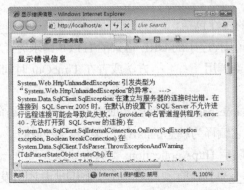

图 11-6   生成一个应用程序的错误

当然，程序中也可以使用 try…catch 语句处理代码，这样就不会引发 Application_Error 事件了。

程序清单

```
1.   private void Page_Load(object sender, System.EventArgs e)
2.   {
3.       string sqlconn = "Data Source= localhost1;Initial Catalog=WebManagementDB;Integrated
         Security=True";
4.       SqlConnection myConnection = new SqlConnection(sqlconn);
5.       try
6.       {
7.           myConnection.Open();
8.       }
9.       catch(Exception ee)
10.      {
11.          Response.Write(ee.ToString());
12.      }
13.  }
```

程序说明

第 3 行定义数据库连接字符串。应注意的是这里 Data Source 的值为 localhost1，而不是 localhost，这样连接时就会出现异常。第 5～12 行说明了如何使用 try…catch 语句捕获异常，第 11 行把捕获到的异常显示出来。

11.3　思考与练习

一、填空题

1. web.config 文件中，配置内容被包含在 web.config 文件中的标记_____和_____ 之间。

2. <forms>标签支持的属性包括_____、_____、_____和_____。

3. 当服务器接收到应用程序中的 URL 格式的 HTTP 请求时，将触发_____事件，并 建立一个_____对象。当调用_____方法或者在 TimeOut 时间内用户没有刷新操作，将 触发_____事件。

4. 当位于应用程序 namespace 的任何资源或者 URL 被首次访问时，ASP.NET 系统将自 动解析_____文件并把它编译为动态的.NET 框架类。在创建_____派生类实例的同时， 还将引发_____事件。随后 HttpApplication 实例将处理页面的一个个请求或者响应，同时 触发_____或者_____事件，直到最后一个实例退出时才引发_____事件。

二、选择题

1. configSections 元素包含的子元素有(　　)。

    A. section   B. sectionGroup

    C. remove   D. clear

2. 配置节设置部分的<authentication>和</authentication>可以设置应用程序的身份验证策略。可以选择的模式有(　　)。

    A. Windows   B. Forms   C. Passport   D. None

3. customErrors 元素中，错误模式不包括的模式有(　　)。

    A. on   B. RemoteOnly

    C. off   D. none

4. <authorization>和</authorization>段用于设置应用程序的授权策略，可以使用子元素(　　)设置该段允许或拒绝不同的用户或角色访问。

    A. allow   B. accept

    C. refuse   D. deny

三、上机操作题

1. 在 web.config 文件中设置连接字符串，连接到 BookStore 数据库，编写代码来获取连接字符串，并使用 GridView 控件把 Book 表的内容显示到网页上。

程序运行的结果如图 11-7 所示。

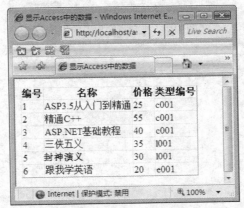

图 11-7　显示 Book 表内容

2. 本网站使用的数据库为 Literature 数据库。用户登录网站时显示 Works 表中的描述信息，用户输入作者后，显示该作者的作品。

把 ChooseAuthor.aspx 设为起始页，该页面运行结果如图 11-8 所示。

图 11-8　选择作者

输入作者后，单击"提交"按钮，重定向到 DisplayWorks.aspx 网页，如图 11-9 所示。

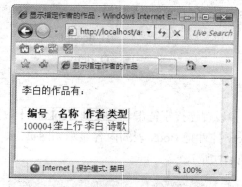

图 11-9　来自指定作者的作品

第12章　博客网页设计

本章将结合前面介绍的各种 ASP.NET 4.0 技术，主要使用 ASP.NET MVC、LINQ to SQL 和 SQL Server 2008 数据库结合三层架构的设计模式来共同实现一个具备基本功能的网上个人博客。"博客"一词是从英文单词 Blog 翻译而来。Blog 是 Weblog 的简称，而 Weblog 则是由 Web 和 Log 两个英文单词组合而成。Weblog 就是在网络上发布和阅读的流水记录，通常称为"网络日志"，简称为"网志"。它是继 E-mail、BBS、IM 之后出现的第四种全新的网络交流方式。它不仅仅是一种单向的发布系统，而是以网络作为载体，迅速、便捷地发布自己的心得，及时有效地与他人进行交流，再集丰富多彩的个性化展示于一体的综合性平台。通过本章这一个综合项目实例的学习，读者能够对之前所学的各种 ASP.NET 4.0 知识点加以融会贯通，从而达到举一反三的效果。

本章重点：

- 使用 MVC 设计网站
- 系统三层架构的实现
- LINQ to SQL 在项目中的应用

12.1　系统分析与设计

在正式开始一个系统之前，首先需要从用户的角度出发，明白这个系统真正的需求。只有这样，才可以进行系统设计。而系统设计的目的是使开发团队对系统的每一个功能都要彻底了解，明白系统各模块的功能和先后顺序。只有完成这些之后，软件开发流程才可以进入编程阶段。

12.1.1　系统需求分析

本系统的用户包括普通游客、博客用户。

(1) 普通游客进入网站后可以浏览网站、浏览文章、对博客文章进行评论。

(2) 普通游客可以通过注册，成为博客用户。在网站上建立自己的博客并管理自己的博客。

(3) 博客用户必须在登录页面输入用户名、密码，通过身份验证后，才可以进入博客管理界面。如果未能通过系统的身份验证，系统自动给出登录错误的提示信息。

(4) 在博客管理界面，博客用户可以对自己的博客类型进行管理，包括添加、编辑和删除博客类型。

(5) 博客用户可以对各种类型的博客文章进行管理，包括添加、编辑和删除博客的内容。

(6) 博客用户能够管理网友的评论信息，包括编辑和删除评论的操作。

(7) 博客用户可以对系统的日志进行管理，包括编辑和删除的操作。

(8) 博客用户还能够上传图片文件到网站，同时可以管理这些上传的图片文件，包括浏览和删除的操作。

12.1.2　系统模块设计

根据上面的系统需求分析，我们开始对系统的模块进行划分。本系统使用了多层开发模式，由五个类库+ASP.NET MVC 架构组成。其中，五个类库实现了业务逻辑和数据访问以及实体类的映射，而 ASP.NET MVC 主要实现的是通过控制器从网站各个页面获取数据并从数据库得到数据结果，然后通过控制器将数据结果传递返回到相应的页面显示。

首先，我们把五个类库分别划分为以下四个系统模块。

(1) 业务逻辑模块(BusinessLogic)：定义了六个业务逻辑类，用于处理系统所需要的业务逻辑。

(2) 数据访问模块(DataAccess)：对应于六个业务逻辑类，实现对数据库数据的访问操作并通过 LINQ to SQL 的形式实现数据库实体的完全映射。

(3) 业务对象模块(BusinessObject)：定义了本系统中七个具体业务对象和一个枚举。

(4) 系统配置模块(Utils)：定义了配置文件类和密码加密类。

其次，将本系统使用的 ASP.NET MVC 架构(MvcBlogNet)划分为两个系统模块，即博客管理模块和博客页面显示模块。前者包括了 Controller 文件夹中所有的代码文件；后者包括了本网站所有的页面设计文件。

12.2　MVC

MVC 是一种网站系统的设计模式，当前被广泛应用于企业级 Web 应用的开发中。MVC 设计模式将 Web 应用分解成三个部分：模式、视图(View)和控制器(Controller)，这三部分分别完成不同的功能以实现 Web 应用。微软为了方便 MVC 设计模式的构建，推出了基于.NET Framework 4.0、与 ASP.NET 4.0 集成的 MVC 框架。这个框架提供了集成于 VS 2010 的模板，利用这个模板可以方便地构建 MVC Web 应用。

12.2.1　什么是 MVC

MVC 全称为 Model View Controller，即把一个 Web 应用的输入、处理、输出流程按照 Model、View、Controller 的方式进行分离，这样一个应用被分成三层，即模型层、视图层及控制层。

视图代表用户交互界面，对于 Web 应用来说，可以概括为 HTML 界面，但有可能为 XHTML、XML 和 Applet。随着应用的复杂性和规模性，界面的处理也变得具有挑战性。一个应用可能有很多不同的视图，MVC 设计模式对于视图的处理仅限于视图上数据的采集和处理，以及用户的请求，而不包括在视图上的业务流程的处理。业务流程的处理交予模型

(Model)处理。例如，一个订单的视图只接收来自模型的数据并显示给用户，以及将用户界面的输入数据和请求传递给控制和模型。

　　模型就是业务流程/状态的处理以及业务规则的制定。业务流程的处理过程对其他层来说是黑箱操作，模型接收视图请求的数据，并返回最终的处理结果。业务模型的设计可以说是MVC 最主要的核心。目前流行的 EJB 模型就是一个典型的应用例子，它从应用技术实现的角度对模型做了进一步的划分，以便充分利用现有的组件，但它不能作为应用设计模型的框架。它仅表明按这种模型设计就可以利用某些技术组件，从而减小了技术上的困难。对一个开发者来说，就可以专注于业务模型的设计。MVC 设计模式告诉我们，把应用的模型按一定的规则抽取出来，抽取的层次很重要，这也是判断开发人员是否优秀的设计依据。抽象与具体不能隔得太远，也不能太近。MVC 并没有提供模型的设计方法，而只告诉应该组织管理这些模型，以便于模型的重构和提高重用性。我们可以用对象编程来进行比喻，MVC 定义了一个顶级类，告诉它的子类只能做哪些，但没法限制能做哪些。这一点对编程的开发人员非常重要。

　　业务模型还有一个很重要的模型——数据模型。数据模型主要指实体对象的数据保存(持续化)。例如，将一张订单保存到数据库，从数据库获取订单。可以将这个模型单独列出，所有有关数据库的操作只限制在该模型中。

　　控制可以理解为从用户接收请求，将模型与视图匹配在一起，共同完成用户的请求。划分控制层的作用也很明显，它清楚地告诉，它就是一个分发器，选择什么样的模型，选择什么样的视图，可以完成什么样的用户请求。控制层并不做任何的数据处理。例如，用户单击一个连接，控制层接收请求后，并不处理业务信息，它只把用户的信息传递给模型，告诉模型做什么，选择符合要求的视图返回给用户。因此，一个模型可能对应多个视图，一个视图可能对应多个模型。

　　模型、视图与控制器的分离，使得一个模型可以具有多个显示视图。如果用户通过某个视图的控制器改变了模型的数据，所有其他依赖于这些数据的视图都应反映出这些变化。因此，无论何时发生了何种数据变化，控制器都会将变化通知所有的视图，导致显示的更新。这实际上是一种模型的变化——传播机制。模型、视图、控制器三者之间的关系和各自的主要功能如图 12-1 所示。

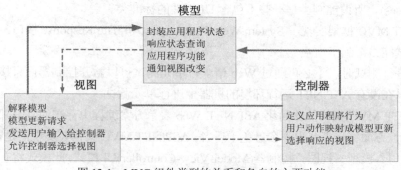

图 12-1　MVC 组件类型的关系和各自的主要功能

MVC 设计模式存在如下优点。

- 可以为一个模型在运行时同时建立和使用多个视图。变化—传播机制可以确保所有相关的视图及时得到模型数据变化，从而使所有关联的视图和控制器做到行为同步。
- 视图与控制器的可接插性，允许更换视图和控制器对象，而且可以根据需求动态地打开或关闭，甚至在运行期间进行对象替换。
- 模型的可移植性。因为模型是独立于视图的，所以可以把一个模型独立地移植到新的平台工作。需要做的只是在新平台上对视图和控制器进行更新修改。
- 潜在的框架结构。可以基于此模型建立应用程序框架，不仅用于设计界面的设计中。

12.2.2　ASP.NET MVC

微软公司的 ASP.NET 在最初开始的几个版本中并没有提供支持 MVC 设计模式的框架，但是为了满足市场的需要和广大 ASP.NET 开发人员的要求，终于在 2008 年 3 月，微软发布了 ASP.NET MVC 预览版 2。在这个预览版中，提供了 MVC routing，并对测试功能进行了改进。另外，它还提供了 Visual Studio 2008 开发环境中第一个支持 MVC 的模板，而且对动态数据进行了改进。这个版本才是真正意义上的 ASP.NET MVC 框架。此后，这个框架经过不断更新，目前集成在 Visual Studio 2010 开发环境中的是 ASP.NET MVC 2 正式版。

ASP.NET MVC 框架为创建基于 MVC 设计模式的 Web 应用程序提供了设计框架和技术基础。它是一个轻量级的、高度可测试的演示框架，并且结合了现有的 ASP.NET 特性(如母版页等)。MVC 框架被定义在 Sytem.Web.Mvc 命名空间，并且是被 Sytem.Web 命名空间所支持的。

ASP.NET MVC 框架具有如下一些特性：

- ASP.NET MVC 框架深度整合许多用户熟悉的平台特性，如运行时、身份验证、安全性、缓存和配置特性等。
- 整个架构是基于标准组件的，所以开发人员可以根据自己的需要分解或替换每个组件。
- ASP.NET MVC 框架使用用户熟悉的 ASPX 和 ASCX 文件进行开发，然后在运行时生成 HTML。
- 在这个框架中，URL 将不再映射到 ASPX 文件，而是映射到一些控制类(controller classes)。所谓控制类是一些不包含 UI 组件的标准类。
- .NET MVC 框架实现了 System.Web.IHttpRequest 和 IHttpResponse 接口，这使得单元测试能力得到了增强。
- 在进行测试时，不必再通过 Web 请求，单元测试可以撇开控制器而直接进行。
- 可以在没有 ASP.NET 运行环境的机器上进行单元测试。

ASP.NET MVC 架构能够简化 ASP.NET Web 表单方案编程中存在的复杂部分，但是在威力与灵活性方面将一点儿也不会逊色于后者。ASP.NET MVC 架构要实现的是在 Web 应用程序开发中引入模型—视图—控制器(Model-View-Controller)UI 模式，此模式将有助于开发人员最大限度地以松耦合方式开发自己的程序。MVC 模式把应用程序分成三个部分，即模型部分、视图部分以及控制器部分。其中，视图部分负责生成应用程序的用户接口。也就是说，它仅仅是填充有自控制器部分传递而来的应用程序数据的 HTML 模板。模型部分则负责实现应用程序的数据逻辑，它所描述的是应用程序(它使用视图部分来生成相应的用户接口部分)的业务对象。最后，控制器部分对应一组处理函数，由控制器来响应用户的输入与交互情况。也就是说，Web 请求都将由控制器来处理，控制器会决定使用哪些模型以及生成哪些视图。正如读者所想到的，MVC 模型将使用其特定的控制器动作(Action)来代替 Web 表单事件。因此，使用 MVC 模型的主要优点在于，它能够更清晰地分离关注点，便于进行单元测试，从而能够更好地控制 URL 和 HTML 内容。

最后需要说明的一点是虽然 MVC 设计模式存在种种优势，但并不代表着 MVC 设计模式能够完全取代 ASP.NET Web 表单方案。因此在实际的项目开发中，读者要根据自己的需要来选择相应的解决方案。

12.2.3　创建 ASP.NET MVC Web 应用程序

本节演示如何创建 ASP.NET MVC Web 应用程序，并简单介绍系统自动创建的几个文件夹，其步骤如下。

(1) 打开 VS 2010，选择"文件"|"新建"|"项目"命令打开"新建项目"对话框。

(2) 若在"新建项目"对话框的"项目类型"列表中选中 Web 类型，则在"模板"列表中可以看到 ASP.NET MVC 2 Web Application 模板。选中该模板，输入项目名称 MvcBlogNet，如图 12-2 所示。

(3) 单击"确定"按钮即可创建一个基于 MVC 框架的网站。在新创建的网站项目中包含了很多自动生成的文件和文件夹，如图 12-3 所示。

图 12-2　创建 MVC 网站

图 12-3　新创建的 MVC 网站

通过图 12-3 可以看出，有些文件和文件夹在创建其他类型的网站项目中已经介绍过，有些则是第一次看到。为了能够方便代码的管理，利用 ASP.NET MVC 框架创建出的网站项目会自动生成以下文件夹和文件。

- App_Data 文件夹，它用来存储数据，与基于 Web 表单的 ASP.NET Web 应用程序中的 App_Data 文件夹具有相同的功能。
- Content 文件夹，它存放应用程序需要的一些资源文件，如图片、CSS 等。
- Controllers 文件夹，它存放控制器类。

- Models 文件夹，它存放业务模型组件。

- Scripts 文件夹，它存放 JavaScript 等脚本文件。

- Views 文件夹，它存放视图。

此外，还有一个名为 Global.asax 的文件也比较重要，在它里面默认生成了 URL 寻址代码，打开该文件可以看到以下代码。

```
1.   public class MvcApplication :System.Web.HttpApplication
2.   {
3.       public static void RegisterRoutes(RouteCollection routes)
4.       {
5.           routes.IgnoreRoute("{resource}.axd/{*pathInfo}");
6.           routes.MapRoute(
7.               "Default",
8.               "{controller}/{action}/{id}",
9.               new { controller = "Home", action = "Index", id = "" }
10.          );
11.      }
12.      protected void Application_Start()
13.      {
14.          RegisterRoutes(RouteTable.Routes);
15.      }
16.  }
```

程序说明

第 3～11 行定义了方法 RegisterRoutes，它用来实现 MVC 应用程序的寻址功能。其中，第 7 行定义了路由的名字，第 8 行定义了带参数的 URL 的格式，第 9 行设置 URL 参数的默认值。第 12～15 行定义了 Application_Start 事件，其中第 14 行调用方法 RegisterRoutes()，这样，当程序运行后，程序就会按照方法 RegisterRoutes()定义的寻址功能来实现应用程序的寻址。

默认情况下，创建的 MVC Web 应用程序使用的是 Account 模板。也就是说，创建的应用程序中包含和账户管理相关的网页，这里不使用系统自动创建的网页。因此，需要删除下列文件：Controllers 文件夹中的 AccountController.cs 文件、Views 文件夹中的 Account 文件夹以及其中的所有文件、Views/Home 文件夹中的 About.aspx 页面、Views/Shared 文件夹中的 LoginUserControl.ascx 用户控件。

本项目中将使用母版页，系统已经自动创建了一个名为 Site.Master 的母版页，在 Views/Shared 文件夹中，需要修改该母版页，如图 12-4 所示。

图 12-4 母版页

12.3 数据库设计与实现

根据系统需求分析和保证数据统一、完整和高效的原则,需要对数据库进行合理的设计。首先在 SQL Server 2008 中建立一个名为 Blogo 的数据库来存放本系统所需的数据表。

12.3.1 数据库表设计

为满足本系统功能的需要,设计数据库表如下。

(1) 用户信息表(authors):用来记录系统中用户的信息。该表的字段结构如表 12-1 所示。

表 12-1 authors 表结构

字 段	中 文 描 述	数 据 类 型	是 否 为 空	备 注
id	用户编号	int	否	主键
username	用户名	nvarchar(100)	否	
password	用户密码	nvarchar(50)	否	
salt	生成的哈希密码	nvarchar(50)	否	

(2) 分类目录表(tags):用来记录网站中博客文章的分类目录信息。该表的字段结构如表 12-2 所示。

表 12-2 tags 表结构

字 段	中 文 描 述	数 据 类 型	是 否 为 空	备 注
id	分类编号	int	否	主键
tagname	分类名称	nvarchar(100)	否	

(3) 博客分类表(blog_tags):用来记录网站中博客文章和分类目录之间的关联关系的信息。该表的字段结构如表 12-3 所示。

表 12-3　blog_tags 表结构

字　　段	中 文 描 述	数 据 类 型	是 否 为 空	备　　注
id	博客分类编号	int	否	主键
tag_id	分类目录编号	int	否	外键
blog_id	博客文章编号	int	否	外键

(4) 博客文章表(blogentries)：用来记录网站中博客文章的详细信息。该表的字段结构如表 12-4 所示。

表 12-4　blogentries 表结构

字　　段	中 文 描 述	数 据 类 型	是 否 为 空	备　　注
id	博客文章编号	int	否	主键
author_id	作者编号	int	是	外键
title	文章标题	nvarchar(100)	否	
description	文章描述	ntext	是	
type	文章类型	nvarchar(10)	否	
allowcomments	是否允许被评论	bit	否	
markprivate	是否设置为私有	bit	否	
body	文章内容	ntext	否	
datecreated	文章创建日期	datetime	否	
datepublished	文章发表日期	datetime	否	
datemodified	文章修改日期	datetime	否	

(5) 博客评论表(comments)：用来记录网站中对博客文章评论的具体信息。该表的字段结构如表 12-5 所示。

表 12-5　comments 表结构

字　　段	中 文 描 述	数 据 类 型	是 否 为 空	备　　注
id	博客评论编号	int	否	主键
author	评论作者	nvarchar(100)	否	
blog_id	博客文章编号	int	否	外键
IP	评论 IP 地址	nvarchar(50)	是	
datecreated	评论创建时间	datetime	否	
datemodified	评论发表日期	datetime	否	
body	评论内容	ntext	否	

(6) 图片文件表(files)：用来记录网站中博客文章的图片文件信息。该表的字段结构如表

12-6 所示。

表 12-6　files 表结构

字　　段	中 文 描 述	数 据 类 型	是 否 为 空	备　　注
id	文件编号	int	否	主键
filename	文件名称	nvarchar(250)	否	
mime	文件类型	nvarchar(50)	否	
filecontent	文件内容	varbinary(max)	是	

(7) 日志信息表(logs)：用来记录网站运行时日志文件的信息。该表的字段结构如表 12-7 所示。

表 12-7　logs 表结构

字　　段	中 文 描 述	数 据 类 型	是 否 为 空	备　　注
id	日志编号	int	否	主键
date	日志日期	datetime	否	
event	日志事件	ntext	否	

12.3.2　创建数据库实体类映射

在 VS 2010 的"解决方案资源管理器"中用鼠标右击 DataAccess 类库下的 Mapping 文件夹，在弹出的快捷菜单中选择"添加"|"新建项"命令，弹出"添加新项"对话框。

在打开的"添加新项"对话框中选择"LINQ to SQL 类"模板，设置名称为 BlogoMap.dbml，然后单击"添加"按钮，进入设计器界面。

在"服务器资源管理器"窗口中，打开 Blogo 数据库下的"表"目录，分别选中 7 个数据表并按住不放，将它们拖动到对象关系设计器中，VS 2010 就会为这些数据表创建相应的实体类。设计完成后在 Mapping 文件夹下自动生成 BlogoMap.dbml 文件，如图 12-5 所示。

图 12-5　创建数据库实体类映射

实现了数据库实体类对象的完全映射后，就可以直接使用这些类对象来对数据库进行操作了，并创建数据库访问层。

12.4　系统运行演示

运行本系统，首先出现的是如图 12-6 所示的博客网站的首页。

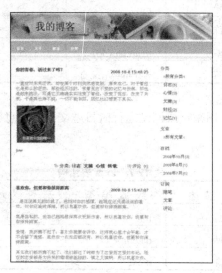

图 12-6　网站首页

在首页中，可以选择想要浏览的博客文章，单击博客文章的标题，进入如图 12-7 所示的浏览指定博客的页面。

图 12-7　浏览指定博客页面

在图 12-7 中，可以对浏览的博客发表评论，在发表新评论下的表格中填写名字和评论的内容后，单击"发表评论"按钮提交评论。用户还可以单击"分类"标题下的各种链接以不同的方式浏览博客文章。

用户可以在首页中单击菜单栏上的"管理"链接，进入如图 12-8 所示的后台管理登录界面。

图 12-8 后台管理登录界面

在图 12-8 中，可以单击"免费注册"链接，进入如图 12-9 所示的用户注册页面进行注册。

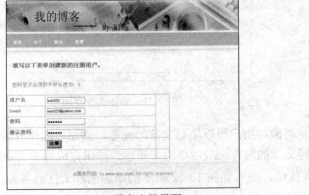

图 12-9 用户注册界面

在图 12-9 中填写用户名、Email、密码和确认密码后，单击"注册"按钮。若注册失败，会给出错误信息的提示。若注册成功，会跳转至登录界面。在该界面输入刚才注册的用户名和密码，可以勾选是否记住我的选项。单击"登录"按钮后，进入如图 12-10 所示的博客管理界面。

图 12-10 博客管理界面

在图 12-10 中，单击"新建"链接，可以进入添加博客文章的界面，如图 12-11 所示。

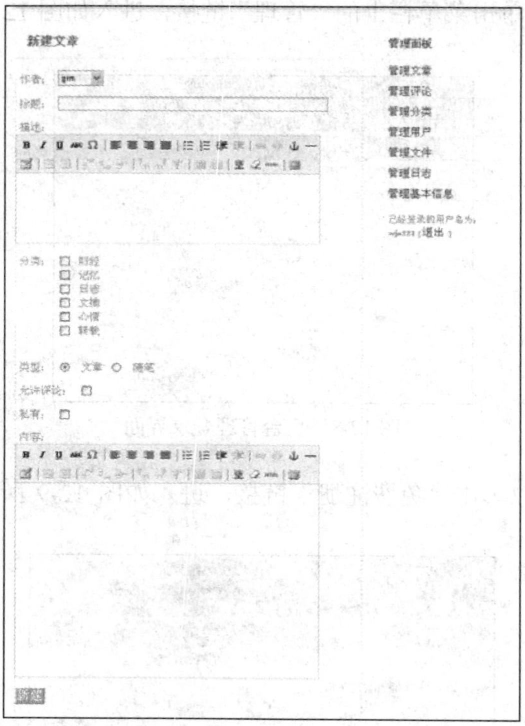

图 12-11　添加文章界面

在添加文章界面，用户可以填写文章的标题、描述、选择分类、类型、是否允许评论、是否私有和撰写文章的内容。最后单击"新建"按钮完成博客文章的添加。在文本编辑器中用户可以单击▤按钮，进入如图 12-12 所示的添加图片文件的界面。

在 Image description 列表框中选择图片文件，单击 Insert 按钮。完成图片文件的添加，如图 12-13 所示。

图 12-12　添加图片文件界面

图 12-13　添加图片后的文本编辑器

在博客管理界面中，用户可以单击博客文章列表中的"编辑"链接，进入如图 12-14 所示的编辑文章的界面。

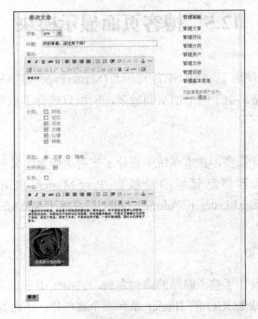

图 12-14　编辑博客文章界面

用户可以根据需要选择修改的内容后单击"修改"按钮提交更新后博客文章。页面跳转至博客管理界面。

在博客管理界面中，用户能够单击博客文章列表中的"删除"链接，删除所要去除的博客文章，如图 12-15 所示。

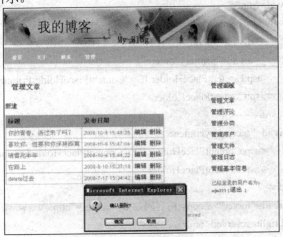

图 12-15　删除博客文章界面

单击"确定"按钮，页面返回至博客管理页面，从中可以看到文章列表中该文章已被删除。

该系统中其他功能界面与上述相似，此处不再赘述。请读者运行该程序代码进行查看。

12.5　博客页面显示模块

在本系统的页面中使用了 ASP.NET 母版页(MasterPage)和 ASP.NET MVC 框架视图 (View)相结合的设计思路。由于网站的页面较多，所以只选择了重要的页面来进行介绍。

12.5.1　使用母版页

为了满足页面的设计需要，在本系统中设计了三种母版页，分别是用于整个网站的母版页 Site.Master、用于博客信息显示的母版页 Page.Master 和用于博客管理的母版页 Admin.Master。其中，Page.Master 和 Admin.Master 都继承了 Site.Master，也就是说这两个母版页是嵌套的母版页。

1. Site.Master 母版页

Site.Master 母版页设计了整个网站的结构布局，它由上中下三个部分组成。上部是页面的头部，包含了一个网站 LOGO 的 Binner 条和一个菜单栏；下部是页面的脚本，包含网站的版权信息；中部是放置内容页面的区域，可以根据需要设计不同的界面。实现 SiteMaster 母版页的关键代码如下。

```
1.  <body>
2.  <div id="outer">
3.      <div id="upbg"></div>
4.        <div id="inner">
5.          <div id="header">     </div>
6.            <div id="menu"><%= Html.Menu()%></div>
7.            <div id="primarycontent">
8.          <asp:ContentPlaceHolder ID="ContentPlaceHolderPrimary" runat="server" >
9.          </asp:ContentPlaceHolder>
10.        </div>
11.      <div id="secondarycontent">
12.          <asp:ContentPlaceHolder ID="ContentPlaceHolderSecondary" runat="server" >
13.          </asp:ContentPlaceHolder>
14.      </div>
15.      <div id="footer">&copy;博客网站 by <a href="http://www.wjn.com">www.wjn.com</a>.
        All rights reserved<br />
16.      </div>
17.    </div>
18.  </div>
19.  </body>
```

程序说明

以上代码中，第 7 行定义了网站的 LOGO。第 6 行定义了 Menu 菜单栏，通过读取 Web.sitemap 文件，实现站点导航。第 8～9 行，定义页面中部左边放置内容页面的区域。第

12～13 行定义页面中部右边放置内容页面的区域。第 15 行定义了页面下部的版权信息。

完整的 SiteMaster 母版页设计界面如图 12-16 所示。

图 12-16　SiteMaster 母版页设计界面

2. AdminMaster 母版页

AdminMaster 母版页设计博客管理页面的结构布局。它继承自 SiteMaster 母版页，主要设计了页面中部右边部分的管理导航栏。页面中部左边部分可以根据需要设计不同的界面。实现 AdminMaster 母版页的关键代码如下。

```
1.  <asp:Content ID="Content1" ContentPlaceHolderID="Head" runat="server">
2.    <asp:ContentPlaceHolder ID="head" runat="server">
3.        <title></title>
4.    </asp:ContentPlaceHolder>
5.  </asp:Content>
6.  <asp:Content ID="ContentPrimary" ContentPlaceHolderID="ContentPlaceHolderPrimary"
    runat="server">
7.    <asp:ContentPlaceHolder ID="ContentPlaceHolderPage" runat="server">
8.    </asp:ContentPlaceHolder>
9.  </asp:Content>
10.  <asp:Content ID="ContentSecondary" ContentPlaceHolderID="ContentPlaceHolderSecondary"
    runat="server">
11.    <h3>管理面板</h3>
12.    <div class="content">
13.      <ul class="linklist">
14.      <li> <% =Html.ActionLink("管理文章", "index")%></li>
15.      <li><% =Html.ActionLink("管理评论", "AdminComments")%></li>
16.      <li><% =Html.ActionLink("管理分类", "AdminTags")%></li>
17.      <li><% =Html.ActionLink("管理用户", "AdminAuthors")%></li>
18.      <li><% =Html.ActionLink("管理文件", "AdminFiles")%></li>
19.      <li><% =Html.ActionLink("管理日志", "AdminLog")%></li>
20.      <li><% =Html.ActionLink("管理基本信息", "AdminSetupEdit")%></li>
21.      </ul><br />
22.      <% Html.RenderPartial("LogOnUserControl"); %>
23.    </div>
24.  </asp:Content>
```

程序说明

以上代码中，第1～4行定义页面头部放置内容页面的区域。第6～9行定义页面中部左边部分放置内容页面的区域。第 10～24 行定义页面中部右边部分的管理导航栏。其中，第14～20行分别定义了七个博客管理栏目的链接。第22行调用用户控件 LogOnUserControl 显示用户登录的内容。

完整的 AdminMaster 母版页设计界面如图 12-17 所示。

图 12-17　AdminMaster 母版页设计界面

3. PageMaster 母版页

PageMaster 母版页设计博客显示页面的结构布局。它继承自 SiteMaster 母版页，主要设计了页面中部右边部分的管理导航栏。页面中部左边部分可以根据需要设计不同的界面。实现 PageMaster 母版页的关键代码如下。

```
1.    <asp:Content ID="Content1" ContentPlaceHolderID="Head" runat="server">
2.       <asp:ContentPlaceHolder ID="head" runat="server">
3.             <title></title>
4.       </asp:ContentPlaceHolder>
5.    </asp:Content>
6.    <asp:Content ID="ContentPrimary" ContentPlaceHolderID="ContentPlaceHolderPrimary"
      runat="server">
7.       <asp:ContentPlaceHolder ID="ContentPlaceHolderPage" runat="server">
8.       </asp:ContentPlaceHolder>
9.    </asp:Content>
10.   <asp:Content ID="ContentSecondary" ContentPlaceHolderID="ContentPlaceHolderSecondary"
      runat="server">
11.          <div class ="Lable"> 分类</div>
12.          <div class="content">
13.          <ul class="linklist">
14.          <li><% =Html.ActionLink(">所有分类<", "TagCloud","Tag")%></li>
15.          <% foreach (var t in (IEnumerable<Tag>)ViewData["Tags"]) { %>
16.          <li> <% =Html.ActionLink(t.tagname + "(" + t.number + ")", "BlogByTag","Blog",new
             {id=t.id, page=1 },null)%></li>
```

17.　　　　　　<% } %>
18.　　　　　　</ul></div>
19.　　　　　　<div class ="Lable">文章</div>
20.　　　　　　<div class="content"><ul class="linklist">
21.　　　　　　<li> <% =Html.ActionLink(">所有文章<", "BlogArticles","Blog")%></li>
22.　　　　　　</ul></div>
23.　　　　　　<div class ="Lable">存档</div> <div class="content">
24.　　　　　　<ul class="linklist">
25.　　　　　　 <% foreach (var m in (IEnumerable<Month>)ViewData["Months"]) { %>
26.　　　　　　<li><% =Html.ActionLink(m.year + "年" + m.month + "月(" + m.number + ")",
　　　　　　　　"BlogByMonth","Blog",new { page = 1, year = m.year, month = m.month },null)%>
　　　　　　　　</li><% } %>
27.　　　　　　</ul></div>
28.　　　　　　<div class ="Lable">订阅</div><div class="content">
29.　　　　　　<ul class="linklist"><li><a href="/Blog/RSSBlogs" runat="server">随笔</a></li>
30.　　　　　　<li><a href="/Blog/RSSArticles" runat="server">文章</a></li>
31.　　　　　　<li><a href="/Blog/RSSComments" runat="server">评论</a></li></ul>
32.　　　　　　</div>
33.　　　</asp:Content>

程序说明

以上代码中，第 10～32 行，定义了页面中部右边部分的导航栏。其中，第 11～18 行定义了"分类"栏目；第 15～17 行使用 foreach 循环 ViewData["Tags"]中的数据，获得分类名称和分类数量；第 19～22 行定义了"文章"栏目；第 23～26 行定义了"存档"栏目；第 25～26 行使用了 foreach 循环 ViewData["Months"]中的数据，获得博客发表月份和数量；第 27～31 行定义了"订阅"栏目。

完整的 PageMaster 母版页设计界面如图 12-18 所示。

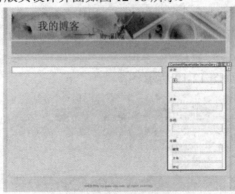

图 12-18　PageMaster 母版页设计界面

12.5.2　首页的设计

本系统首页的设计文件是 index.aspx，位于 Views 文件夹下的子文件夹 Blog 中。其设计思路是作为 PageMaster 母版页面中部左边部分的内容页面显示博客文章内容列表。实现首页的关键代码如下。

```
1.  <asp:Content ID="Content2" ContentPlaceHolderID="ContentPlaceHolderPage"    runat="server">
2.  <% foreach( var post in Model ){ %>
3.  <div class="post"><div class="header">
4.      <h3><% =Html.ActionLink( post.title, "BlogEntry", new{ page = post.id } ) %></h3>
5.      <div class="date"><% =post.datecreated %></div></div>
6.  <div class="content"><% =post.body %>
7.      <p><strong><% =post.author.username %></strong></p></div>
8.      <div class="footer">
9.  <ul><li class="tags">&#20998;&#31867;:
10.         <% foreach( var tag in post.tags ){ %>
11.         <% =Html.ActionLink( tag.tagname, "BlogEntry", new{ id = post.id } ) %>
12.         <% } %>
13.          </li>
14.           <li class="comments">
15.          <% =(bool)post.allowcomments ? "<a href=\"BlogEntry.aspx?page=" + post.id +
                "#comments\">&#35780;&#35770; (" + post.comments.Count + ")</a>" : "− disabled
                −" %></li>
16.        </ul></div>
17.        </div>
18.   <% } %>
19.  <% =Html.ActionLink("<< 前一页", "Index", new { page = (int)ViewData["Page"] − 1 })%>
20.  <% =Html.ActionLink("后一页>>", "Index", new { page = (int)ViewData["Page"] + 1 })%>
21.  </asp:Content>
```

程序说明

以上代码中，第 2～18 行显示博客文章内容。其中，第 3～5 行显示博客文章的标题连接和发布的时间；第 6～7 行显示博客文章的内容和作者名称；第 8～16 行循环遍历博客对象的分类集合，显示博客文章的所属分类和评论状态。第 20 行和第 21 行分别定义前一页和后一页的链接。

完整的首页设计界面如图 12-19 所示。

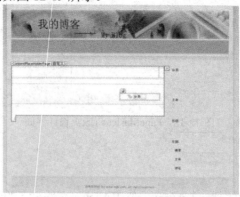

图 12-19　首页设计界面

12.5.3 管理博客页面设计

管理博客页面的设计文件是 index.aspx，位于 Views 文件夹下的子文件夹 Admin 中。它设计了一个表格用来显示博客文章的名称与编辑文章和删除文章的链接并作为 AdminMaster 母版页面中部左边部分的内容页面显示。实现管理博客页面的关键代码如下。

```
1.  <asp:Content ID="Content2" ContentPlaceHolderID="ContentPlaceHolderPage" runat="server">
2.      <h3>管理文章</h3>
3.      <p>
4.          <%= Html.ActionLink("新建", "AdminBlogCreate")%>
5.      </p>
6.  <% =Html.GridView<BlogEntry>(Model, new string[] { "title", "datepublished" },
7.          new GridViewOption() {
8.              EditAction = "AdminBlogEdit",
9.              DeleteAction = "AdminBlogDelete",
10.              Columns=new string []{ "标题","发布日期" } })%>
11.  </asp:Content>
```

程序说明

以上代码中，第 4 行定义了一个新建博客文章的链接。第 6 行设置自定义的 GridView 控件，显示博客文章导读标题 title、发表日期 datepublished 并设置了编辑和删除的链接。

完整的管理博客页面设计界面如图 12-20 所示。

图 12-20 管理博客页面设计界面

12.6 博客管理模块

本系统的博客管理模块相当于 ASP.NET MVC 框架中的控制器部分，它主要包括以下 7 个控制器，位于网站目录的 Controllers 文件夹中。

(1) AccountController：账号控制器，用于与 Account 文件夹下各种视图交互数据。

(2) AdminController：博客管理控制器，用于与 Admin 文件夹下各种视图交互数据。

(3) ApplicationController：应用程序控制器是一个抽象类，定义了两个 ViewData 视图数据。

　　(4) BlogController：博客显示控制器，用于与 Blog 文件夹下各种视图的数据交互。

　　(5) ErrorController：错误控制器，用于与 Error 文件夹中 index 视图的数据交互。

　　(6) HomeController：用于 Home 文件夹中 Contact 视图和 About 视图的数据交互。

　　(7) TagController：博客分类目录控制器，用于 Tag 文件夹中 TagCloud 视图的数据交互。

　　由于篇幅的原因，这里仅介绍有代表性的博客管理控制器 AdminController。

　　AdminController 类继承于 ApplicationController，该类主要负责和博客管理相关的各种页面视图的数据进行传递，从页面视图获得用户输入的数据或将处理后的数据库数据传递到页面视图。这些页面视图包括显示、编辑、修改和删除博客文章等视图页面。AdminController 的关键代码如下：

```
1.    public ActionResult Index(string sort, int? page){
2.            page = page ?? 0;
3.            if (page >= 1) page = page − 1;
4.            List<BlogEntry> model = new List<BlogEntry>();
5.            if (sort != null){
6.          model = BlogEntryManager.GetList().AsQueryable().OrderBy(sort).ToPagedList(page, 5,
                "id", sort);
7.              return View(model);
8.            }
9.            else{
10.               model = BlogEntryManager.GetList().AsQueryable().ToPagedList(page, 5, "id");
11.               return View(model);
12.           }
13.       }
14.       [ValidateInput(false)]
15.       [AcceptVerbs("GET")]
16.       public ActionResult AdminBlogEdit(int id){
17.         BlogEntry model = new BlogEntry();
18.           model = BlogEntryManager.GetItem(id);
19.           var username = AuthorManager.GetList().Select(a => a.username);
20.           ViewData["username"] = new SelectList(username);
21.           ViewData["tag"] = TagManager.GetList();
22.           return View(model);
23.       }
```

程序说明

　　以上代码中实现显示博客文章的动作方法。第 1 行定义了一个对应于管理博客文章 index.aspx 视图页面的动作方法 Index。方法参数中的 int? page 表示是一个可空的参数。第 2 行如果 page 参数为空，则赋值为 0。第 3 行判断 page 的值大于等于 1，赋值为 page 值减 1。第 4 行创建数据类型为 BlogEntry 的泛型集合 List 类的对象 model。第 5 行判断如果传递的方法参数 sort 不为空，那么表示需要进行排序，第 6 行获得排序分页后的博客文章的集合对象，排序依据主键 id、sort 参数进行，每页显示 5 条博客文章。第 7 行传递该对象到相应的视图页面显示。如果传递的方法参数 sort 为空，表示不需要进行排序，第 10 行获得博客文章的集合对象，每页显示 5 条博客文章。第 14 行设置不需要进行输入验证的过滤器 [ValidateInput(false)]。第 15 行设置过滤器表示处理输入参数 id 的方法为 GET。第 16 行定义对应于修改博客文章 AdminBlogEdit.aspx 视图页面的动作方法 AdminBlogEdit。第 17 行创建 BlogEntry 类的对象 model。第 18 行调用 BlogEntryManagre 业务逻辑类的 GetItem(id)方法获得指定 id 的博客文章对象。第 19 行调用 AuthorManager 类的 GetList()方法获得所有博客作者的列表。第 20 行保存该列表到 ViewData["username"]。第 21 行保存所有分类列表到 ViewData["tag"]。

程序清单

```
1.    [ValidateInput(false)]
2.    [AcceptVerbs(HttpVerbs.Post)]
3.    public ActionResult AdminBlogEdit(int id, FormCollection collection){
4.        BlogEntry model = BlogEntryManager.GetItem(id);
5.        string[] tagCheckBox = collection["TagCheckBox"].Split(',');
6.        int i = 0;
7.        model.tags.Clear();
8.        foreach (Tag tag in TagManager.GetList()){
9.            if (tagCheckBox[i] == "true"){
10.               Tag t = new Tag();
11.               t.id = tag.id;
12.               t.tagname = tag.tagname;
13.               model.tags.Add(t);
14.               i = i + 2;
15.           }
16.           else{
17.               i++;
18.           }
19.       }
20.       if (collection["Type"] == "blogentry")
21.           model.type = Types.blogentry;
22.       else
23.       model.type = Types.article;
24.       model.author.username = collection["username"];
25.       model.allowcomments = collection["CommentCheckBox"].Contains("true");
26.       model.markprivate = collection["PrivateCheckBox"].Contains("true");
27.       model.body = collection["body"];
28.       model.datemodified = System.DateTime.Now;
29.       UpdateModel(model, collection.ToValueProvider());
30.       BlogEntryManager.Save(model);
31.       return RedirectToAction("index", new { page = 1 }); ;
32.   }
```

程序说明

以上代码中实现修改博客文章的动作方法。第 2 行设置过滤器获得表单数据的方式为 POST。第 3 行定义对应于修改博客文章 AdminBlogEdit.aspx 视图页面的重载动作方法 AdminBlogEdit。第 5 行读取页面中的分类复选框数据，并转化为字符数组 tagCheckBox。第 8～19 行通过 foreach 循环读取页面分类复选框状态，如果被选中，添加到第 13 行的 model 对象中。第 20～23 行读取文章类型的单选按钮状态，设置 model 的类型。第 24～28 行分别获得博客作者的名称、是否允许评论复选框状态、是否为私有的复选框状态、博客内容和修改时间。第 29 行调用 UpdateModel 方法，读取表单中的数据并更新 model 对象。第 30 行提交修改到数据库保存。第 31 行跳转页面至 Index 视图。

程序清单

```
1.   [AcceptVerbs("GET")]
2.       public ActionResult AdminBlogCreate(){
3.           var username = AuthorManager.GetList().Select(a => a.username);
4.           ViewData["username"] = new SelectList(username);
5.           ViewData["tag"] = TagManager.GetList();
6.           return View();
7.       }
8.       public ActionResult AdminBlogDelete(int id){
9.           BlogEntry model = new BlogEntry();
10.          model = BlogEntryManager.GetItem(id);
11.          BlogEntryManager.Delete(model);
12.          return RedirectToAction("index", new { page = 1 }); ;
13.  }
```

程序说明

以上代码中实现创建博客和删除博客文章的动作方法，第 1～7 行所定义的 AdminBlogCreate 动作方法，采用 GET 方法获得数据，第 3 行得到作者列表数据，并保存到第 4 行的 ViewData["username"]中，以便 AdminBlogEdit.aspx 页面设置作者的下拉列表框；第 5 行将所有分类列表保存在 ViewData["tag"]中，以便 AdminBlogEdit.aspx 页面能循环遍历分类数据。第 8 行定义对应于删除博客文章 AdminBlogDelete.aspxs 视图页面的动作方法 AdminBlogDelete。第 9 行创建 BlogEntry 类的对象 model。第 10 行调用 BlogEntryManager 业务逻辑类的 GetItem(id)方法获得指定 id 的博客文章对象。第 11 行调用 BlogEntryManager 类的 Delete 方法删除该博客对象。第 12 行跳转页面至 Index 视图。

程序清单

```
1.   [ValidateInput(false)]
2.       [AcceptVerbs(HttpVerbs.Post)]
3.       public ActionResult AdminBlogCreate(FormCollection collection){
4.           BlogEntry model = new BlogEntry();
5.           string[] tagCheckBox = collection["TagCheckBox"].Split(',');
6.           int i = 0;
```

```
7.      model.tags.Clear();
8.              foreach (Tag tag in TagManager.GetList()){
9.                  if (tagCheckBox[i] == "true"){
10.                     Tag t = new Tag();
11.                     t.id = tag.id;
12.                     t.tagname = tag.tagname;
13.                     model.tags.Add(t);
14.                     i = i + 2;
15.                 }
16.                 else{
17.                     i++;
18.                 }
19.             }
20.             if (collection["Type"] == "blogentry")
21.                 model.type = Types.blogentry;
22.             else
23.                 model.type = Types.article;
24.             long authorId = (AuthorManager.GetList()).Where(a => a.username ==
                collection["username"]).Select(b => b.id).SingleOrDefault();
25.             model.author = AuthorManager.GetItem(authorId);
26.             model.allowcomments = collection["CommentCheckBox"].Contains("true");
27.             model.markprivate = collection["PrivateCheckBox"].Contains("true");
28.             model.body = collection["body"];
29.             model.datecreated = System.DateTime.Now;
30.             model.datepublished = System.DateTime.Now;
31.             UpdateModel(model, collection.ToValueProvider());
32.             BlogEntryManager.Save(model);
33.             return RedirectToAction("index", new { page = 1 }); ;
34.     }
```

程序说明

以上代码中实现新建博客文章的动作方法，第 1～34 行所定义的 AdminBlogCreate 方法，采用 POST 方法读取表单发送过来的数据，其中的代码实现与前文中相对应的 AdminBlogEdit 方法中的基本一样，这里不再重复。

对于本系统中其他 Controller 控制器类的实现，请读者自行参考本节的 AdminController 的示例代码。

本章学习了如何完成一个实际的项目。具体内容包括需求分析、系统设计、数据库设计、界面设计和代码实现几部分。相对于前面基础知识部分，本章的内容综合性比较强，读者可以从中体会实际编程时用到的技术。通过对本章的学习，读者也可以对前面学习的内容达到融会贯通的目的。